U0639575

本辑得到河南省创新生态支撑专项资助

文物建筑

第 17 辑

河南省文物建筑保护研究院　编

科学出版社

北　京

图书在版编目（CIP）数据

文物建筑 . 第 17 辑 / 河南省文物建筑保护研究院编 . -- 北京：科学出版社，2024. 11. -- ISBN 978-7-03-080495-2

I. TU-092.2

中国国家版本馆 CIP 数据核字第 2024CW9059 号

责任编辑：孙　莉　杨　烁 / 责任校对：邹慧卿
责任印制：肖　兴 / 封面设计：张　放

科 学 出 版 社 出版
北京东黄城根北街 16 号
邮政编码：100717
http://www.sciencep.com

北京中科印刷有限公司印刷
科学出版社发行　各地新华书店经销
*
2024 年 11 月第　一　版　开本：889×1194　1/16
2024 年 11 月第一次印刷　印张：14 1/4
字数：410 000
定价：138.00 元
（如有印装质量问题，我社负责调换）

《文物建筑》编辑委员会

主办单位　河南省文物建筑保护研究院

编辑出版　《文物建筑》编辑部

地　　址　郑州市文化路 86 号

E-mail　wenwujianzhu@126.com

联系电话　0371-63661970

文物建筑

目录

Contents

Traditional Architecture Research

Cultural Heritage Preservation

Architectural Archaeology

文物建筑研究

大同华严寺薄伽教藏殿小木作藏龛价值阐释与保护策略研究[*]

刘海宾[1]　宾慧中[2]　张　悦[3]

（1. 辽金文化艺术博物院，山西大同，037004；2. 上海大学上海美术学院建筑系，
上海，200444；3. 上海大学文化遗产与信息管理学院，上海，200444）

摘　要：大同华严寺薄伽教藏殿始建于辽重熙七年（1038 年），是国内现存八大辽构之一，在我国早期木结构建筑中占有重要的地位。殿内沿墙周围设置的二层殿阁式小木作藏龛，倚壁而立，天宫楼阁构造精美，为存放雕造于辽圣宗、辽兴宗时期的官版大藏经《辽藏》而建。大殿小木作藏龛与大木结构体系同期营造，与殿内佛菩萨彩塑相互呼应，形成薄伽教藏殿独具特色的佛教艺术空间。论文对藏龛做多层次价值阐释，在全面深入的病害残损勘察基础之上，通过多样化木材无损检测与内窥镜检测手段，分析结构形变病害机理与成因，提出分类、分项、分阶段的循序渐进式保护策略，为薄伽教藏殿藏龛的整体预防性保护研究夯实基础。

关键词：下华严寺；薄伽教藏殿藏龛；价值阐释；保护策略

一、薄伽教藏殿与下华严寺

山西大同古名云州，曾经是辽国陪都西京所在之地。华严寺坐落于大同老城区西南隅，毗邻古城西城墙，是一座历史悠久的辽代皇家寺院。历经朝代更迭、兵燹之乱，目前保留两座辽、金时期大殿，分别是始建于辽道宗清宁八年（1062 年）、重建于金熙宗天眷三年（1140 年）至皇统四年（1144 年）之间的大雄宝殿，以及始建于辽兴宗重熙七年（1038 年）的薄伽教藏殿，形成两组平行并置的院落建筑群。

与中国传统寺院建筑坐北朝南的空间格局不同，华严寺整组院落沿东西向轴线延伸空间序列，所在缓坡地带西高东低，两座主殿坐西朝东。辽国主体民族契丹人崇拜太阳、崇尚东方的民俗文化，史料中多有记载：凡祭祀都向东做仪式，称之为"祭东"[①]，设置"拜日仪"，每月的月初和月中，都要举行向东祭拜太阳的活动[②]。因而重要建筑坐西朝东布局、轴线沿东西方向展开，反映契丹民族传统院落建筑群的地域特征与时代特色（图一）。

---

* 山西省文物局 2023 年度文物科研课题"大同华严寺薄伽教藏殿壁藏及天宫楼阁病害机理与预防性保护研究"资助。

① （元）脱脱：《辽史》卷一百十六《国语解·第四十六·志》，中华书局，2017 年，第 1698 页。
② （元）脱脱：《辽史》卷四十九《志第十八·礼志一》，中华书局，2017 年，第 927~931 页。

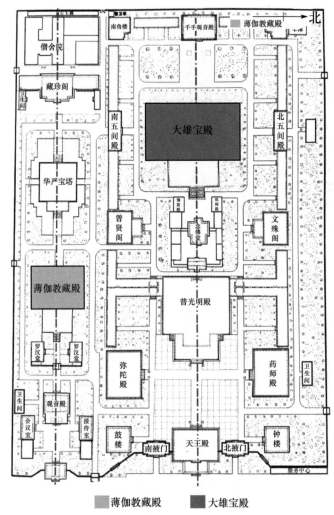

图一　华严寺：现状东西朝向平行并置的院落建筑群

（宾慧中绘，底图采自刘海宾编著：《华严壁画》（上），山西科学技术出版社，2023 年，第 9 页，图四）

　　华严寺的建造时间在不同历史文献中有简略记载，最早记载出自《辽史·地理志五·西京道》"清宁八年建华严寺，奉安诸帝石像、铜像"①。清宁八年（1062 年）在原有薄伽教藏殿（1038 年建）院落的北侧，扩建新造大雄宝殿形成新、旧两组轴线平行、规模宏大的建筑群。辽道宗为这座皇家寺院赐名"华严寺"，金、元、明碑记称其为"大华严寺"。历经重修和扩建，到明宣德至万历年间，由于寺院规模的扩大和管理上的需要，华严寺逐步分离为上华严寺和下华严寺两组独立使用的寺院建筑群组，并以围墙分隔（图二）。北侧是以大雄宝殿为主的上华严寺，南侧为以薄伽教藏殿为主的下华严寺。上、下华严寺分离的状态持续到 1964 年重新合并（图三）。

　　而薄伽教藏殿的始建及相关信息，在辽、金、元文献史料中均无记载，仅在后世为数不多的重修碑刻中有所提及。始建于辽重熙七年（1038 年）这个确切纪年时间，源于大殿内明间南缝架四椽栿底的墨书题字："维重熙七年岁次戊寅玖月甲午朔十五日戊申午时建"（图四）。大殿明间正中悬挂"薄伽教藏"匾额（图五）。释读"薄伽教藏"，"薄伽"为薄伽梵的简称，梵文 Bhagavat 的

---

①　（元）脱脱：《辽史》卷四十一《志第十一·地理志五》，中华书局，2017 年，第 578 页。

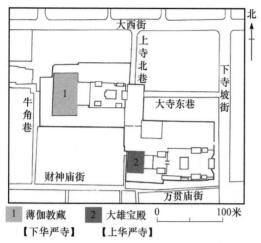

图二　清代上、下华严寺平面布局示意图
（聂楠绘，底图采自曹臣明：《大同华严寺的历史变迁》，《山西大
同大学学报（社会科学版）》，2012 年第 2 期，第 40 页，图三）

图三　下华严寺现状整体鸟瞰
（宾慧中摄）

图四　大殿明间南缝架四椽栿底建造年代墨书题字
（采自山西云冈石窟文物保管所编：《华严寺》，文物出版社，
1980 年，第 40 页，图三一）

图五　大殿明间悬挂"薄伽教藏"匾额
（宾慧中摄）

音译，意为"世尊"，是释迦牟尼佛的十个称号之一①；"教藏"为典藏佛教经藏之意，由此可知薄伽教藏殿是藏经之所，并且是用来典藏辽代官方雕版印刷大藏经《辽藏》的殿宇。《营造法式》小木作制度三关于"牌"的做法：每长一尺，则广八寸，其下又加一分（令牌面下广，谓牌长五尺，即上广四尺，下广四尺五分之类。尺寸不等，依此加减）。将薄伽教藏殿匾额的比例尺度造型，与《营造法式》小木作"牌"作对比，判断"薄伽教藏"四字匾额应为辽重熙七年建殿时的原物。进一步明确薄伽教藏殿作为"世尊教藏"，具有佛宝与法宝并存之特殊意义。

————————————

①　释迦牟尼佛十个称号分别是：如来、应供、正篇知、名行足、善逝世间解、无上士、调御丈夫、天人师、佛陀、世尊。世尊，意为整个世界的尊者。

二、薄伽教藏殿小木作藏龛价值阐释

（一）薄伽教藏殿整体性艺术风貌

薄伽教藏殿坐西朝东，面阔五间约 25.7 米，进深八架椽约 18.5 米，单檐歇山顶。入口东立面中央三间开门，两侧梢间不开窗；西立面无门，当心间正中开尺度不大的高窗一扇（图六）。其现存的辽代原构，包括大木结构承重体系、三尊主佛造像及胁侍菩萨群组、佛造像顶部的藻井及平棊天花以及殿内沿四面墙壁布局存放佛经典籍的经藏壁柜（图七），全面保存了由大木作、小木作及塑像三者组合而成的辽代整体性艺术风貌，成为八大辽构中体量精巧而价值非凡的代表性建筑（图八）。

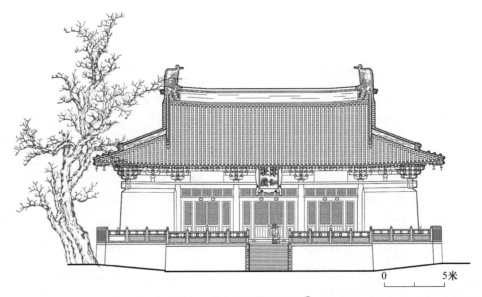

图六　薄伽教藏殿东立面①

图七　薄伽教藏殿室内大、小木作及彩塑
组合而成的辽代整体性艺术风貌
（宾慧中摄）

图八　薄伽教藏殿小木作藏龛精美华丽的斗栱及彩画
（宾慧中摄）

---

① 宾慧中指导上海大学建筑系 2019 级建筑学本科生李钰、丁敏、黄家浩、程云帆、史馨然、陈思洁、黄心佳集体绘制。

（二）《辽藏》与薄伽教藏殿藏龛

《辽藏》长期以来无存世经卷，在中国经藏印刷史上的记录几乎处于空白状态。直到1974年7月，在山西应县佛宫寺释迦塔第四层释迦牟尼佛坐像体内发现辽代大藏经部分原卷，失传数百年的《辽藏》才第一次以雕版印刷纸质藏经的形式展现在世人眼前。

应县木塔发现的大字版卷轴装《辽藏》，排版沿袭古制，每纸27行，每行16～18字不等[①]，每卷经书高在27.8～30.5厘米，卷轴最长尺寸493.3厘米[②]。1987年河北丰润天宫寺辽塔下层塔心室清理出小字册装本"奉宣雕印"《华严经》等五部《辽藏》，经文半页10～12行，每行20～30字不等，尺寸高约26.6、宽28.6～30.6厘米[③]。薄伽教藏殿一层藏龛经柜的空间尺度，与已经发现的《辽藏》经卷形式、材质、装帧及尺寸相吻合，印证了薄伽教藏殿为保存《辽藏》而造，为藏龛形制研究提供了弥足珍贵的实物资料（图九）。

图九　薄伽教藏殿藏龛藏经之旧有风貌
（采自山西云冈石窟文物保管所编：《华严寺》，
文物出版社，1980年，第102页，图八九）

（三）薄伽教藏殿小木作藏龛造型特征

薄伽教藏殿小木作藏龛真实模仿两层殿阁建筑的造型，结构清晰，尺度得当，装饰精美，相当于一整组缩小比例的木结构建筑，再现辽代大型宫殿建筑群风貌，具有非同寻常的研究价值。藏龛整体风貌有"壁藏天宫楼阁"（图一〇）和"飞虹桥天宫楼阁"（图一一）两种造型，自下而上分为

图一〇　薄伽教藏殿西墙壁
藏天宫楼阁造型
（刘继伟摄）

图一一　薄伽教藏殿西墙飞虹桥天宫楼阁造型
（刘继伟摄）

① 罗炤：《〈契丹藏〉与〈开宝藏〉之差异》，《文物》1993年第8期。
② 山西省文物局、中国历史博物馆主编：《应县木塔辽代秘藏》，文物出版社，1991年，第24～30页。
③ 罗炤：《有关〈契丹藏〉的几个问题》，《文物》1992年第11期。

须弥座、一层藏经柜、腰檐及斗栱、平坐及斗栱、二层佛龛、歇山屋面及斗栱六个组成部分。融合了《营造法式》小木作天宫楼阁佛道帐、天宫壁藏、与九脊牙脚小帐的做法，既满足一层庋藏经书、二层供奉佛像的功能需求，又能呈现辽代建筑承唐风所表达的结构技术与装饰艺术相融合的风貌特征（图一二、图一三）。

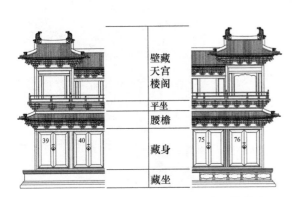 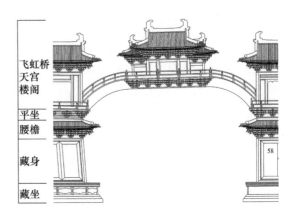

图一二　壁藏天宫楼阁造型藏龛的五个组成部分　　　图一三　飞虹桥天宫楼阁造型藏龛的五个组成部分

（由上海大学课题组成员建筑系研究生刘思佳、梅宇、濮超颖共同绘制）

三、薄伽教藏殿小木作藏龛保护策略

自 20 世纪初日本学者先后到山西大同华严寺做调查研究，到 1933 年梁思成带领中国营造学社成员开启国内学者对华严寺的全面调查测绘与辽代风貌深入研究，又有 1949 年后雁北文物勘察团成员完成系列大同古建筑勘查报告、包括对华严寺保存残损情况的记录，又及 1986 年薄伽教藏殿落架大修前李竹君完成报告《大同下华严寺维修工程设计概述及施工做法》，还有 2015 年天津大学刘翔宇的博士学位论文《大同华严寺及薄伽教藏殿建筑研究》，这些研究都没涉及大殿内小木作藏龛的病害残损勘察及保存状况记录。

基于上文对薄伽教藏殿小木作藏龛历史文脉、艺术特征、地域文化、宗教与科学价值的阐释，可知其具有重要而独具特色的文物价值。本文对藏龛提出的保护策略分为以下几个步骤：首先亟需对藏龛做原位无损检测与环境监测，展开全面深入的病害残损勘察，获取重要详实的一手数据；其次，在勘察数据分析思考的基础之上，综合评估藏龛的保存现状，提出分类、分项、分级的保护措施；针对危急病害做合理可行的抢救性保护；针对严重病害找出病害机理与诱因，为后续修缮思路提供客观合理的逻辑分析判断；针对数量较多、分布较广、类型不同的构件残损、裂隙、位移等普通病害，分门别类列表做详细记录，为后续木构件的局部修缮提供清晰明了的数据信息支撑。

（一）基于无损检测与环境监测的薄伽教藏殿藏龛保护策略

由于受各种环境或人为因素的长时间影响，薄伽教藏殿藏龛木材产生了结构形变、材性受损等一系列常见病害。因此，采用多种无损检测手段对其保存现状开展现场评估十分必要，既能全面系统地了解木材整体的保存状况，又能为后续保护工作提供科学依据。

无损检测是指对物体实施一种不损害或不影响其未来使用性能或用途的检测手段，通常是利用材料的声、光、电磁、涡流等物理特性来表征表面或内部缺陷，测定其几何特征、性质和构成。针对华严寺薄伽教藏殿内西壁、南壁、北壁和东壁的藏龛小木作，从木材的水分含量、力学强度以及色度等指标开展无损检测的现场实际测试工作。

首先进行测试分区：将藏龛的西壁分为对称的西壁南侧、西壁北侧和飞虹桥天宫楼阁 3 个测区，将藏龛的南壁和北壁各作为 1 个测区，共计 5 个测区、测点数量 300 个。藏龛一层的藏经柜以柱构件和梁构件为测量对象，南壁选取 39 个测点、北壁选取 39 个测点、西壁南侧选取 57 个测点，西壁北侧选取 57 个测点；藏龛二层的天宫楼阁以柱构件为测量对象，选取 108 个测点，分别做木材无损检测和温湿度检测，获取相关数据完成检测分析报告（图一四）。

图一四 西壁藏龛无损检测的测点分布示意图①

通过无损检测，初步获得了薄伽教藏殿壁藏与天宫楼阁主体关键梁、柱部位的水分含量、超声波速及色度分布情况。藏龛木材整体而言水分含量不高，南、北、西壁木材的一层含水量相比于二层略高，表明靠近地面处更容易受到水分的影响。肉眼未见到明显的木材糟朽现象，且大部分构件的波速值处于比较高的范围，表明构件整体的力学性能尚佳，仅在局部开裂等部位有波速降低现象。彩绘和灰尘覆盖对色度的影响较大。目前殿内监测到的温湿度变化，对木材和彩画不会带来破坏性影响，薄伽教藏殿内大木作和小木作的木材材质保存总体情况较好。

提出如下保护策略：大殿内的温湿度变化与室外环境密切相关，其数值在不同季节呈现出较大的变化范围，并且南、北、西侧的微环境数据也呈现出差异性，可能会对木材性能造成影响。基于环境条件的变化对于小木作的材料性能可能会造成一定程度的影响，后续有必要继续加强环境因素监测，并且在不同季节开展无损检测，动态分析环境与木材性能之间的关系。目前正在开展木材微观结构分析及树种鉴定工作，后续分析获取数据，可进一步综合评价薄伽教藏殿藏龛木构架的保存现状。

（二）基于木构件残损勘察的薄伽教藏殿藏龛保护策略

明晰病害调查登记表内容与分项，参照《营造法式》帐龛类通用构件名词，结合晋北、晋中区域匠系传统木构件称谓，选取藏龛构件名称，将病害类型分为结构性病害和材料性病害展开勘察记录。结构性病害分为：残损、缺失、形变、位移、脱榫、起翘、裂隙、断裂八个类别。材料性病害

①　张悦指导上海大学文信学院研究生陈浩宇、胡振坤、郝榕榕、郭秀玮、洪杰、张若愚、夏冠鹏、陈童心检测并制图。

分为：形变、脱榫、起翘、糟朽、腐蚀、裂隙、断裂、生物性病害、人为损害九个类别。

调查对象以藏龛沿墙壁所在的东、南、西、北四个方位分类，同时按藏龛自地面往上到屋面，分为六个组成部分：须弥座、一层藏经柜、腰檐及斗栱、平坐及斗栱、二层佛龛、歇山屋面及斗栱，由此分项，逐一在病害调查登记表中做记录。根据录入数据分析藏龛病害存在情况，主要分布在构件残损、木材结构性裂隙和材料性裂隙两个方面，说明藏龛大部分木构件都存在程度不同的残损和裂隙问题（图一五）。外挂的装饰性构件，如斗栱、壸门、线脚，多见局部构件缺失、脱榫、断裂等情况。屋顶木质瓦件，平坐的楼板、寻杖、地栿，藏龛背板等长形木构件，有较为明显的形变、起翘、位移现象（图一六）。

图一五　藏龛承重构件裂隙　　　　图一六　藏龛装饰构件脱榫
（宾慧中摄）　　　　　　　　（宾慧中摄）

病害调查登记表按照东（D）、南（N）、西（X）、北（B）四个方位，记录构件名称及所在位置，以汉语拼音第一个字母做简称，对病害残损点位进行拍照，完成图文对应的详细记录。因病害残损点位颇多，文字记录内容繁杂庞大，需要将登记表尤其是照片，做科学的排序、命名、编号，方便未来修缮时对应查找。如图一七所示"N（D-X）-JG11号屋顶病害调查登记表"，记录的是小木作南壁藏11号经柜腰檐屋顶病害详情。表内照片编号N（D-X）-JG11-TW-001，是薄伽教藏殿小木作南壁藏，方位从东至西（D-X）数到第11间经柜（JG11），其上筒瓦（TW）的残损情况，拍摄该点位001号照片存档。课题组对病害残损勘察点位做了详尽的文字和照片记录，完成体系化的归纳总结。1000余份残损调查登记表，为薄伽教藏殿内小木作藏龛病害机理及预防性策略研究提供了详实的数据支撑。

提出如下保护策略：藏龛自始建至今近千年，一些轻微病害残损属于正常状态。可采取在日常养护中，持续观察轻微病害残损点位，并做定期记录、绘制图表进行比较等保护措施，为后续藏龛的局部修缮做跟踪定位。

（三）基于结构形变病害分析的薄伽教藏殿藏龛保护策略

薄伽教藏殿西壁藏龛南侧一层的六间藏经柜，存在明显的结构形变问题，整体向南歪闪。越靠近大殿西南角的藏经柜，其柜门呈现的歪斜角度越大（图一八）。基于六间藏经柜下部的须弥座，上部的腰檐、平坐、二层佛龛、歇山屋面都没有形变，通过木材取样实验室分析和无损检测数据

构件名称	病害位置	残损	缺失	形变	位移	脱榫	起翘	裂隙	断裂	形变	脱榫	起翘	槽朽	腐蚀	裂隙	断裂	生物性	人为损害	增补	照片编号
一层腰檐　筒瓦	自柱头中线向西数第1垄筒瓦后端						√													N(D-X)-JG11-TW-001
筒瓦	自柱头中线向西数第2垄筒瓦后端						√											√		N(D-X)-JG11-TW-002
筒瓦	自柱头中线向西数第3垄筒瓦后端						√													N(D-X)-JG11-TW-003
筒瓦	自柱头中线向西数第6垄筒瓦后端	√																		N(D-X)-JG11-TW-004
筒瓦	自柱头中线向西数第7垄筒瓦后端						√											√		N(D-X)-JG11-TW-005
筒瓦	自柱头中线向西数第8垄筒瓦前端人为损害,后端人为损害、残损、起翘	√					√											√		N(D-X)-JG11-TW-006
筒瓦	自柱头中线向西数第1垄筒瓦前端、后端																	√		N(D-X)-JG11-TW-007
筒瓦	自柱头中线向西数第10垄筒瓦前端人为损害,后端残损	√																√		N(D-X)-JG11-TW-008 N(D-X)-JG11-TW-009

N(D-X)-JG11号屋顶病害调查登记表

图一七　N（D-X）-JG11 号屋顶病害调查登记表
（由大同市辽金文化艺术博物院课题组成员调查并制表）

分析,又进一步排除了气候、温湿度以及木材受潮或遭病虫害这些影响,由此可判断病害诱因来源于藏龛在大殿西南角位置的内部构架结构受损。

通过西南角木材裂隙探入内窥镜检测,观察藏龛内部靠墙的木构架所见情况,明确了引发西壁藏龛南侧一层藏经柜结构形变的病害诱因,以及病害所在的确切位置。藏龛西壁南侧与南壁西侧转角处,最重要的受力角柱存在明显的脱榫问题,原来与角柱相连接的横向枋木脱榫拉开,藏龛后壁构架失稳倾斜,导致转角须弥座木构架和

图一八　薄伽教藏殿西壁南侧一层藏经柜
整体结构形变向南歪闪
（三维扫描正射图由大同市辽金文化艺术博物院供图）

一层经橱柱子与枋木的联系构件之间,也出现明显的脱榫和裂隙,随着时间推移,引发一层六间藏经柜由南向北,逐步产生多米诺骨牌式歪闪效应。

提出如下保护策略:由于藏龛面向大殿内侧的东南西北一圈立面呈连续相接的状态,须弥座、一层藏经柜、腰檐、平坐、二层佛龛的水平向联系构件(如普拍枋、斗栱层中心壁板等)相互支顶,壁藏的整体稳定性较好。西壁南侧歪闪形变的一层藏经柜是否已经达到相对稳定的静止状态,需要在大殿内安装结构形变实时安全监测系统,进行长时段的多点形变监测,进行数据记录与比对。根据内窥镜拍摄到的角柱与枋木脱榫状态,藏龛如果受到地震等不可控外力因素干扰,就会在连接脆弱处产生大幅度形变,甚至出现西南角藏龛局部错位垮塌的情况。为了规避这样的风险,尽

最大可能保护这一辽代小木作，可通过局部拆除大殿西南角外墙，裸露藏龛背壁构架，对脱榫构件做精准对位的构架加固修缮。就长远保护而言，经过严密论证，如果能提出拨正西壁南侧藏龛一层经柜立面的可行性方案，复原藏龛原有风貌，实施分阶段、有效可行的保护修缮措施，这将是最理想的保护策略。

综上所述，利用各种专项检测，详细记录病害位置、类型、面积等信息，首先对木构件结构物理损伤做精细勘察记录，如构件脱榫、构件残损、构架歪闪等。其次，通过木质结构损伤识别机理，运用多种检测技术手段实施病害现场调查。包括木构件敲击无损检测、木构件微波水分无损检测、木构件红外热成像无损检测、木构件超声波回弹无损检测、木构件分光测色无损检测等方法。第三，建立温湿度、大气污染物等对文物本体影响的长期监测点，为制定科学有效的保护方案与保护维修工程提供基础数据。在检测数据科学分析与评估体系支撑基础之上，进一步制定有效合理的预防性保护措施，为薄伽教藏殿小木作藏龛后续整体性保护修缮工作提供科学依据，分阶段有序推动薄伽教藏殿小木作的各项保护研究工作。

四、结　语

课题研究团队自 2022 年 8 月至 2004 年 9 月完成课题阶段性研究，对薄伽教藏殿藏龛展开及时而全面的健康体检，对结构性及材料性病害残损做了全方位、系统性调查，获取完整详实的数据资料，依托多学科交叉研究，进行有的放矢的科学性保护研究，为藏龛后续修缮方案提供了科学依据。通过多样化木材无损检测手段，实验室采样分析病害机理与成因，现场结构形变勘察分析，采用分类、分项、分阶段循序渐进式研究方法，展开定量定性评估，对小木作藏龛局部危重区域制定抢救性维修方案，同时提出了长远保护思路以及积极有效的预防性保护策略。这一整体性研究思路与技术手段的运用，作为典型性案例研究，可为国内不可移动文物建筑小木作保护修缮提供借鉴。

参 考 书 目

［1］（元）脱脱：《辽史》，中华书局，2017 年。

［2］（北宋）李诫编修，傅熹年校注：《合校本营造法式》，中国建筑工业出版社，2020 年。

［3］刘翔宇：《大同华严寺及薄伽教藏殿建筑研究》，天津大学博士学位论文，2015 年，第 29～38 页。

［4］梁思成、刘敦桢：《大同古建筑调查报告》，《中国营造学社汇刊》（第四卷第三四期合刊本），知识产权出版社，2006 年，第 1～76 页。

［5］郭黛姮主编：《中国古代建筑史》第三卷《宋、辽、金、西夏建筑》，中国建筑工业出版社，2003 年，第 311～331 页。

［6］罗哲文：《雁北古建筑的勘查》，《文物参考资料》1953 年第 3 期。

［7］刘致平：《大同及正定古代建筑勘察纪要》，《雁北文物勘察团报告》，中央人民政府文化部文物局，1951 年，第 136～138 页。

［8］潘谷西、何建中：《〈营造法式〉解读》，东南大学出版社，2005 年。

［9］罗炤：《〈契丹藏〉与〈开宝藏〉之差异》，《文物》1993 年第 8 期。

［10］罗炤：《有关〈契丹藏〉的几个问题》，《文物》1992 年第 11 期。

［11］　山西省文物局、中国历史博物馆主编：《应县木塔辽代秘藏》，文物出版社，1991 年，第 24～30 页。

［12］　刘海宾：《华严壁画》（上），山西科学技术出版社，2023 年。

The Interpretation of Value and Conservation Strategies for the Small Wooden Sutra Cabinet in the Bhagavata Scriptures Hall of Datong Huayan Temple

LIU Haibin[1], BIN Huizhong[2], ZHANG Yue[3]

(1. Datong Liao and Jin Cultural Arts Museum, Datong, 037004;

2. Shanghai Academy of Fine Arts, Shanghai University, Shanghai, 200444;

3.School of Cultural Heritage and information Management, Shanghai University, Shanghai, 200444)

Abstract: The Bhagavata Scriptures Hall of Datong Huayan Temple, one of the eight major Liao structures still extant in China, was constructed in the seventh year of the Chongxi period of the Liao Dynasty (AD1038), and it holds a significant place among Chinese early wooden architectural structures. Within the hall, double-layered, alcove-style small wooden repositories are arranged around the walls. These structures, standing against the walls and delicately constructed like celestial palaces, were specifically built to house the official version of the great Tibetan scriptures *Liao Zang*, carved during the reigns of Emperor Shengzong and Xingzong. The small woodwork sutra cabinets in the great hall were constructed concurrently with the major wooden structural system, harmonizing with the colored sculptures of Buddhas and Bodhisattvas inside the hall, thereby creating a unique Buddhist artistic space characteristic of the Bhagavata Scriptures Hall. This paper provides a multi-level interpretation of the value of these sutra cabinets. Based on a thorough and detailed survey of their diseases and damages, and employing a variety of non-destructive wood inspection techniques and endoscopic examinations, it analyzes the mechanisms and causes of structural deformations and pathologies. It proposes a categorized, itemized, and phased progressive protection strategy, providing a solid foundation for the comprehensive preventive conservation of the sutra cabinets in the Bhagavata Scriptures Hall.

Key words: Huayan Temple, Sutra Cabinet in the Bhagavata Scriptures Hall, value interpretation, conservation strategies

故宫北上门建筑遗存构件调查研究
——兼及北上门建筑营造形制研究[*]

何 川 王俪颖

（故宫博物院，北京，100009）

摘 要：2018 年前后，原存于故宫西河沿的木、瓦、石等建筑构件、材料及原故宫工程队留存于故宫各处的材料陆续转运至故宫北院区，并同期进行了对这批材料的整理调查工作。在整理调查过程中，对这批构件进行了清理、分类、拍照及部分测绘，调查发现这批构件中有一部分是北上门建筑遗存构件。通过测量数据核验、历史档案查对、口述访谈等方法，对北上门建筑形制、历史沿革、拆除始末及遗存构件进行梳理研究。

关键词：故宫；北上门；大木；斗栱；基础

一、引 言

北上门原位于故宫神武门与景山万岁门之间，与北上东门、北上西门形成围合空间。北上门坐落于长方形台基之上，为五开间单层檐歇山式黄琉璃瓦屋顶，明间与两次间设有大门，两梢间为封闭房间。北上门始建于明代，清代至民国时期有多次修缮，1949 年后仍作为故宫博物院门宇使用，曾在此设立商店。1956 年，由于修建景山前街，北上门及其东西联房被拆除，所拆木构件、石构件、瓦件由故宫工程队接收、保存，其中大部分构件存于故宫西河沿。

故宫博物院修缮技艺部（原故宫工程队^①）在故宫西河沿^②存放的大量老旧木构件的一部分于 1985 年前后搬运至故宫北院区（原故宫北窑厂^③）存放，直至 2015 年才逐渐开始整理这一部分木构件^④。另有一部分木构件于 2018 年搬运至故宫北院区库房，并与 1985 年的一部分木构件一同存放。这批木构件的来源一是由于故宫古建筑修缮所更换下来的构件，一是由于建设原因所拆故宫及其周边古建筑上的构件。2018 年故宫博物院修缮技艺部对这批木构件进行系统整理研究，第一期整理工作主要针对斗栱构件，共整理近 1200 件斗栱构件，通过形制做法、尺寸权衡等调查研究，证实有 590 件溜金斗栱构件原属故宫北上门建筑斗栱构件。2022 年第二期整理工作将剩余木构件进行分类、整理、登记入库，这部分木构件中含有北上门建筑遗存梁、柱、桁等大木构件，其中部分大木构件具有"北上门"相关题记。另外，西河沿所存琉璃构件、石构件也在 2018 年前后搬运至故宫

---

* 故宫博物院科研课题"故宫建筑大木作研究"（课题编号：KT2008-6），故宫博物院修缮技艺部零散木构件整理入库项目（一期），故宫博物院北院区库存木构件整理项目（二期）。

① 故宫工程队成立于 1953 年，先后更名为工程管理处、古建修缮处、古建修缮中心、修缮技艺部。

② 故宫西河沿位于故宫西城墙内、城隍庙以南的一段区域。

③ 故宫北窑厂现为故宫博物院北院区，位于北京市海淀区上庄镇北崔家窑。

④ 这批木构件存放空间不通风且存放时间已有 30 余年，部分木构件已经出现糟朽、虫蛀等病害，2015 年的这次整理仅按照木构件不同种类进行挑选、堆放，并没有进行拍照、编号、测量及整理入库等工作。

北院区，琉璃构件包括板瓦、筒瓦、平口条、压当条、小跑、脊兽、三连砖、脊筒子、正吻、合角吻、琉璃斗栱、照壁琉璃门构件、滴珠板、云板、挂落等3万余件，石构件包括柱础石、套础石、须弥座、石券、露陈座、门墩石、阶条石、抱鼓石等近百件①。

二、北上门建筑基本形制②

（一）台基

北上门建筑台基为长方形青白石基座，东西长33.14、南北宽16.8、高1.2米，占地面积约556平方米（图一）。北上门明间设有御路石，御路石宽2.3米，三座大门门槛下均有分心石，分心石长2.3、宽1.87米。北上门建筑共有22个柱础石，均为素平做法，柱础石长、宽均为1.26米、高0.64米，础盘直径0.91米，檐柱柱径0.67米，柱础石尺寸略小于宋、清做法尺度③，柱础见方尺寸未到柱径的两倍。

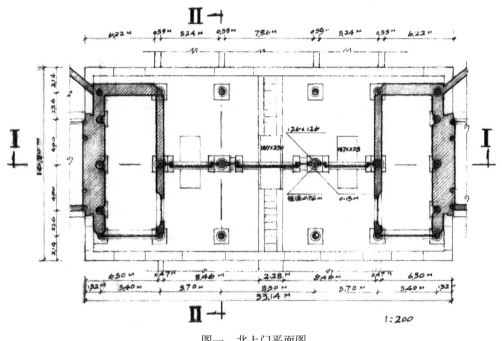

图一　北上门平面图

（采自故宫博物院图纸档案，图纸编号：测-758）②

① 据原故宫工程队队长、官式古建筑营造技艺（北京故宫）国家级非遗传承人李永革忆述："工程队负责整个故宫古建筑的修缮工作，早些年又因为故宫很多地方还不开放，所以我们存放材料的地方也多。西河沿整个都是放料的地方，木料、瓦件、石料、砖料都放在那边，老料新料都有，但是老料和新料分开放。石构件也有好几个地方，工程队南边就堆着一堆，瓦件在英华殿、慈宁花园都放过，因为工程队在故宫的西边，所以材料主要都存放在故宫西南边。"

② 北上门拆除前的建筑形制，信息来源于北上门遗存构件实测数据、故宫博物院藏北上门大木实测图纸、测绘图集、故宫博物院藏北上门照片影像。

③ （清）允礼等纂修：《工程做法则例》卷二十八《斗科各项尺寸做法》，清雍正十二年武英殿刊本，日本内阁文库藏本："凡柱顶以柱径加倍定尺寸。如柱径七寸，得柱顶石见方一尺四寸。以见方尺寸折半定厚，得厚七寸。上面落古镜，按本身见方尺寸内每尺做高一寸五分"；（北宋）李诫撰：《营造法式》卷三《石作制度》，清乾隆间写文渊阁四库全书本，台北故宫博物院藏："造柱础之制，其方倍柱之径。方一尺四寸以下者，每方一尺，厚八寸；方三尺以上者，厚减方之半；方四尺以上者，以厚三尺为率。"

（二）大木

北上门面阔五间，进深两间，分心斗底槽式平面布局，明、次间进深方向有前檐柱、中柱、后檐柱三排柱位，东、西山面进深方向增加前、后檐金柱，共有五排柱位。瓦面为五样黄琉璃瓦，单层檐歇山顶，门北有六个小跑脊兽（含仙人），门南有六个小跑脊兽（无仙人）。明、次间中柱间有九门钉大门，梢间包砌砖墙并在东、西二缝前檐柱与中柱间开旁门。建筑为长方形平面，通面宽30.5 米，通进深 12.52 米，檐柱柱根直径 0.67 米，柱高 6.3 米，中柱柱根直径 0.76 米，柱高 11.4米。檐柱柱头间依次安装小额枋、垫板、大额枋、平板枋，平板枋上承托单翘单昂五踩溜金斗栱，溜金斗栱后尾为挑金做法。明间与次间柱头间不设小额枋与垫板，直接以雀替承托大额枋。檐柱与中柱间以随梁和挑尖梁连接，挑尖梁前出为柱头科斗栱，后尾插榫入中柱，山面金柱、中柱与次间中柱连接方式亦是如此。大木主体结构为抬梁式构架，桃尖梁上置荷叶墩承托七架梁，再上分别置五架梁、三架梁，七架梁、五架梁、三架梁跨度分别为 8.44、5.38、2.62 米。北上门各开间逐渐减小，明间 8.3 米、次间 5.7 米、梢间 5.4 米。北上门举架为檐步五举，下金步六五举，上金步八五举，脊步九举，举架由檐步至脊步逐步增加，整个屋面轮廓形成下缓上急的曲线（图二、图三）。

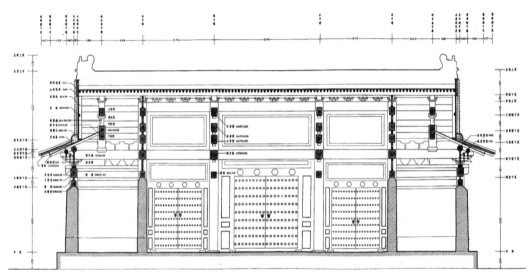

图二　北上门横剖面图
（采自故宫博物院、中国文化遗产研究院：《北京城中轴线古建筑实测图集》）

（三）斗栱与装修

北上门斗栱为单翘单昂五踩溜金斗栱，共有柱头科斗栱 14 攒，角科斗栱 4 攒，平身科斗栱 52攒。明间、次间、梢间柱头之间斗栱数量依据开间大小逐渐减少，分别为 6 攒、4 攒、2 攒，东、西山面柱头之间斗栱数量分别为 1 攒、3 攒、3 攒、1 攒。平身科溜金斗栱形制为挑金造单翘单昂五踩，由下至上共有六层，其纵横构件相交叠压遵从山面压檐面原则，即为纵向构件刻盖口卯，横向构件刻等口卯。第一层与第二层：坐斗上承翘与正心瓜栱，翘头内外施十八斗，内承麻叶云，外承单才瓜栱，单才瓜栱上即为单才万栱；正心瓜栱上施槽升子，斗上承正心万栱，正心万栱上即为正心枋。第三层：昂后起第一层秤杆，秤杆下刻菊花头，后尾六分头上施十八斗，斗上承三幅云并以

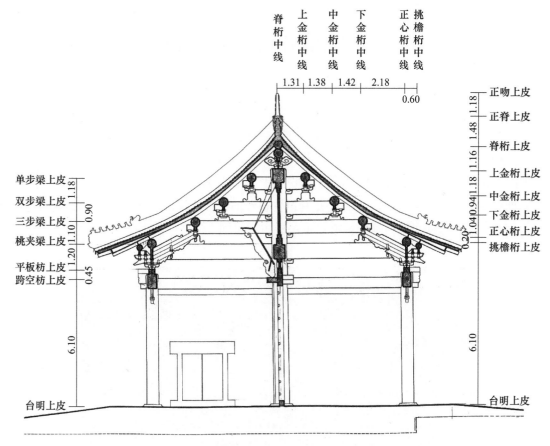

图三　北上门纵剖面图
（采自故宫博物院图纸档案，图纸编号：测-758）

伏莲销连接上杆，昂头上施十八斗，斗上承厢栱，厢栱上即为挑檐枋。第四层：尖衬后起第二层秤杆，秤杆直达金步，秤杆下刻菊花头，后尾六分头上施十八斗，斗上承内拽厢栱并以伏莲销连接。第五层：耍头后起第三层秤杆，秤杆直达金步，后尾与内拽厢栱榫接。第六层：撑头木后起第四层秤杆，后尾刻夔龙尾，撑头木上未设桁椀，而是在撑头木上浅刻出正心桁位置，正心桁直接落在撑头木上。

明间实榻大门高约5.6、宽约4.9米，次间实榻大门高约4.7、宽约3.7米。梢间槛窗为一马三箭直棂窗形式，横陂为正交正搭形式，梢间攒边门高约2.4、宽约1.9米。

（四）彩画

北上门山花纹饰为三挂四组梨花绶带，内外檐彩画均为墨线大点金旋子彩画，前后檐枋心为龙锦纹，山面及内檐枋心为一字纹。找头部分根据距离不同旋花组合有一整两破、一整两破加勾丝咬、一整两破加金道观、勾丝咬，明间额枋盒子为整栀花纹，平板枋为降魔云纹，柱头为整旋花纹，斗栱压黑老。檐头飞头为绿底片金边框，内做片金万字纹，椽头为退晕虎眼纹，青绿相间排列。

三、北上门历史沿革及其拆除始末

（一）北上门历史沿革

"永乐十八年，建北京宫殿，规制仍如南京"①，北京故宫宫城门、皇城门均按照南京故宫规制营建，在皇城内、宫城外建有"东上门、东上北门、东上南门、东中门、西上门、西上北门、西上南门、西中门、北上门、北上东门、北上西门、北中门"②，北上门在神武门以北、景山门以南的位置在明清时期舆图上均有标识（图四～图六），其位置也经前人多次考证③④⑤。而关于北上门建筑沿革明代未有记载，其建筑使用与修缮记载最早见于清康熙时期。

图四　嘉靖十年至四十年北京城宫殿之图（局部）
（日本宫城县东北大学图书馆藏）

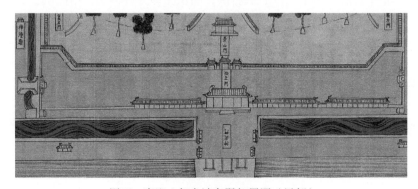

图五　康熙八年皇城宫殿衙署图（局部）
（台北故宫博物院藏）

---

① （清）龙文彬：《明会要》，中华书局，1956年，第867页。
② 《续修四库全书》编委会：《续修四库全书》第792册，上海古籍出版社，1996年，第123页。
③ "东西北三面，每座上门均在宫城门外，朝向与所在宫门相同，该上门所属的东西或南北二门位于其左右稍外、大道两旁，朝向与大道垂直，以沟通皇城各区域"，参见晋宏逵：《明代北京皇城诸内门考》，《故宫学刊》2016年第2期。
④ "万岁山，……山之上，土成磴道，每重阳日圣驾至山顶坐眺，目极九城。前有万岁山门，再南曰北上门，左曰左上东门，右曰左上西门。再南出北上门，则紫禁城之玄武门也"，参见朱偰：《北京宫苑图考》，大象出版社，2018年，第94页。
⑤ "东华门外围东上门，再东为东中门，再东为东安门；东山门之左再南出为东上南门，右北出为东上北门……，东上等门规制如此，西上、北上等门可知"，参见单士元：《单士元集》第一卷《明北京宫苑图考》，紫禁城出版社，2009年，第5页。

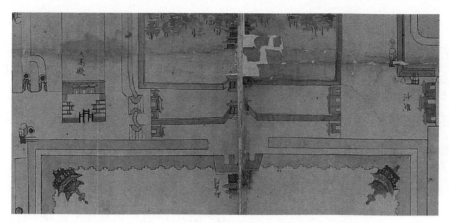

图六　清乾隆十二年至四十一年精细北京地图（局部）
（大英博物馆藏）

康熙二十四年（1685 年），北上门两旁官房三十间设立满汉官学①。

雍正二年（1724 年），北上门内道路修理②。

乾隆元年（1736 年），北上门台阶修建丹陛，两边修建礓磋③。

乾隆四十八年（1783 年），北上门揭瓦头停，挑换檐椽、望板，剔补下碱，上身铲抹红灰，找补地仗，油饰见新，并东西围房修缮共估需银一万三千七百余两④。

嘉庆三年（1798 年），北上门东北岔脊揭瓦⑤。

嘉庆四年（1799 年），北上门明间门口里外旧有象眼踏跺木六分，各面宽二尺五寸五分进深三尺四寸，前高二寸后高七寸。此内换新两分，其余四分归拢攒凑⑥。

嘉庆十三年（1808 年），北上门添安瓦件、补砌台帮、墙体抹饰红灰⑦。

嘉庆十五年（1810 年），北上门内外礓磋地面修补⑧。

嘉庆二十年（1815 年），北上门内东补盖库房一座，拨正库房一座，门外拆盖堆拨房一座，并修整北上门内道路⑨⑩。

---

① 《景山北上门两旁官房设立官学事》，清康熙二十四年四月，长编 29793，参见：《钦定内务府则例二种（第二种）》第 5 册《景山官学卷》，海南出版社，2000 年。

② 《内务府交付各该处修理景山北上门路事》，雍正二年二月十四日丁亥，中国第一历史档案馆藏，长编 60143。

③ 《内务府大臣常明奏为接北上门台阶修丹陛礓磋事折》，乾隆元年十一月初十日己亥，第一历史档案馆，长编 69292，奏案号 195-034。

④ 《内务府大臣英廉等奏为油饰北上门等工估需银两事折》，乾隆四十八年二月初八日己巳，中国第一历史档案馆藏，长编 68796，奏销档 374-111。

⑤ 《为查验北上门内东北岔脊等项活计应行修理情形事》，嘉庆三年十二月，中国第一历史档案馆藏，档案号 05-08-006-000038-0084。

⑥ 《木库嘉庆四年北上门踏跺木六份清册》，嘉庆四年七月，中国第一历史档案馆藏，档案号 05-08-006-000048-0069。

⑦ 《房库嘉庆十三年北上门等处添安瓦料补砌台帮抹饰红灰料估清册》，嘉庆十三年七月，中国第一历史档案馆藏，档案号 05-08-006-000191-0070。

⑧ 《房库嘉庆十五年北上门内外礓磋地面并抹饰红灰料估清册》，嘉庆十五年六月，中国第一历史档案馆藏，档案号 05-08-006-000225-0048。

⑨ 《总管内务府大臣英和等奏为修理北上门并库房估需工料因银两事》，嘉庆二十年九月初七日己丑，中国第一历史档案馆藏，长编 63399，奏案号 05-0579-026。

⑩ 《总管内务府大臣英和等奏为修理北上门库房监工竣请派大臣查验事》，嘉庆二十年十二月二十日庚午，中国第一历史档案馆藏，长编 63413，奏案号 05-0581-041。

图七 神武门与北上门（画面右侧可见北上门和北上门东侧联房）（香港华芳照相馆黎芳于 1879 年拍摄）（采自《黎芳北京摄影集》，美国康奈尔大学图书馆藏）

道光四年（1824 年），北上门及东西长街墙体抹饰红灰，地面补墁散水①。

道光二十四年（1844 年），北上门内外礓礤、台帮补砌②。

乾隆朝至宣统朝③，北上门东西大房、东西牌楼、东西栅栏门以及东西长街墙体、道路都有过多次修缮④。

1860 年以后，北上门始有照片影像出现（图七～图九），在一定程度上弥补了这段历史时期的记载缺失。

图八 从景山望北上门（从近至远依次为绮望楼、景山万岁门、北上门、神武门）（1901 年摄）

1929 年，神武门北上门角楼筒子河各处工程完成⑤。

1930 年，北上门"五间大门三合，拆起门笼连楹门簪改安两面，上下架油画活做法及瓦作做法与神武门同，地面满起，筑打焦礁面石洋灰厚五寸，上面用杏叶排子打光做成方砖式，南北两面台明马尾踏跺仍礤城砖，南面加长一丈，北面加长三尺，石砖均修补整齐……北上门北面将制

图九 北上门（1928 年摄）

---

① 《房库道光四年神武门北上门等处抹饰红灰补墁散水料估清册》，道光四年八月，中国第一历史档案馆藏，档案号 05-08-006-000451-0046。

② 《为查验北上门内外台帮等项活计修理情形事》，道光二十四年二月，中国第一历史档案馆藏，档案号 05-08-006-000692-0002。

③ 最早相关工程档案记载为乾隆元年（1736 年），最晚相关工程档案记载为宣统元年（1909 年）。

④ 中国第一历史档案馆共有北上门相关档案 200 余条，其中涉及北上门本体修缮记载较少，多为北上门东西大房、东西牌楼、东西栅栏门以及东西长街墙体道路的修缮档案及工料清册等。

⑤ 故宫博物院：《故宫博物院档案汇编·工作报告（一九二八至一九四九年）》（第一册），故宫出版社，2015 年，第 50 页。

木质匾额一方，大小形式均照北上门匾额，上书故宫博物院五字"①。

1931 年，拆除北上门西院内小楼及大墙东西两面旧房并用旧料接砌大墙，估计工料约需洋银二百三十八元三角，另将拆除房楼材料送赠北平市工务局②。

1932 年，北上门前海墁青白石马尾礓磜，北上门南侧马路改至北侧③（图一〇），拆除北上东门、北上西门④，北上门改为故宫博物院之总门⑤。

1934 年，北上门进行油饰工程⑥。

1954 年，对北上门及东西联房进行全面修缮，预算在两亿元内⑦。

（二）北上门拆除始末

故宫博物院于 1956 年 3 月 22 日接到北京市道路工程局函件，函件内称"城市规划管理局 1956 年 2 月 23 日（56）城地字第 447 号函批准展修猪市大街至北长街北口道路，应拆除大高殿对面的习礼亭两座及你院北上门五间、东西联房全部，因上下水道须配合于 6 月 1 日施工，工期紧迫，必须先期拆除"⑧，并报请文化部文化局批示办理。文化部于 1956 年 5 月 24 日致函北京市人民委员会，给出了关于习礼亭、北上门拆除的三个具体意见⑨，其一为拆除建筑前要全部照相、测量，其二为北上门、大德日生牌楼移建于北京大学，其三为习礼亭可移建于陶然亭、景山及天安门附近及其他风景区。但不知因何原因，北京大学并未接收北上门，仍交由故宫博物院保管，1956 年 6 月 1 日文化局文化处来电称："郑部长（郑振铎）意见北上门仍交给故宫，估计不可能恢复，材料可以用到古建上去。"⑩ 故宫博物院在 1956 年 6 月 4 日接到文化部文化局函件，批复北上门全部拆卸材料交故宫博物院保管⑪。北上门于 1956 年 7 月 6 日开工拆除，拆除

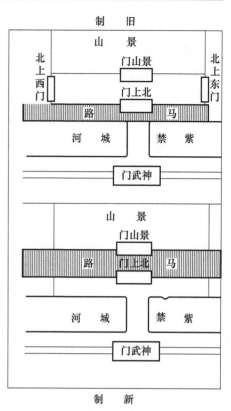

图一〇　北上门前马路改建
（朱偰：《明清两代宫苑建置沿革图考》，
大象出版社，2018 年，第 124 页）

---

① 《神武门北上门等工程改正估单》，故宫博物院内部档案，档案号 jfqggxjgcl00448、jfqggxjgcl00449，目录号 1，案卷号 65。

② 《关于拆除北上门西房问题》，1931 年，故宫博物院内部档案，目录号 1，案卷号 33。

③ 据 1929 年 4 月 3 日第 89 期平特别市市报："前据工务局呈复，添辟内城东西交通要道一案，拟定甲乙两路办法。甲路由东西华门南面筒子河沿岸，纡回穿过阙左门、阙右门，添辟新道"乙路系将故宫博物院北上门前东西砖门堵塞，往来车马改由北上门内穿行等情呈府，当经分别核准，并令财政局拨款兴修，各在案"，最终按照乙路办法修建了北上门北侧的马路。

④ 常欣、刘鸿武辑录：《故宫建筑维修大事记（1925—1994）》，《紫禁城建筑研究与保护》，紫禁城出版社，1995 年，第 501 页。

⑤ 故宫博物院：《故宫博物院档案汇编·工作报告（一九二八年至一九四九年）》，故宫出版社，2015 年，第 47 页。

⑥ 常欣、刘鸿武辑录：《故宫建筑维修大事记（1925—1994）》，《紫禁城建筑研究与保护》，紫禁城出版社，1995 年，第 501 页。

⑦ 《文化部等关于修缮北上门东西大房、吉安所左巷、黄化门等处有关问题的来往文件（附预算表、蓝图）》，1954 年，故宫博物院内部档案，目录号 8，案卷号 86。

⑧ 《为北京市道路工程局拆除习礼亭、北上门等建筑呈请事由》，1956 年，故宫博物院内部档案，档案号 19561087z。

⑨ 《中华人民共和国文化部关于移建北上门、习礼亭等的意见函》，1956 年，故宫博物院内部档案，档案号 19561088z。

⑩ 《以利首都建设拆除大高殿对面习礼亭两座及北上门五间东西联房全部》，1956 年，故宫博物院内部档案，档案号 19561086z。

⑪ 《故宫北上门全部拆卸材料仍交故宫保管》，1956 年，故宫博物院内部档案，档案号 19561081z。

工程由北京市建设局养路工程事务所综合技术工程队具体负责[①]，拆除过程中养工所对北上门及东西联房进行了实测并移交给故宫博物院[②]。北上门拆除材料于 1956 年 10 月 16 日由北京市房地产管理局第三分所拆迁事务所移交给故宫博物院工程队，拆除材料的运输也有明确的分工，拆除材料移至故宫院内西河沿，装车由拆迁所负责，卸车由故宫负责，搬运材料包括木料（228 立方米）、琉璃瓦件（32000 件）、石料（35 块）、城砖（3500 块）[③]。这批木料在 1956 年 11 月就有一部分被用于故宫西北角楼的修缮[④]，文化部文化局在批准使用北上门楠木料的同时，也要求使用时注意选择适当材料，勿用大料改小料，并详细登记使用木料数量、规格。而后这批材料一直存于故宫西河沿，多年以来故宫古建筑修缮所用木料、石料、砖瓦料也有少量选自这批材料。2014 年，故宫西河沿开始建设文物保护综合业务用房，西河沿旧存材料陆续搬运至故宫北院区。2018～2023 年，故宫博物院修缮技艺部先后对北院区木构件、琉璃构件、石构件进行调查研究[⑤]。

四、北上门大木构件

1956 年北上门拆除时，故宫博物院古建部对部分大木构件进行了测绘与拍照，北上门拆除照片资料共有 80 余张，涉及大木构件照片有 40 余张，照片资料中对北上门枋、梁、桁等构件均有记录（图一一、图一二），但大木构件测绘图纸只有 2 张，分别为大额枋、扶脊木的实测图（图一三）与平板枋的实测图（图一四）。在 2022～2023 年进行的第二期故宫北院区木构件整理中，共整理出柱、额枋、角梁、檩、框、连檐、板、椽、装修构件、斗栱构件及杂件等 1200 余件，其中有 3 件具有北上门相关题记，3 件大木构件分别为檐柱、额枋和桁（图一五）。另外，根据木构件楠木材质、权衡尺寸及明代做法特征等方面进行比对，可以判断出至少还有 5 件檩、1 件柱子、1 件额枋、1 件扶脊木为北上门遗存大木构件。由于部分木构件进行了裁截，缺少了尺寸、榫卯等信息，因此这一部分木构件仅能推测是北上门大木遗存构件。

北上门遗存大木构件有五个主要特点。其一为构件多为残损件或锯截件，北上门大木构件被拆下后除有明确记载用于西北角楼修缮外，其余可用构件应该也会用于修缮，遗存构件多是利用时锯截下来的剩余部分或是不能再利用的残损构件。其二是具有明代做法特征，北上门遗存柱子柱头为卷杀做法，即把平而圆的柱头棱角削去，加工成圆曲的弧形。宋时有杀棱柱之法[⑥]，到明时只在柱头做卷杀。额枋及扶脊木用螳螂头榫，即榫头端部呈梯形、状如螳螂头部的榫卯做法，到清代螳螂头榫被做法更为简单的燕尾榫替代。额枋出榫带有袖肩，明代大木梁头、额枋头使用袖肩燕尾榫与柱头进行连接，到清代此处连接逐渐省去袖肩。其三是具有题记，北上门大木构件题记共有 17 处，

① 孔庆普：《城：我与北京的八十年》，东方出版社，2016 年，第 158 页。
② 孔庆普：《北京的城楼与牌楼结构考察》，东方出版社，2014 年，第 320 页。
③ 《为搬运整理北上门、东西联房材料预算报请事由》，1956 年，故宫博物院内部档案，档案号 19561090z。
④ 《修缮紫禁城西北角楼拟利用北上门拆除之楠木料事由》，1956 年，故宫博物院内部档案，档案号 19561004z。
⑤ 故宫博物院修缮技艺部零散木构件整理入库项目（一期）、故宫博物院北院区库存木构件整理项目（二期）、故宫博物院修缮技艺部零散琉璃构件整理入库项目（一期）。
⑥ （宋）李诫撰：《营造法式》卷五《大木作制度二》，清乾隆间写文渊阁四库全书本，台北故宫博物院藏："凡杀棱柱之法，随柱之长，分为三分之一，上一份又分为三分，如栱卷杀，渐收至上径比栌枓底四周各分四分，又量柱头四分，紧杀如覆盆样，令柱顶与栌枓底相副，其柱身下一分杀令径围与中一分同。"

图一一　北上门大木构件
1.桁榫卯　2.桁　3.桁榫头　4.平板枋榫卯　5.平板枋　6.抱头梁头　7.抱头梁
（故宫博物院供图）

其中柱子有 15 处题记（8 处可识别），分别为"北上门""深六寸五分""顺梁深七寸五分""顺梁浅塘深□寸□□""透眼□""浅塘深五寸""透眼□""顺随梁深□"（图一六，1~8），桁上有"北上门右山□"1 处题记（图一六，9），额枋有"北上门明间前檐大额枋"1 处题记（图一六，10），题记清晰地标识了构件位置、榫卯类型、安装部位等信息。其四是可见工具加工痕迹，在构件卯窝处可见工匠使用凿子凿剔痕迹，特别是柱子卯窝处可明显看出凿刃尺寸为 5 分至 6 分，凿刃叠压痕迹明显。另外，在额枋、柱子的锯截处也能看出锯痕。其五是楠木材质，北上门遗存大木构件及斗栱构件均为楠木材质，可侧面反映出北上门始建时楠木木料并不稀缺，也侧面证明北上门明代始建的史实。

图一二　北上门大木构件

1. 大额枋　2. 大额枋霸王拳　3. 抹角梁梁头　4. 角梁　5. 梁题记　6. 额枋题记
（故宫博物院供图）

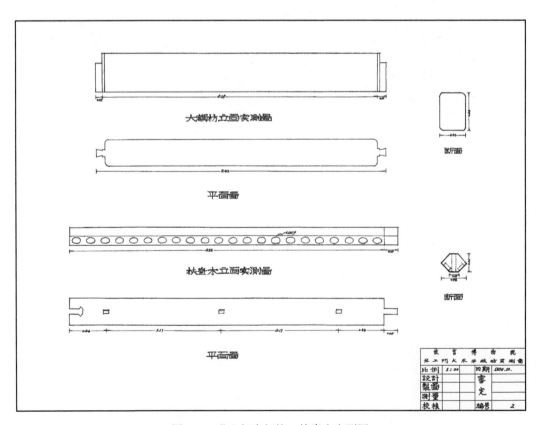

图一三　北上门大额枋、扶脊木实测图
（采自故宫博物院图纸档案，图纸编号：测 -756）

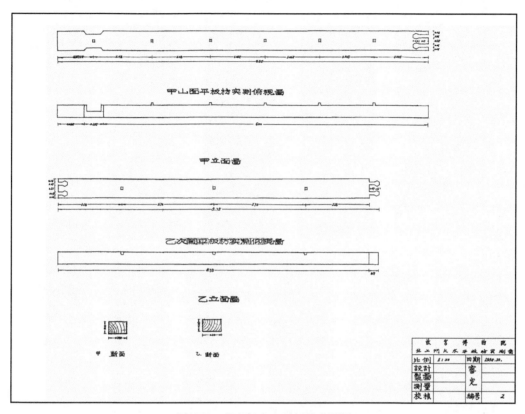

图一四　北上门大木平板枋实测图
（采自故宫博物院图纸档案，图纸编号：测 -757）

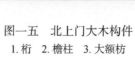

图一五　北上门大木构件
1. 桁　2. 檐柱　3. 大额枋

图一六　北上门大木构件题记
1."北上门"　2."深六寸五分"　3."顺梁深七寸五分"　4."顺梁浅塘深□寸□□"　5."透眼□"
6."浅塘深五寸"　7."透眼□"　8."顺随梁深□"　9."北上门右山□"　10."北上门明间前檐大额枋"

五、北上门斗栱构件

通过 2018～2020 年的北院区木构件整理，关于北上门斗栱构件的调查研究已有初步成果 ①，但由于篇幅有限，研究中对斗栱所属北上门进行了验证，但对斗栱尺度仅有结论性陈述，其尺度在验证过程并未论述，同时也未将斗栱尺度与大木尺度互相比对。在此需要说明的是在整理过程中，对斗栱构件进行了测量、拍照与编号，对同一种斗栱构件绘制了 CAD 图，并进行了部分 3D 建模工作（图一七～图一九）。另外，在整理工作完成后，又对斗栱构件进行了逐一精细测量，实测数据取平均值整数（表一）。由于平身科斗栱构件较角科、柱头科斗栱构件数量更多、更齐全，仅以平身科斗栱构件尺寸为验证数据。

---

① "北上门遗存平身科溜金斗栱共有 507 件，角科溜金斗栱共有 45 件，柱头科溜金斗栱共有 38 件"，参见何川，王俪颖：《故宫西河沿旧存溜金斗栱木构件整理调查报告》，《古建园林技术》2023 年第 2 期。

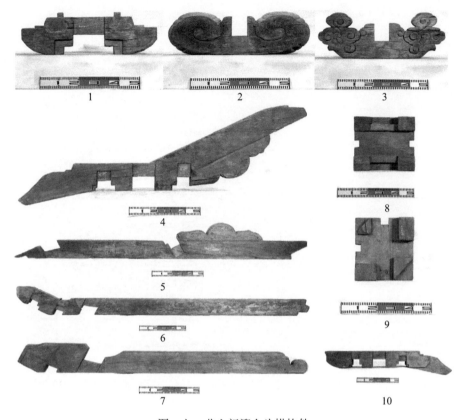

图一七　北上门溜金斗栱构件

1. 翘　2. 麻叶头　3. 三幅云　4. 昂后起一层秤杆　5. 尖衬后起二层秤杆　6. 耍头后起三层秤杆
7. 撑头木后起四层秤杆　8. 平身科坐斗　9. 角科坐斗　10. 柱头科昂
（熊炜改绘）

图一八　北上门平身科溜金斗栱（红松木为后配构件）

根据前人对明代官式建筑大木的尺度研究，明尺的取值在317～318毫米之间为多，也有学者以中间值317.5毫米来取值[①]。斗栱尺度验证过程中分别以317、317.5、318、319、320毫米进行了

① 郭华瑜：《明代官式建筑大木作》，东南大学出版社，2005年，第127页。

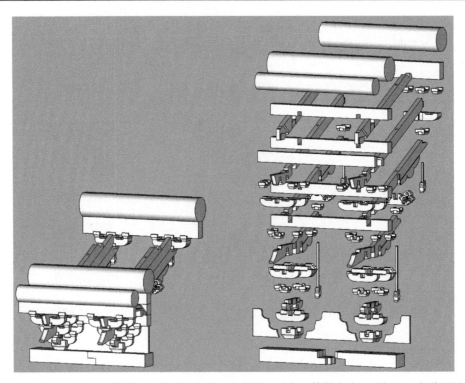

图一九　北上门平身科溜金斗栱模型（图中平板枋、垫栱板、枋件、檩件来自 20 世纪 30 年代测绘图尺寸）
（熊炜改绘）

换算、回算，其中以 317 毫米为明尺基准的验证平均值为 97.45%，以 317.5 毫米为明尺基准的验证
平均值为 97.48%，以 318 毫米为明尺基准的验证平均值为 97.50%，以 319 毫米为明尺基准的验证
平均值为 97.40%，以 320 毫米为明尺基准的验证平均值为 97.40%（表一）[①]。由此可知，以明尺 318
毫米为基准的验证值更高，又根据平身科斗栱栱厚（最小值范围）平均值 89 毫米，算得斗栱斗口
尺寸为 89÷31.8=2.798 寸，取整为 2.8 寸。再以明尺 318 毫米、斗口 2.8 寸将北上门大木构件进行
对比验证，发现大木构件尺寸与斗口的倍数关系紧密，如以 0.5 斗口的差级来对比，验证值基本在
97% 以上。根据以上换算、验证结果，再综合考虑工匠操作的个体差异性、斗栱构件多年存放的干
缩湿胀变化以及历次测绘的误差等影响因素，基本可以推测北上门的营造尺为明尺的 318 毫米，斗
口值为 2.8 寸。

表一　平身科斗栱构件尺寸换算表

序号	名称	实测尺寸（毫米）			换算尺寸（寸）			取整尺寸（寸）			回算尺寸（毫米）			验证值（%）		
		长	高	宽（厚）	长	高	宽（厚）	长	高	宽（厚）	长	高	宽（厚）	长	高	宽（厚）
1	坐斗	279.5	180	338.9	8.80	5.67	10.67	9	5.5	10.5	285.8	174.6	333.4	97.8%	97%	98.4%
2	槽升子	128.6	94.2	198.3	4.05	2.97	6.25	4	3	6.5	127	95.3	206.4	98.8%	98.9%	96%
3	三才升	129.4	94.3	148.7	4.08	2.97	4.68	4	3	4.5	127	95.3	142.9	98.1%	99%	96.1%

① 验证计算过程（以平身科溜金斗栱的坐斗实测长度为例）：坐斗长 =280，换算尺寸 =280÷31.75=8.82，取整尺寸 =9，回
算尺寸 =9×31.75=285.75，验证值 =280÷285.75=98%（单位：mm）。

续表

序号	名称	实测尺寸（毫米）			换算尺寸（寸）			取整尺寸（寸）			回算尺寸（毫米）			验证值（%）		
		长	高	宽（厚）	长	高	宽（厚）	长	高	宽（厚）	长	高	宽（厚）	长	高	宽（厚）
4	十八斗	170	94.9	149.5	5.35	2.99	4.71	5.5	3	4.5	174.6	95.3	142.9	97.3%	99.6%	95.6%
5	十八斗（内拽）	168.9	94.4	150	5.32	2.97	4.72	5.5	3	4.5	174.6	95.3	142.9	97%	99.1%	95.3%
6	十八斗（内拽厢栱）	148.6	93.9	199	4.68	2.96	6.27	4.5	3	6.5	142.9	95.3	206.4	96.1%	98.6%	97%
7	三才升（内拽厢栱）	129.1	94.6	198.8	4.07	2.98	6.26	4	3	6.5	127	95.3	206.4	98.4%	99.3%	96.2%
8	正心瓜栱	588.9	194.8	158.8	18.55	6.14	5	18.5	6	5	587.4	190.5	158.8	99.7%	97.8%	99.9%
9	正心万栱	879	194.5	159.4	27.69	6.13	5.02	27.5	6	5	873.1	190.5	158.8	99.3%	97.9%	99.6%
10	内外拽瓜栱	588.2	139.5	89	18.53	4.39	2.80	18.5	4.5	3	587.4	142.9	95.3	99.9%	97.6%	93%
11	内外拽万栱	879.3	138.9	89.1	27.69	4.37	2.81	27.5	4.5	3	873.1	142.9	95.3	99.3%	97.2%	93.1%
12	厢栱（外拽）	688.1	138.7	89.9	21.67	4.37	2.83	21.5	4.5	3	682.6	142.9	95.3	99.2%	97.1%	94%
13	厢栱（内拽）	688.4	140	88.9	21.68	4.41	2.80	21.5	4.5	3	682.6	142.9	95.3	99.2%	98%	93.9%
14	麻叶头	729.1	223.1	88.7	22.96	7.03	2.79	23	7	3	730.3	222.3	95.3	99.8%	99.6%	93%
15	三幅云	698.2	254.3	89.2	21.99	8.01	2.81	22	8	3	698.5	254	95.3	99.9%	99.9%	93.2%
16	翘	689.2	194.7	88.8	21.71	6.13	2.80	21.5	6	3	682.6	190.5	95.3	99%	97.8%	93%
17	昂后起一层秤杆	2067	762.1	89.3	65.10	24	2.81	65	24	3	2063.8	762	95.3	99.8%	99.4%	93.3%
18	尖衬后起二层秤杆	2664	1175	88.7	83.91	37.01	2.79	84	37	3	2667	1174.8	95.3	99.9%	99.6%	93%
19	耍头后起三层秤杆	3132	1310	88.6	98.65	41.26	2.79	98.5	41.5	3	3127.4	1317.6	95.3	99.9%	99.4%	93%
20	撑头木后起四层秤杆	2211	1068	89	69.64	33.64	2.80	69.5	33.5	3	2206.6	1063.6	95.3	99.8%	99.6%	93%

注：实测尺寸取平均值；换算尺寸以明尺317.5毫米换算，即换算尺寸＝实测尺寸/31.75毫米；取整尺寸以换算尺寸的0.5数值差级取整；回算尺寸＝取整尺寸×31.75毫米；验证值＝回算尺寸/实测尺寸，或验证值＝实测尺寸/回算尺寸

　　北上门溜金斗栱具有显著的明代特征。其一，坐斗、十八斗、槽升子、三才升等斗件的斗底均有斗欗，十八斗斗底均做银锭榫，与昂形成包掩挂榫。其二，麻叶头不采用"三弯九转"的雕刻做法，仅为简单的圆弧形雕刻，昂下菊花头及尖衬下菊花头均有隐刻。其三，正心瓜栱、正心万栱栱眼为落地平栱眼，不做凸起式栱眼，内外拽瓜栱、万栱栱眼边为斜棱。其四，各层秤杆的折点位置不一，昂后起秤杆以正心桁为折点，耍头后起秤杆以头跳位置为折点，撑头木后起秤杆以挑檐桁为折点，而清代溜金斗栱秤杆折点均定在正心缝。其五，正心缝垫栱板刻口厚为0.45斗口，正心斗栱构件随之加厚，斗栱构件的长、高、宽（厚）尺寸较清代更大（表二）。

表二　北上门溜金斗栱构件尺寸对比表　　　　　　（单位：斗口）

构件名称	《工程做法则例》所列尺寸[①]			北上门溜金斗栱尺寸		
	长	高	宽（厚）	长	高	宽（厚）
翘	7.1	2	1	7.7	2.2	1
麻叶头	7.6	2	1	8.1	2.5	1
三幅云	8	3	1	7.8	2.8	1
坐斗	3	2	3	3.1	2	3.8
正心瓜栱	6.2	2	1.24	6.6	2.2	1.8
正心万栱	9.2	2	1.24	9.8	2.2	1.8
单才瓜栱	6.2	1.4	1	6.6	1.6	1
单才万栱	9.2	1.4	1	9.8	1.6	1
厢栱	7.2	1.4	1	7.7	1.6	1
十八斗	1.8	1	1.5	1.9	1	1.7
三才升	1.3	1	1.5	1.4	1	1.7
槽升子	1.3	1	1.7	1.4	1	2.2
垫栱板	—	—	0.25	—	—	0.45
昂	—	3/2	1	—	3.2/2.2	1
撑头木	—	2	1	—	2.2	1
耍头	—	2	1	—	2.2	1

六、北上门基础

　　1956 年 8 月，在拆除北上门的同时，为铺设地下管线，沿着景山前街下挖了槽坑，这道槽坑正好经过北上门，这也使得北上门基础得到了揭露（图二〇）。故宫博物院古建部对北上门基础进行了实测（图二一），北上门基础面积为 674.72 平方米，为碎砖、黄土分层夯筑的满堂红基础做法。北上门台基高 1.2 米，明间东、西一缝柱础下夯土层深 2.92 米，分 26 层夯筑；明间东、西二缝柱础下夯土层深 3.01 米，分 27 层夯筑；明间东、西三缝柱础下夯土层深 3.19 米，分 29 层夯筑。明间夯土层深 1.92 米，分 18 层夯筑；次间夯土层深 1.66 米，分 15 层夯筑；梢间夯土层深 1.32 米，分 12 层夯筑（图二二），柱础下以 8～10 层城砖砌筑磉墩（图二三）。北上门基础夯土做法与建筑构造相匹配，柱位夯土深度由一缝向三缝递增，而房心夯土深度由明间向梢间递减。角柱由于位于古建筑转角处，其与横纵两个方向的梁坊相连构成框架柱，其受力更为复杂，是古建筑中最为重要的支撑柱，角柱的柱础也需要更加牢固。北上门明间、次间为行走门道，梢间为房屋空间，明间、次间、梢间基础夯土层逐渐减少，其构造做法依据使用功能来调整。

图二〇　北上门基础
（远处可见西北角楼正在修缮）
（故宫博物院供图）

---

① 根据清工部《工程做法则例》卷二十八《斗科各项尺寸做法》开列。

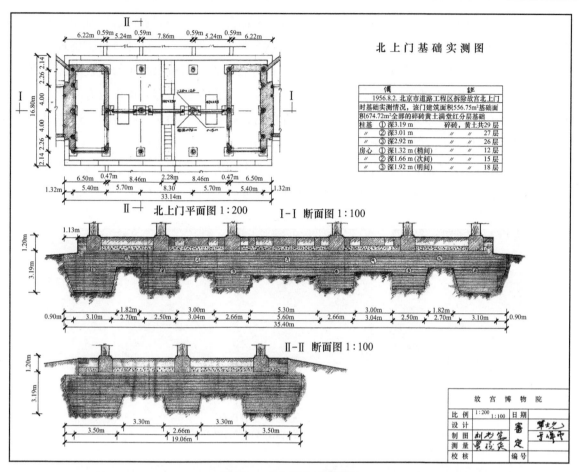

图二一　北上门基础实测图
（采自故宫博物院图纸档案，图纸编号：测-758）

图二二　北上门基础
（故宫博物院供图）

图二三　北上门柱础磉墩
（故宫博物院供图）

七、北上门石构件、琉璃构件及其他

北上门拆除后有35块石料和100余平方米的阶条石运回故宫，这35块石料包括柱础石22块、门墩石6块、角柱石4块、分心石3块（图二四，1、2），这些石料应该在故宫内有固定的位置存放^①。故宫内所存石料多用于古建筑修缮，在石活修缮中也会使用老旧石构件改做，北上门所拆部分石构件有很大可能已被使用。2000 年以后，对故宫内零散石构件及石料陆续进行了整理，有一部分石构件现于故宫东华门内銮仪卫院内保存，有一部分石构件、石料仍存于修缮技艺部（原工程队）院内，还有一部分石构件运至故宫北院区保存。在故宫北院区所存石构件仅有一件柱础石推测原属北上门（图二四，3），此件柱础石材质为青白石，础盘直径 105、厚（残）45、长 127、宽 126 厘米，其尺寸与北上门基础实测图（图二一）中所记录柱础石尺寸基本吻合。

北上门拆除时，瓦件揭瓦操作仔细、无一损坏^②，北上门为五样黄琉璃筒瓦、板瓦，六样黄琉璃戗兽、戗脊、垂脊、正脊与正吻，拆除时也对部分瓦件进行了拍照记录（图二五）。后来这批琉璃

1   2   3

图二四　北上门石构件
1. 分心石　2. 柱础石　3. 柱础石
（1、2 故宫博物院供图；3 作者自摄）

1   2

图二五　北上门琉璃构件
1. 垂兽、挂尖、托泥当沟、筒瓦等　2. 套兽、背兽、羊蹄勾头等
（故宫博物院供图）

---

① 据原故宫博物院修缮技艺部石匠、官式古建筑营造技艺（北京故宫）国家级非遗传承人李建国忆述："早期故宫有四处存放石料比较集中的地方，一处在断虹桥北侧的十八槐，一处在西华门内南侧，一处在西河沿，还有一处在工程队院里，石料里有荒料，也有很多石构件，柱础、角柱、阶条石、须弥座都有，修缮要添配石活的时候就去这些地方找料。这些石料我们挑挑拣拣地用了不少年，我刚来的时候（1974 年）就跟着老师傅去挑石料，后来这些石料陆续地就都拉走了，现在只有咱们工程队院里还留着一部分。"

② 孔庆普：《北京的城楼与牌楼结构考察》，东方出版社，2014 年，第 319 页。

构件转存于故宫工程队料场与库房，也有部分被用于故宫古建筑瓦面修缮[①]。近年来，故宫修缮技艺部将琉璃构件近3万件转运至故宫北院区，其中部分构件具有明代、清代、民国时期特点，但由于琉璃构件上没有相关信息能判断其出处，另外这些琉璃构件种类多、数量大、样数杂，仍待进一步整理与研究。

另在第二期木构件整理中发现了2个中槛和1个连楹（图二六），2段中槛的两面均出现4个门簪的开槽痕迹，其中一面在门簪开槽处的下部用木料进行了贴补，并且贴补位置上方有清晰的未做地仗油饰的痕迹，痕迹宽度与连楹厚度等同，而另一面门簪开槽完整清晰，油饰地仗也连贯一体。由此可以推断门簪开槽痕迹的一面为大门的正面，而有连楹痕迹的一面为大门背面。而有连楹痕迹的一面仍有修补过的门簪开凿痕迹，这应该是1930年北上门大门改安两面的实物证明，也为北上门的朝向问题上给出了实物证据[②]，而中槛、连楹的尺寸又与民国二十年（1931年）北上门测绘图数据[③]吻合，由此判断这3件构件均为北上门遗存。而这也可以合理解释连楹处保留门簪开凿痕迹的情况，即北上门大门拆起改安工程，并未更换新的中槛和连楹，只是按要求换了个面，对背面连楹遮不住的原门簪凿痕进行了修补，在表面再做上地仗和油饰。

图二六　北上门门框
1. 门框正面（安装门簪面）　2. 门框背面图（安装连楹面）

八、结　　语

中华人民共和国成立初期，由于北京城市道路建设需要，包括北上门在内的诸多城墙、门楼均被拆除，故宫神武门以北区域，为了修建景山前街，在1956年拆除了北上门及其东西联房、大高玄殿习礼亭、牌楼，有一部分被拆除的古建筑构件交由故宫保存。基于古建筑文化遗产保护理念的践行，在北上门拆除之前就已经确定了先行测绘、拍照、记录的措施，在拆除过程中也实施了跟随记录。这些构件大多保存于故宫西河沿的工程队材料厂仓库中，木、瓦、石、砖等构件、材料在故宫古建筑修缮的六十余年中均有使用，但遗憾的是，大多数构件再利用过程中未有明确记录。

---

①　据原故宫博物院修缮技艺部瓦匠、官式古建筑营造技艺（北京故宫）国家级非遗传承人吴生茂忆述："故宫古建筑瓦面修缮大多都是从窑厂订瓦，有时候修缮的量不大，就会去西河沿找旧瓦，西河沿存的瓦件特别多，什么时期的都有，但是没法确定以前具体是用在哪个建筑上的，有换下来的旧瓦也都往西河沿放。"

②　1930年以前，北上门门钉朝南，北上门由景山一侧打开；1930年以后，北上门改换方向，北上门门钉朝北，北上门由故宫博物院一侧打开。参见邢鹏：《北上门的朝向是北向》，《北京文博文丛》2021年第1期；李哲：《中轴之门》，北京日报出版社，2023年，第253页。

③　数据来自故宫博物院、中国文化遗产研究院：《北京城中轴线古建筑实测图集》，故宫出版社，2017年，总序号552，北京皇城，北上门。

北上门始建于明代，位于故宫神武门与景山万岁山之间，是宫城北部重要的门禁，其与北上东门、北上西门合围形成神武门外的闭合宫禁区域。北上门历经明清两代多次修缮，但其建筑仍保留有明显的明代做法特征，大木、斗栱可见诸多明代做法细节，反映出了明代建筑营造工艺与手法。北上门建筑虽早已消失，但北上门遗存构件与历史影像、测绘图纸共同组建出其历史原貌，同时北上门遗存构件的测绘、结构研究、建模等措施也为其保护与利用创造了新的可能。

附记：特别感谢故宫博物院李永革老师、李建国老师、吴生茂老师对于原故宫工程队历史的讲述并提供相关历史照片及文字资料。

Investigation and Research on the Remaining Components of the North Gate of the Forbidden City—Simultaneously Discussing the Construction Technology of North Gate Architecture

HE Chuan, WANG Liying

（ The Palace Museum, Beijing, 100009 ）

Abstract: Around 2018, the wooden, tile, stone and other building components and materials originally stored along the west bank of the Forbidden City, as well as the materials retained by the original Forbidden City engineering team in various parts of the Forbidden City, were gradually transported to the northern courtyard area of the Forbidden City, and the sorting and investigation work of these materials were carried out simultaneously. In the process of organizing and investigating, this batch of components was cleaned, classified, photographed, and partially surveyed. The investigation found that some of these components were remnants of the North Gate building. By using methods such as measurement data verification, historical archive verification, and oral interviews, this study sorts out and studies the form, historical evolution, demolition history, and remaining components of the North Gate building.

Key words: the Forbidden City, Beishang gate, wood structure, *dougong*, foundation

北京现存清代不同等级王爷园寝宅院建筑形制比较研究

昝梦涛 钱 威 张 帆

（北京工业大学城市建设学部，北京，100000）

摘 要：清代王爷园寝是皇陵建筑体系的重要组成部分，园寝附近的宅院作为墓主生前来此避暑休息及死后祭祀和护陵人员驻守之用也是建筑体系的重要部分，其与园寝建筑、王爷王府建筑形制明显不同。经研究，不同时期、不同等级王爷园寝宅院依王爷爵位等高低而存在差异，宅院选址和占地面积多与园寝选址的背景因素有关，等级差异主要体现在院落中轴线主要建筑上，具体体现在建筑大门形制、各进院落正房建筑开间数、营造尺寸等方面。

关键词：清代；王爷园寝宅院；等级；建筑形制；比较研究

一、引　言

2021～2023 年，笔者在对北京现存保存较好的 7 处清代王爷园寝实地调查研究过程中，发现保存较好的三座等级不同的王爷园寝宅院[①]，但并未查找到宅院营建规制。目前，对清代王爷园寝的研究多为对园寝建筑的研究，因宅院建筑现存量少、不对外开放而无法实地调研及其历史档案、图纸资料获取存在困难，对宅院建筑的研究仅为对院落建筑的概述，对院落营建规律及对建筑形制、不同时期和不同等级王爷园寝宅院的建筑形制比较缺乏研究。前期对园寝研究发现，不同等级王爷园寝院落选址优劣、占地面积大小等并非完全符合王爷爵位高低等级，且围墙周长、院落建筑并未完全遵循《清会典》坟茔规制进行建造，有高于规制也存在低于规制的现象，故此，探究王爷园寝宅院建筑等级规制不能根据王爷爵位高低等级直接进行定义。本文通过整理不同时期且等级不同的北京三座王爷园寝宅院调研数据及历史档案资料，采用文献查阅法、实地调研法和数据分析法，对三座王爷园寝宅院的地理位置与选址、院落布局、宅院建筑平面形制、剖立面构架形制及营造尺寸、建筑瓦石砌筑类型等进行分析比较，以此探究清代王爷园寝宅院营建规律。

二、北京现存清代王爷园寝宅院建筑背景及建筑等级分析

（一）宅院建筑背景分析

笔者在调查研究 7 座王爷园寝中，发现现存王爷园寝宅院院落者有奕绘、顾太清园寝及醇亲王墓、孚郡王墓。《清会典》规定王爷园寝坟茔规制和王府建造规制，并未有园寝宅院建造规制，故

---

① 宅院一般距离王爷园寝较近，作为墓主生前来此避暑休息及死后祭祀和护陵人员驻守之用。

为探究王爷园寝宅院建筑，选取《清会典》园寝坟茔规制和王府规制作为参考依据。

清代不同等级王爷园寝坟茔规制体现在围墙周长、碑楼、宫门及享殿开间数、彩画、屋面用瓦等。清代乾隆朝以前不同等级王府建筑规制体现在台基高度、正房数、厢房数、瓦面等方面。乾隆朝规制体现在正门、启门、正殿、后殿、后寝间数、台基尺寸、屋面用瓦、用脊、雕刻等方面。清朝对宗室人员府第管理严格，严禁"逾制"，王府中轴线建筑严格遵守王府建筑规制，同时存在为避免"逾制"，王府建造存在低于规制现象。

（二）三座清代王爷园寝宅院建筑等级分析

因中轴线建筑为建筑群中最重要建筑，故分析三座王爷园寝宅院中轴线建筑。

经分析，奕绘、顾太清园寝、醇亲王墓、孚郡王墓宅院中轴线正房建筑分别为 5 处、6 处、4 处，并未发现园寝宅院中轴线建筑正房建筑数规律。对比醇亲王墓和孚郡王墓宅院大门，均为 3 开间，对比两处宅院二进院正房开间数、层高，均为五开间、一层高。醇亲王墓宅院三进院正房建筑为七开间，孚郡王墓宅院三进院正房建筑开间数低于醇亲王墓，为五开间，一层高（表一）。

表一　三座清代王爷园寝宅院中轴线正房建筑开间、层高分析比较

建筑单体	正房数	正房建筑	开间	层高	备注
奕绘、顾太清园寝	5 处（其中两处建筑因改造为园寝本次不进行对比）	垂花门	1 间	1 层	清风阁建筑为二层
		三进院正房霏云馆	5 间	1 层	
		四进院清风阁	5 间	2 层	
醇亲王墓	6 处	一进院正房	5 间	1 层	二进院北侧公主楼为二层
		二进院大门	3 间	1 层	
		二进院正房—纳神堂	5 间	1 层	
		三进院正房	7 间	1 层	
		四进院正房	5 间	1 层	
		五进院正房	3 间	1 层	
孚郡王墓	4 处（原垂花门已无存）	大门	3 间	1 层	未发现二层建筑
		二进院正房	5 间	1 层	
		三进院正房	5 间	1 层	

由此推测，不同等级王爷园寝宅院建筑开间数存在等级规律，大门三开间，二进院正房建筑为五开间，三进院正房建筑因爵位等级不同，开间数不同，亲王七开间，郡王、贝勒五开间。经比较，三座王爷园寝宅院中轴线正房建筑屋面均采用灰色筒瓦、过垄脊，未安装吻兽、小跑。等级均低于园寝屋面形制（表二）。

表二 三座清代王爷园寝宅院中轴线正房建筑构件分析比较

建筑单体	照片	正房建筑	瓦面	屋脊	兽	彩画
奕绘、顾太清园寝		垂花门	筒瓦	一殿一卷式过垄脊	无	苏式彩画
		三进院正房霏云馆	筒瓦	过垄脊	无	苏式彩画 室内脊檩、脊枋一处有墨线大点金旋子彩画
		四进院清风阁	筒瓦	过垄脊	无	苏式彩画
醇亲王墓		一进院正房	筒瓦	过垄脊	无	无
		二进院大门	筒瓦	过垄脊	无	无
		二进院正房—纳神堂	筒瓦	过垄脊	无	无
		三进院正房	筒瓦	过垄脊	无	无

续表

建筑单体	照片	正房建筑	瓦面	屋脊	兽	彩画
醇亲王墓		四进院正房	后期修缮：板瓦	过垄脊	无	无
		五进院正房	后期修缮：板瓦	过垄脊	无	无
孚郡王墓		大门	筒瓦	过垄脊	无	无
		二进院正房	筒瓦	过垄脊	无	无
		三进院正房	筒瓦	过垄脊	无	无

三、北京现存清代王爷园寝宅院建筑选址及布局分析比较

（一）清代王爷园寝宅院建筑选址分析比较

三座王爷园寝地理环境和山脉环绕情况存在一定差异，但都依山而建，负阴抱阳，园寝后有龙山，左右有砂山[①]。奕绘、顾太清园寝与宅院为合并形式。醇亲王墓与宅院并行分布，中间有一条长沟

---

① 龙山，即基址之后的主峰，又称来龙山。砂，反映山之群体概念，在风水格局中，统指前后左右环抱城市的群山，并与特达尊崇、城市后倚的来龙、或谓主山镇山者，呈隶从关系。

将其相隔，通过一座硬山式卷棚建筑连接。孚郡王墓宅院位于园寝西北侧，与宅院并行分布，中间间隔现有其他建筑（图一～图三）。经测算，醇亲王墓宅院面积最大，孚郡王墓宅院面积最小。

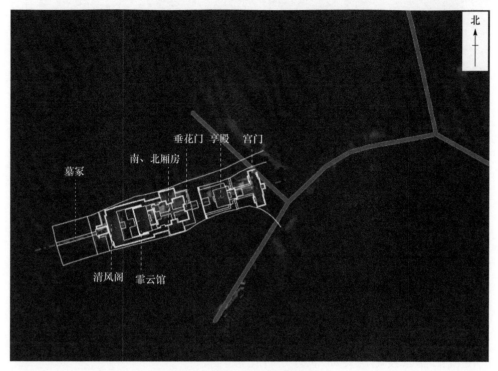

图一　奕绘、顾太清园寝选址

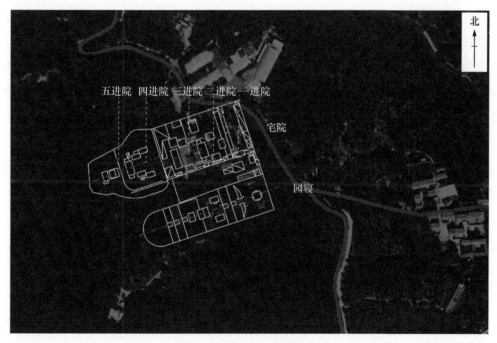

图二　醇亲王墓与宅院选址

图三 孚郡王墓与宅院选址

（二）清代王爷园寝宅院建筑布局分析比较

因奕绘、顾太清园寝为园寝、宅院合并形式，此处分析其他两处王爷园寝宅院院落布局。

孚郡王墓宅院为轴对称布局，正房建筑完全在中轴线上，通过二进院垂花门将院落分为内外院。醇亲王墓宅院正房建筑并非如此，在二、三进院又分隔成南北两个跨院。二进院落通过南北两侧通向三进院的台基踏步形成二进院落的南、北跨院。三进院落北跨院院落布置公主楼，各建筑布局在轴对称的基础上又灵活布局。四进院落通过院落隔墙、向上台基及院落大门将整个宅院院落分为内外院落。三进院与四进院通过院墙隔开。通过台阶踏步进入四进院落。四进院落依地形地势往里收（图四、图五）。

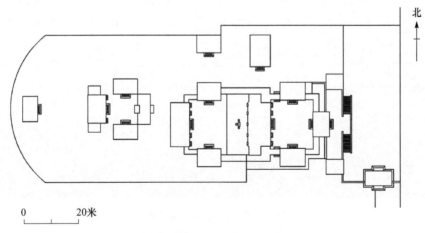

0　　20米

图四 醇亲王墓宅院总平面图

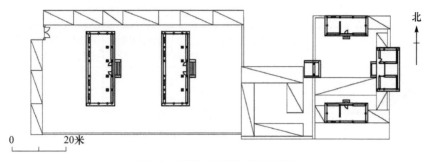

图五 孚郡王墓宅院总平面图

四、北京现存清代王爷园寝宅院建筑大门分析比较

选取醇亲王墓及孚郡王墓宅院大门进行分析比较。

（一）大门位置

醇亲王墓宅院大门位于宅院与园寝建筑的交汇中间，既可进入宅院，又可进入园寝。奕绘、顾太清园寝宅院及孚郡王墓宅院大门位置均在院落中轴线上。故王爷园寝宅院大门位置并未有严格规定，依据院落中建筑整体布局进行设置。

（二）大门形制

经比较，王爷园寝宅院大门为广亮、金柱大门，明间开门，等级低于王府大门。通过对比两座宅院大门平面图，醇亲王墓宅院大门门扉安装在门厅中柱之间，孚郡王墓宅院大门门扉安装在门厅金柱之间。两宅院大门平面尺寸差别不大，通面阔与通进深比较为接近，近似于2：1。砌筑方式不同，两大门槛墙、墀头用砖不同，醇亲王砌筑用小停泥砖丝缝，孚郡王用城砖干摆。同时对醇亲王墓宅院大门与醇亲王南府、北府的街门、府门进行比较，街门、府门均为五开间，正脊歇山，屋面黄琉璃绿剪边，正吻、垂兽、压脊5种。孚郡王墓宅院与孚王府相比较，孚王府大门五间，中间三间为启门，正脊歇山，屋面覆绿色琉璃瓦，正吻、垂兽、压脊5种。可见王爷园寝宅院建筑等级远低于王府大门建筑，且不同等级的园寝宅院大门形制有等级差异（表三）。

表三 两座清代王爷园寝宅院大门开间面阔尺寸表

平面图	开间（间）	明间（毫米）	次间（毫米）	通面阔尺寸（毫米）	营造尺（尺）	通进深尺寸（毫米）	营造（尺）	面阔与进深比
醇亲王墓	3	3420	3200	9820	30	4500	14	2.14：1

续表

平面图	开间（间）	明间（毫米）	次间（毫米）	通面阔尺寸（毫米）	营造尺（尺）	通进深尺寸（毫米）	营造（尺）	面阔与进深比
孚郡王墓 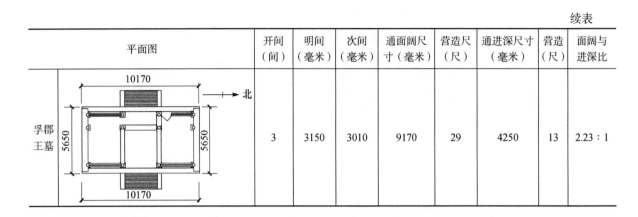	3	3150	3010	9170	29	4250	13	2.23：1

五、北京现存清代王爷园寝宅院建筑平面营造尺寸分析比较

（一）建筑院落中轴线正房建筑营造尺寸分析比较

通过对三座王爷园寝宅院中轴线正房建筑营造尺寸进行分析比较，对比二进院正房建筑，发现通面阔尺寸均在 5 丈左右，但两处建筑进深差较大，面阔与进深比分别为 2.14：1、3.13：1。醇亲王墓宅院三进院正房通面阔约 7 丈，奕绘、顾太清园寝宅院、孚郡王墓宅院三进院正房通面阔约 5 丈。奕绘、顾太清园寝宅院与醇亲王墓宅院四进院正房均五开间，通面阔均约 5 丈。开间数存在差异的原因为王爷爵位等级不同，面阔与进深比存在差异的原因为园寝宅院建筑布局不同（表四）。

表四 三座清代王爷园寝宅院正房建筑开间面阔尺寸表

建筑单体		营造尺寸							
		开间	明间（毫米）	次间（毫米）	梢间（毫米）	通面阔尺寸（毫米）	营造尺（尺）	通进深尺寸（毫米）	营造尺（尺）	面阔与进深比
奕绘、顾太清园寝	三进院正房霏云馆	5 间	3600	3200	3000	16000	50	7400	23.13	2.16：1
	四进院清风阁	5 间	3560	3420	3220	16840	52.63	6495	20.3	2.59：1
醇亲王墓	二进院正房—纳神堂（1999 年修缮图纸）	5 间	3490	3150	3200	16190	50.59	7580	23.69	2.14：1
	二进院正房—纳神堂（2019 年修缮图纸）	5 间	3500	3200	3200	16300	50.94	7600	23.75	2.14：1
	三进院正房	7 间	3500	3200	2900	22100	69.06	5800	18.13	3.81：1
	四进院正房	5 间	3200	3200	3000	15600	48.75	5750	17.97	2.71：1
	五进院正房	3 间	3000	2700	—	8400	26.25	4600	14.38	1.83：1
孚郡王墓	二进院正房	5 间	3510	3200	3200	16310	50.97	5205	16.27	3.13：1
	三进院正房	5 间	3510	3200	3200	16310	50.97	5205	16.27	3.13：1

注：分析过程参考历史修缮图纸，对醇亲王墓宅院二进院正房 1999 年修缮图纸与 2019 年修缮图纸进行对比，差别不大

（二）建筑院落中轴线厢房建筑营造尺寸分析比较

通过对三座王爷园寝宅院厢房建筑营造尺寸进行分析比较，三座王爷园寝宅院建筑的所有院落

厢房建筑均为三开间。醇亲王墓宅院三进院南北厢房进深差异由建筑院落布局导致，北厢房因要通向公主楼所在北跨院，故形成前后廊建筑。南厢房因南侧靠近院墙，故形成前廊建筑。厢房建筑通面阔二丈八尺左右，不超过三丈。造成醇亲王墓宅院四进院及孚郡王墓宅院一进院南北厢房建筑进深小的原因为地形地势造就的院落布局（表五）。

表五　三座王爷园寝宅院厢房建筑开间面阔尺寸表

建筑单体		营造尺寸								
		开间	明间（毫米）	次间（毫米）	梢间（毫米）	通面阔尺寸（毫米）	营造尺（尺）	通进深尺寸（毫米）	营造尺（尺）	面阔与进深比
奕绘、顾太清园寝	三进院南配房	3间	3200	3000	—	9200	28.75	5100	15.94	1.8：1
	三进院北配房	3间	3200	3000	—	9200	28.75	5100	15.94	1.8：1
醇亲王墓	二进院北厢房（1999年图纸）	3间	3140	2900	—	8940	27.94	5730	17.91	1.56：1
	二进院南厢房（1999年图纸）	3间	3140	2900	—	8940	27.94	5730	17.91	1.56：1
	三进院北厢房	3间	3200	2850	—	8900	27.81	6500	20.31	1.37：1
	三进院南厢房	3间	3200	2850	—	8900	27.81	5200	16.25	1.71：1
	四进院外院北配房	3间	3200	3000	—	9200	28.75	3900	12.19	2.36：1
	四进院外院南配房	3间	3200	3000	—	9200	28.75	3900	12.19	2.36：1
	四进院内院北厢房	3间	3200	3000	—	9200	28.75	3900	12.19	2.36：1
	四进院内院南厢房	3间	3200	3000	—	9200	28.75	3900	12.19	2.36：1
孚郡王墓	一进院南配房	3间	3160	3160	—	9480	29.63	3820	11.94	2.48：1
	一进院北配房	3间	3160	3160	—	9480	29.63	3820	11.94	2.48：1

（三）建筑院落耳房建筑营造尺寸分析比较

对醇亲王墓与奕绘、顾太清园寝两座王爷园寝宅院耳房建筑营造尺寸进行分析比较，宅院耳房均为一开间，面阔尺寸8.5～9尺。奕绘、顾太清园寝四进院宅院耳房进深相对于醇亲王墓二进院、四进院耳房进深较深（表六）。

表六　醇亲王墓与奕绘、顾太清园寝宅院耳房建筑开间面阔尺寸表

建筑单体		营造尺寸								
		开间	明间（毫米）	次间（毫米）	梢间（毫米）	通面阔尺寸（毫米）	营造尺（尺）	通进深尺寸（毫米）	营造尺（尺）	面阔与进深比
奕绘、顾太清园寝	四进院清风阁南耳房	1间	2710	—	—	2710	8.47	5625	17.58	0.48：1
	四进院清风阁北耳房	1间	2710	—	—	2710	8.47	5625	17.58	0.48：1
醇亲王墓	二进院正房北耳房	1间	2900	—	—	2900	9.06	3630	11.34	0.8：1
	二进院正房南耳房	1间	2840	—	—	2840	8.88	3630	11.34	0.78：1
	四进院正房北耳房	1间	3000	—	—	3000	9.38	3900	12.19	0.77：1
	四进院正房南耳房	1间	3000	—	—	3000	9.38	3900	12.19	0.77：1

六、北京现存清代王爷园寝宅院建筑剖面营造尺寸分析比较

（一）宅院院落现存正房建筑剖面营造尺寸

对比三座王爷园寝宅院正房建筑剖面营造尺寸，奕绘、顾太清园寝霨云馆、清风阁与醇亲王墓二、三进院正房建筑剖面均五举拿头，醇亲王墓二进院正房纳神堂脊步达到九举，檐柱高与檐柱径比及明间面宽与柱高比建造比例更接近《清式营造则例》。醇亲王墓四进院正房及孚郡王二、三进院正房为四七举拿头，脊步未超过八五举。

通过对比举架系数，醇亲王墓与奕绘、顾太清园寝宅院正房建筑举高与步架范围分别为 1：1.43 至 1：1.58、1：1.49 至 1：1.58，差别不大，孚郡王墓宅院正房建筑举高与步架比为 1：1.69，与其他两处园寝宅院差别较大（表七）。

表七 三座园寝宅院轴线建筑举架系数及檐柱等比较尺寸表

建筑单体		明间面阔（毫米）	檐/廊步架举架系数	金步架举架系数	脊步架举架系数	举高与步架比	檐柱高与檐柱径比	明间面宽与柱高比
奕绘、顾太清园寝	霨云馆	3600	0.50	0.65	0.75	1：1.58	15.5：1	10：8.6
	清风阁	3560	0.50	0.70	0.80	1：1.49	14.84：1	10：10.4
醇亲王墓	二进院正房—纳神堂	3500	0.50	0.70	0.90	1：1.43	11：1	10：7.5
	三进院正房	3500	0.50	0.70	0.80	1：1.51	11.6：1	10：8.3
	四进院正房	3200	0.47	0.65	0.80	1：1.58	12.86：1	10：8.4
孚郡王墓	二进院正房	3510	0.47	0.61	0.71	1：1.69	—	10：8.2
	三进院正房	3510	0.47	0.61	0.71	1：1.69	—	10：8.2

（二）宅院院落现存厢房建筑剖面营造尺寸

对三座园寝宅院厢房建筑进行分析对比，南北厢房建筑开间约在 3200 毫米（约 10 尺）。三座园寝宅院厢房建筑建造较为符合清《工程做法则例》的是醇亲王墓，建造比例较差者为孚郡王墓宅院，且低于奕绘、顾太清园寝宅院厢房建筑（表八）。

表八 三座园寝宅院厢房建筑举架系数及檐柱等比较尺寸表

建筑单体		明间面阔（毫米）	檐/廊步架举架系数	金步架举架系数	脊步架举架系数	举高与步架比	檐柱高与檐柱径比	明间面宽与柱高比
奕绘、顾太清园寝	三进院南配房	3200	0.50	0.65	0.75	1：1.58	13.85：1	10：8.66
	三进院北配房	3200	0.50	0.65	0.75	1：1.58	13.85：1	10：8.66
醇亲王墓	二进院北厢房（1999 年修缮图纸）	3140	0.58	0.65	0.80	1：1.48	11.82：1	10：8.3
	二进院南厢房（1999 年修缮图纸）	3140	0.58	0.65	0.80	1：1.48	11.82：1	10：8.3
	三进院北厢房	3200	0.50	0.70	0.85	1：1.51	11.25：1	10：8.4
	三进院南厢房	3200	0.50	0.70	0.85	1：1.51	11.25：1	10：8.4

续表

建筑单体		明间面阔（毫米）	檐/廊步架举架系数	金步架举架系数	脊步架举架系数	举高与步架比	檐柱高与檐柱径比	明间面宽与柱高比
醇亲王墓	四进院外院北配房（2021年修缮图纸 已改制）	3200	—	—	—	—	—	—
	四进院外院南配房（2021年修缮图纸 已改制）	3200	—	—	—	—	—	—
	四进院内院北厢房（2021年修缮图纸）	3200	—	0.50	0.71	1：1.65	12.57：1	10：8.3
	四进院内院南厢房（2021年修缮图纸）	3200	—	0.50	0.71	1：1.65	12.57：1	10：8.3
孚郡王墓	一进院南配房	3160	—	0.49	0.64	1：1.77	14.7：1	10：11.9
	一进院北配房	3160	—	0.49	0.64	1：1.77	14.7：1	10：11.9

（三）宅院院落现存耳房建筑剖面营造尺寸

两座王爷园寝宅院耳房建筑面阔均在3000毫米左右（约9尺），耳房建筑均五举拿头，差异在于奕绘、顾太清园寝宅院四进院两座耳房建筑因与四进院南北两侧抄手游廊相连，形成南北耳房有前廊空间，且两处耳房建筑脊步架系数到八六举。而醇亲王墓因地势原因，四进院形成单独的院落，且四进院落并非同奕绘、顾太清园寝宅院院落完全轴对称，且两处耳房建筑脊步架系数仅到七举（表九）。

表九　两座园寝宅院耳房建筑举架系数及檐柱等比较尺寸表

建筑单体		明间面阔（毫米）	檐/廊步架举架系数	金步架举架系数	脊步架举架系数	举高与步架比	檐柱高与檐柱径比	明间面宽与柱高比
奕绘、顾太清园寝	四进院清风阁南耳房	3200	0.50	0.65	0.86	1.5：1	13：1	10：8.1
	四进院清风阁北耳房	3200	0.50	0.65	0.86	1.5：1	13：1	10：8.1
醇亲王墓	二进院正房北耳房（2019年图纸）	3000	—	0.50	0.71	1.65：1	14.88：1	10：8.4
	二进院正房南耳房（2019年图纸）	3000	—	0.50	0.71	1.65：1	14.88：1	10：8.4
	四进院正房北耳房（2019年图纸）	3000	—	0.50	0.71	1.65：1	14.88：1	10：8.4
	四进院正房南耳房（2019年图纸）	3000	—	0.50	0.71	1.65：1	14.88：1	10：8.4
	四进院正房北耳房（2021年图纸）	3000	—	0.50	0.70	1.67：1	12.71：1	10：8.9
	四进院正房南耳房（2021年图纸）	3000	—	0.50	0.70	1.67：1	12.71：1	10：8.9

七、北京现存清代王爷园寝宅院建筑瓦石砌筑及装修分析比较

通过分析三座王爷园寝宅院正房建筑的砌筑方式及装修，以此找到不同等级王爷园寝宅院正房、厢房建筑在砖砌方面的差异。

比较三座王爷园寝宅院正房建筑屋面及台基砌筑方式，三进院正房砌筑方式无差别，均为单檐硬山过垄脊，对比醇亲王墓二进院、三进院正房建筑，二进院正房纳神堂等级较高，台基用陡板石台明。说明在王爷园寝宅院建筑群中，不同院落正房建筑仍存在等级差别。

比较三座王爷园寝宅院厢房建筑屋面及台基砌筑方式，醇亲王墓二进院、三进院、四进院内院、二进院两座厢房建筑均为披水排山脊，其余两座院落厢房建筑均为铃铛排山脊，二进院台明为陡板石，与二进院正房建筑纳神堂保持一致，其余院落台明为砖砌。本次调查研究发现，仅醇亲王墓二进院北厢房屋面为绿琉璃瓦，与其余院落屋面均不同，推测为后期错误修缮导致。

八、结　语

通过对三座不同等级王爷园寝宅院建筑比较分析，本文发现王爷园寝宅院建筑存在等级差异，这种等级差异主要表现为院落中主要建筑之间的差异性，而并非体现在院落选址、占地面积等方面，初步得出以下结论：

1）王爷园寝与宅院院落并非完全为独立院落，存在园寝与宅院各自独立且并列、园寝与宅院院落相连接且并列、园寝与宅院合并三种形式。

2）王爷园寝宅院院落布局未有严格规制，根据地形地势进行建造，宅院院落建筑均未施斗栱，且宅院允许建造二层建筑。

3）王爷园寝宅院大门位置未有严格规制，通过醇亲王墓与孚郡王墓的宅院大门形制相比较，大门均为三开间，但并不能简单归类为亲王、郡王宅院大门形制相同。醇亲王宅院大门位置并非在院落轴线正中央，反映了不同园寝与宅院院落布局关系，且门扉安装位置在中柱之间，与孚郡王墓宅院大门门扉安装在金柱之间有差异，故大门形制依王爷爵等保有等级之分。大门建筑形制等级低于园寝建筑大门及相对应王府建筑大门。

4）通过对正房建筑开间数比较，可以得出宅院院落虽选址、占地面积、地形地势不同，但院落正房建筑开间数仍存在等级规律，亲王、郡王、贝勒园寝宅院中轴线正房建筑开间数等级规律为亲王一进院五开间、二进院七开间、三进院五开间，郡王、贝勒一进院五开间、二进院五开间、三进院五开间，亲王、郡王、贝勒各院落厢房建筑开间数均为三开间，正房旁两侧耳房均为一开间。且中轴线建筑屋面均采用灰色筒瓦、过垄脊，未安装吻兽、小跑。等级均低于园寝屋面形制。

5）关于建筑营造尺寸，中轴线正房通面阔七间约 7 丈，正房五间通面阔约 5 丈，厢房建筑三开间通面阔约 2 丈 8 尺，不超过 3 丈，耳房建筑均为 1 开间，通面阔 8.5～9 尺，面阔与进深比根据地形、地势、院落布局及使用需求灵活建造。

6）通过历史档案图纸数据比较得出，宅院正房建筑举架五举拿头，醇亲王墓宅院院落二进院正房纳神堂为唯一一处建筑步架达到九举建筑。

7）园寝宅院建筑在营造过程中对瓦石砌筑等方面并没有严格要求，多为宅院建筑所在地区不同砌筑工艺所造成，同一座王爷园寝宅院建筑中不同院落也存有等级差别。

8）关于部分宅院建筑建造差异较大的建筑，例如醇亲王墓二进院北厢房建筑屋面饰绿色琉璃瓦，为园寝宅院唯一一处屋面为绿琉璃的建筑，推测差异原因为后期修缮不当造成。

参 考 书 目

［1］ 冯其利:《清代王爷坟》, 紫禁城出版社, 1996 年。
［2］ 马炳坚:《中国古建筑木作营造技术》, 科学出版社, 2003 年。
［3］ 刘大可:《中国古建筑瓦石营法》, 中国建筑工业出版社, 2014 年。

Comparative Study on Residential Compound Architectural Forms in Existing Qing Dynasty Royal Garden Cemeteries of Different Grades in Beijing

ZAN Mengtao, QIAN Wei, ZHANG Fan

(Department of Urban Construction, Beijing University of Technology, Beijing, 100000)

Abstract: The royal gardens of the Qing Dynasty were integral components of the imperial mausoleum architectural system. The residential compounds near these gardens served as essential elements for the tomb owners to retreat during summer and for posthumous worship and guarding personnel, differing significantly from the architectural styles of these gardens and the royal residences. It has been found that residential compounds in royal gardens of different periods and grades exhibit hierarchical distinctions based on the titles and statuses of the tomb owners. The choice of site and land area for these compounds was often influenced by the background factors of the garden's location. Grade differences primarily manifest between the main buildings along the central axis of the courtyards, particularly in terms of the design of the main gates, the number of bays in the main buildings of each courtyard, and the dimensions of construction.

Key words: Qing Dynasty, royal garden cemetery with residential compounds, hierarchy, architectural forms, comparative study

昆明市乐居村"一颗印"民居空间特性及成因探析

张鹏跃[1]　屈永博[2]

（1.西安建筑科技大学建筑学院，西安，710055；2.深圳大学建筑与城市规划学院，深圳，518060）

摘　要： "一颗印"作为滇中地区传统民居，是中国五大民居类型之一。本文在典型"一颗印"民居的研究基础上，选取昆明市乐居村为例，对乐居村聚落格局及"一颗印"民居空间特性进行解析。通过剖析乐居村整体村落的布局构成关系和"一颗印"民居空间特性，总结该地域环境下"一颗印"的非典型空间特点及其成因。研究结果表明，乐居村"一颗印"在应对地理特征、气候环境、民族文化、经济条件方面做出适应性策略而形成的空间模式体现出"一颗印"在不同地域环境下蕴含的因地制宜的适应性营建智慧。

关键词： "一颗印"民居；传统民居；地方建造；传统村落；乐居村

一、引　言

"一颗印"民居，由汉族传统合院与彝族土掌房融合而成，因其建筑形态紧凑，建筑平面方正如印而得名①。"一颗印"地处的云南高原自然环境特殊、民族构成丰富、人文历史悠久，"一颗印"的发展与成型必然受到各方因素的影响，从而产生丰富的空间构成，体现出独特的建筑艺术价值和历史文化价值。

乐居村是滇中地区典型的汉彝融合的传统村落，至今村内仍保留了昆明地区规模最大的"一颗印"民居建筑群。因此本文选取乐居村为例进行特定地域环境影响下的"一颗印"民居空间特性研究。

二、研究对象及其研究现状

（一）"一颗印"民居与其典型特征

由于我国幅员辽阔，不同的气候特征、生产方式、文化习俗造就了不同的居住环境。各地民居因地制宜、因材致用，在平面布局、建筑材料、建筑结构和风格样式上均体现出不同特征，衍生出合院式、土楼式、干栏式、窑洞式和"一颗印"式民居，统称为我国五大民居类型。合院式民居广泛分布于我国华北及江南的平原地带，通过南北轴线的正房和其他三面或两面的厢房围合而成，并可根据规模需求沿轴线纵向递增形成多进院落，中轴对称的平面格局和主次分明的建造规则反映出

---

① 刘致平：《云南一颗印》，《华中建筑》1996年第3期。

我国传统社会井然有序的宗法观念和礼制思想。土楼式是一种以厚重的生土版筑墙作为承重墙的多层楼居住形式，平面形态以方形、圆形进行内向围合，中部庭院设祖堂，体现出岭南地区客家人以家族为核心的防御聚居特色。干栏式为西南湿热地区的主要建筑形式，底层通过架空达到防止潮湿和蛇兽侵扰的效果，并可以用来饲养家禽，第二、三层为生活起居和存放食物的空间，极大地提升空间利用率。窑洞式民居是我国黄土高原上古老的居住形态，由"穴居"发展而来，黄土材料不易传热的特性造就了窑洞保温隔热、冬暖夏凉的优势，是传统民居中绿色建筑的代表。

　　本文讨论的"一颗印"传统民居分布于以昆明为中心的滇中高原地区，典型的"一颗印"民居由正房、耳房以及倒座三个基本单元构成（图一），其形制可以概括为"三间四耳倒八尺"，即正房面阔三间，一明间两暗间，底层明间为堂屋，暗间作餐厅及居室使用，二层明间用作储粮，其余作居室；两侧耳房各两开间，共四间，耳房底层多为厨房、杂物间或农居室，二层作居室；倒座进深八尺，底层是由木柱和外墙组成的半围合空间，形成入口门廊，倒座二层为储藏空间。三个基本单元围绕中央天井布置，极尽节约，紧凑而不失实用。

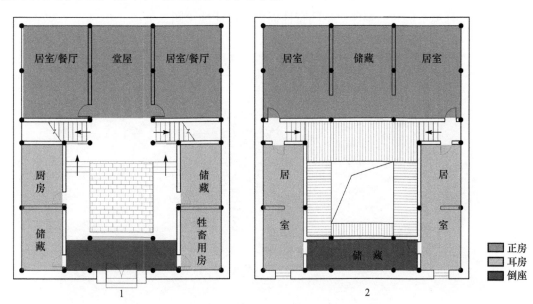

图一　典型"一颗印"民居平面功能分区图
1. 首层平面图　2. 二层平面图

（二）"一颗印"民居研究概况

　　1944 年，刘致平先生的《云南一颗印》首次通过实地调查与理论结合的方式对"一颗印"民居的平面布置、立面样式、建筑构造等方面进行阐述，同时引发了国内学术界对传统民居的关注。此后，国内专家学者也针对"一颗印"不断深入研究，取得丰硕的研究成果。在研究"一颗印"民居历史源流追溯方面，杨大禹等通过对"一颗印"的平面组合、空间特征等方面探讨"一颗印"民居的典型特征，追溯其历史演变和发展轨迹[①]。在探究"一颗印"的营建技术上，杨立峰记录了滇南"一颗印"民居从匠作实践到营造文化的全面内容[②]。在"一颗印"的空间探究方面，蒋昕萌等采用

① 杨大禹、王玲：《滇中'一颗印'传统民居的源流追溯》，《建筑遗产》2022 年第 2 期。
② 杨立峰：《匠作·匠场·手风——滇南'一颗印'民居大木匠作调查研究》，同济大学博士学位论文，2006 年。

建筑类型学的方法对"一颗印"的元素、特征、空间组织方式和结构体系的构成关系进行研究，总结出"一颗印"建筑空间原型①。

关于乐居村传统聚落和传统民居的研究目前多以保护更新为主，例如刘亚美分析乐居村历史文化价值及现状问题，提出乐居村的保护体系和旅游发展策略②。施益军等对乐居村的物质文化遗产现状进行分析，挖掘其保护价值，提出更新保护策略③。

纵观前辈学者对"一颗印"民居的研究集中于对其历史源流追溯、空间特征、营造技艺的探讨上，而将"一颗印"民居置于特定地域条件下，从气候、地形、文化、技术方面探究其建筑空间的特殊模式及成因的研究成果较少，为本次研究提供了契机。

（三）乐居村"一颗印"民居

2013 年 9 月，乐居村因格局完整、风貌完好被列入第二批中国传统村落名录，村内"一颗印"民居随山势呈现出丰富的层次，山地聚居的特殊环境和民族文化也造成了内部民居空间形式的丰富多变，为研究特定环境下的"一颗印"空间特性提供了可能性（图二）。

图二 乐居村山地聚落形态

三、乐居村聚落特征

（一）自然环境特征

乐居村坐落于半山坡，聚落后方以山体作为屏障形成环抱之势，前方护寨河呈环状、与山体

① 蒋昕萌、王冬：《云南'一颗印'民居建筑空间原型解析》，《华中建筑》2012 年第 10 期。
② 刘亚美、何俊萍：《云南乐居村传统村落的保护和旅游发展策略》，《华中建筑》2013 年第 5 期。
③ 施益军、王登辉：《少数民族地区传统村落保护更新策略研究——以昆明市团结镇乐居村为例》，中国城市规划学会、东莞市人民政府：《持续发展 理性规划——2017 中国城市规划年会论文集（09 城市文化遗产保护）》，中国建筑工业出版社，2017年，第 14 页。

共同将村落包围（图三），所处的山水环境符合中国古代"背山面水"的择居思想，整体聚落形成"山—林—村—水"的空间序列。

图三　乐居村自然环境特征

古人在人居营造中格外尊重当地的自然环境，追求人与自然之间的和谐共生关系，乐居村也综合了地形、日照、风向、排水因素进行合理布局。昆明因地处低纬度高海拔而形成冬无严寒、夏无酷暑的气候特征，年日照时长高达 2500 小时。中国古代聚落选址时往往争取向南的朝向，而乐居村由于受到地形高差大的限制和日照时间长的优势形成坐西朝东的朝向，既满足了日照需求，又防止过量的太阳辐射，从而达到适宜居住的热舒适度。受大气环流和高海拔的影响，昆明冬夏季的主导风向均为西南风。乐居村选址于山体东北侧，即冬季背风一侧，有利于村落利用山体形成的巨大屏障来阻挡冬季冷风侵袭。依水而建也是乐居村的另一选址特色。除了日常生活对水资源的需求外，依托高地势迅速导流和低处河流泄洪体现出村落的防洪策略，最大限度降低洪涝灾害风险。

（二）社会文化特征

乐居村本为彝族聚居地，又长期受到汉文化的逐步影响而呈现出多元共融的社会文化特征。乐居村聚落空间布局的形成与发展同历史文化、民俗礼仪、生活方式等社会因素息息相关，这些文化动因也促成了聚落的特殊空间形态。

彝族先民尊崇自然，在乐居村制高点建有土主庙、种有猎神树来表达他们对家园安宁的向往。随着汉文化的逐渐影响，观音殿、财神殿的出现成为多文化融合的见证（图四、图五）。此外，乐居村在火把节、插花节、土主会等重大节日都要举办集会、歌舞等系列非物质文化活动，促使村落形成围绕公共广场的向心性格局，产生空间凝聚性。

图四　土主庙内财神殿　　　　　　　　　　　图五　土主庙内观音殿

（三）村落布局特征

　　乐居村尽管受山体限制而导致扩张空间有限，但仍在不同高程下充分利用场地条件，形成"小聚合，大分散"的独特布局特征。

　　村内民居建筑根据山地坡度的不同，在平面布局上体现出聚合与分散相互结合的特殊肌理：村落西部山体坡度较大，建筑沿等高线单列式布局，坐西朝东，规则整齐；村落东部出现平缓台地，建筑布局则有机穿插，在整体朝东的布局中出现个别朝南向的民居（图六）。山地环境的特殊性也赋予了乐居村纵向空间变化：村落依山就势，从低处起便利用建筑与街巷的不规则布局产生微妙变化进行空间序列引导，使人的行走体验更为丰富（图七）。抵达村内制高点时视线与周围的山脉相互渗透，建筑呈现出参差错落的层次美。

图六　乐居村建筑布局肌理

图七　乐居村街巷空间

四、乐居村"一颗印"民居空间特性

（一）小尺度内向性空间

"一颗印"通过以天井为中心的对称式平面布局划分内外空间，形成内向的建筑空间形态。这种内向空间蕴含着一种内敛的人文思想意识，揭示出人们对私密性和归属感的追求。相比于昆明城区内"一颗印"民居，乐居村"一颗印"因受到用地紧张的影响布局更为小巧紧凑，天井多为小尺度的横向长方形（乐居村的"一颗印"内天井尺寸基本尺寸约为4米×3米，最大为6米×5米），而非典型"一颗印"中的方正天井，反映出乐居村"一颗印"民居为适应在陡峭山地环境中建造而形成建筑面阔略大于进深的形态（图八）。

（二）弹性组合方式

"一颗印"的空间处理运用的是一种空间单元组合的手法，以"间"作为标准单元进行拼接组合使建筑能够弹性应对不同地域环境①。由于受到山地环境因素影响，乐居村的"一颗印"不完全是典型的"三间四耳倒八尺"形制。通过调整正房与耳房平面布局形式，乐居村的民居多以"两间两耳"的"半颗印"形式出现。在群体组合上，因受高程影响和用地限制而导致院落纵向联排困难，于是出现了两户联排、多户联排等横向院落拼接组合方式（图九）。由此可见，乐居村内"一颗印"民居以因地制宜为法则，在标准秩序下通过弹性变异，构成多元丰富的空间形态。

---

① 蒋昕萌：《逻辑与形式——'一颗印'民居建构基本关系的解析与研究》，昆明理工大学硕士学位论文，2012年。

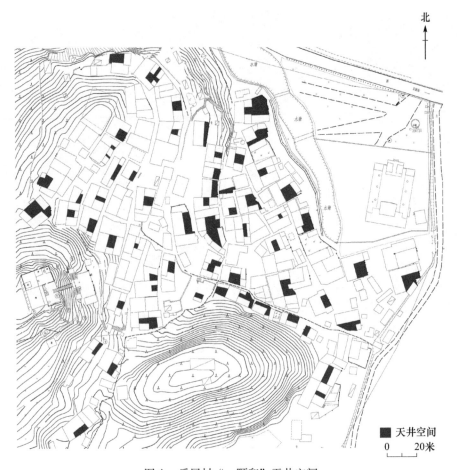

图八 乐居村"一颗印"天井空间

图九 乐居村内"半颗印"与联排布局

（三）序列性空间

"一颗印"在主轴线上的正房作为家庭的公共活动空间以及接待宾客之处，两侧耳房用来供晚辈居住或用于厨房储藏空间，并通过正房、耳房、倒座三者高度变化形成不同的层次，体现出空间序列的主从关系。乐居村内"一颗印"民居则不受典型"一颗印"的空间序列模式所限。在实地调查中发现，乐居村内"一颗印"中很少有倒座的出现，只以夯土院墙组合砖砌飞檐大门突出入口在空间秩序中的重要性（图一〇）。

图一〇　乐居村内无倒座的"一颗印"

五、乐居村"一颗印"民居特性空间成因分析

（一）适应气候环境

传统民居的气候适应性是指乡土民居在生成发展过程中，依靠其生存条件与周围环境取得相互协调，相互适应，通过简单的处理手法来应对外部气候条件的影响[1]。乐居村昼夜温差较大，又因邻近山坳产生了强大的风场。为进行防寒、防风，乐居村"一颗印"形成了外墙较厚、层高较低的特征。

乐居村的"一颗印"墙体以500毫米厚者居多，有少数甚至可达900毫米左右。墙体直接采用夯土夯筑或土坯砖砌筑，充分运用生土良好的热稳定性来实现建筑的防寒保温。"一颗印"封闭的夯土墙体和紧凑的平面布局降低了强风干扰，能抵抗各个风向的荷载。乐居村"一颗印"的层高则综合了人体尺度因素，首层层高保持在2.8米左右，使得建筑总高度降低，重心下移，同样有利于提升建筑抗风性。

---

① 郝石盟：《民居气候适应性研究》，清华大学出版社，2018年，第7、8页。

（二）适应地理特征

我国国土广阔，不同的地形地貌会对民居产生一定的制约与影响，建筑与地形地貌的适应也造就了不同的建筑形态。乐居村"一颗印"民居巧妙消解高差地形，形成了建筑受生于山地的适应关系，产生出特有的山地建筑特色。

为了充分利用地形、减少土方量，"一颗印"需要针对地形做出高差上的变异，常通过"正厢错层"的办法来实现，即结合地形高差关系，正房、厢房分置于两个不同标高面，形成错层式布置，该方法不仅有效地将地形的不利条件消化，同时剖面上层层递进的空间设计关系强调了正房的主导地位（图一一）。如果遇到较大高差时，其平面构成基本按照三间四耳的形式组成，三间四耳逐级抬高以顺应山势。

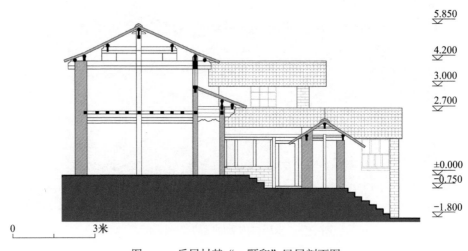

图一一　乐居村某"一颗印"民居剖面图

（三）适应民族文化

民居建筑往往会遵守传统社会人文观念，体现出丰富的文化内涵。乐居村"一颗印"民居不仅展现了中国古代哲理在建造中的应用，而且体现出汉族与彝族的文化融合的空间特色。

典型的"一颗印"民居大门都正中布置在中轴线上。因为乐居村山地环境下的民居布局较为随机，因此出现了大门不正对路口和别户屋脊，且在乐居村有"门打凹，坟打高"的说法，即大门的朝向要对着山的凹处，若对着山峰则不利等营造规律。因此乐居村内"一颗印"的大门在布局时，门的方向与正房和街道都产生一定的角度，甚至会有"照壁"的出现（图一二）。

（四）适应经济条件

乐居村是典型的农耕聚落，为自给自足的内向型经济模式。因此，无论是在材料选取还是建造技术上，乐居村"一颗印"都充分体现出经济实用的价值取向。

乐居村"一颗印"在建造过程尽可能节约成本，使用土、木、石、草、灰等本土材料。墙体材料使用当地黏性较强的生土添加草木灰或草筋混合而成。木材取自村落后山植被，在"一颗印"中被广泛用于建筑构架、房间分隔、楼板楼梯等各部位。为避免地面潮湿对土墙的影响和危害，

图一二　乐居村某"一颗印"民居大门布局倾斜

"一颗印"民居用坚硬耐压的毛石作粗加工砌筑墙基，而滇中高原的喀斯特地貌也为石材的获取提供了便利。除此之外，经济因素也影响了民居建筑的形式和风格，同昆明市区内"一颗印"民居相比，乐居村"一颗印"民居的建造手法更加简单实用，例如墙体直接夯筑而未在外表面包砖，并且省略了繁复的木雕石刻等建筑装饰（图一三）。

1　　　　　　　　　　　　　　　　　　2

图一三　乐居村"一颗印"与昆明市区"一颗印"建筑特征对比
1. 乐居村内某"一颗印"夯土外墙及梁头处进行简易装饰　2. 昆明市内某"一颗印"外墙包砖、门头采用木雕装饰

六、结　　语

　　乐居村在依山傍水的环境下遵循人居营造与自然环境充分结合的理念，体现出对地理条件和生态环境的适应性智慧，又在多民族文化融合下产生独特的聚落风貌，孕育出多元文化特质。乐居村内"一颗印"民居在科学理性同文化精神有效结合下表现出极强的空间适应性，凝结在选址建造、

平面格局、空间组合、形制形态、材料选取等方面，形成一种由地域与民族特征影响而生的建造逻辑，并随着环境的变化而予以更新，随着社会的发展而传承与演变，体现出一定的科学价值、历史价值、文化价值。

尽管"一颗印"具有定型的设计理念和营造模式，然而当处于具体环境下却又不拘泥于典型的空间模式，充分利用场地的地理特征与人文环境做出变革和创新，体现民居营建的"在地性"。在前几年城市增量时代下，中国各地区逐渐形成建筑语言千篇一律的现象，建筑文化不断朝着趋同化发展，而如今城市发展逐渐过渡至存量时代，民居的空间适应性营造方式对建筑设计具有一定的启发作用。目前对"在地设计"的探索已成为建筑学界的重要趋向，在"在地"设计理念的主张下，建筑设计应当从自然环境、社会环境和文化环境中挖掘有效基因对场地进行回应，寻求合适的切入点建立起建筑与场地的关系，凸显建筑的"在地"特质。

Analysis on the Spatial Characteristics and Causes of "Yikeyin" Residential Buildings in Leju Village of Kunming

ZHANG Pengyue[1], QU Yongbo[2]

(1. College of Architecture, Xi'an University of Architecture and Technology, Xi'an, 710055;

2. School of Architecture & Urban Planning, Shenzhen University, Shenzhen, 518060)

Abstract: As a traditional residence in central Yunnan, "Yikeyin" is one of the five major residential types in China. Based on the study of typical "Yikeyin" residential buildings, this paper takes Leju Village of Kunming as an example to analyze the settlement pattern and spatial characteristics of "Yikeyin" residential houses. By analyzing the relationship between the layout and composition of the whole village and the spatial characteristics of "Yikeyin" residence in Leju Village, this paper summarizes the atypical spatial characteristics and causes of "Yikeyin" in the regional environment. The research results show that the spatial pattern formed by "Yikeyin" in Leju Village reflects the adaptive construction wisdom of "Yikeyin" in different regional environments, and also provides some inspiration for the current regional architecture creation.

Key words: "Yikeyin" residential buildings, traditional residence, regional construction, traditional village, Leju Village

洛阳关林建筑考略

赵　刚[1]　赵一凡[2]

（1. 河南省文物建筑保护研究院，河南郑州，450002；2. 河南省图书馆，河南郑州，450000）

摘　要： 本文通过对洛阳关林史书研究及遗存建筑勘察，详细列出了关林建筑的创建及各个时期的修缮情况以及各建筑的构造特点，通过对这些数据的考略得出了其与《清式营造则例》对建筑营造的规定的异同及其存在的价值。

关键词： 关林；历史沿革；建筑布局；构造特点价值

一、概　述

洛阳关林是武圣关羽的首级埋葬之地，即"关林庙"，简称"关林"，也是我国唯一的"林、庙"合祀的古建筑群。创建于汉代，历代多有修缮，于明万历二十年（1592年）重修，现存明清古建筑150余间。位于河南省洛阳市关林镇，东傍伊水，西望熊耳山，南临龙门，北依隋唐故城，占地180余亩。关林是朝廷礼制的祭祀庙宇，其与当阳关陵、山西解州关帝庙一起有祖庙的美称。

"关林"因时代不同而称呼不一，据庙内碑刻记载，关羽，在宋元时称"关王冢庙"；明万历时，关羽封帝，称"关帝陵庙"；顺治五年（1648年）敕封关羽"忠义神武关圣大帝"；康熙五年（1666年）康熙帝敕封洛阳关帝陵为"忠义神武关圣大帝林"，始称"关林"，成为与山东曲阜"孔林"并肩而立的圣域。由于封建社会等级制度表现得非常鲜明，如旧时的皇帝的陵墓称"陵"，圣人的墓区称"林"，王侯的坟墓称"冢"，百姓的坟头称"坟"。康熙四年（1665年）康熙帝尊关羽为夫子，雍正八年（1730年）雍正帝又追封关羽为"武圣"，故关圣人的墓就称"关林"了。

二、历　史　沿　革

（一）关林建设历史

据《三国志》记载，吴王孙权夺取荆州后杀了关羽，为避免刘备报仇，将关羽的首级送给曹操。曹操识破了孙权的伎俩，便将计就计，以王侯的等级将关羽葬于洛阳城南①。

现在的关林，其始建年代，据关林明神宗万历二十五年（1597年）碑文《创塑神像壁记》载："按《三国志》所载：洛城南十五里许，有汉寿亭侯之元冢。夷考当时，盖以王礼葬也。汉至今，耿耿不磨，代代有宗，封显谥帝。我皇上御极，屡勤忠义，以翊国祚，乃敕封'协天大帝护国真君'，而元冢依然如汉制。洛国王疏请创建殿宇，以为栖神之所。不日，寝宫落成，西配殿工竣，……于后寝宫塑像七尊，工始于二十一年，逾年告成。"另据明万历二十四年（1596年）碑文

---

① （晋）陈寿撰，（南朝宋）裴松之注：《三国志》卷三十六《蜀书·关张马黄赵传第六》，中华书局，1982年，第941～942页。

《重建关王冢庙记》记载："洛阳县南门外离城十里，有关王大冢，内葬灵首，汉时有庙，及今年久毁坏……"①据此可知，洛阳关林应始建于明神宗万历二十年（1592 年）以前，距今已有相当长的历史了。

1963 年，关林被公布为河南省重点文物保护单位。

1981 年，在关林内又设立了洛阳古代艺术博物馆。至此，关林以武圣人的林墓、祠庙、翠柏和石刻艺术而享誉海外，成为国内外游客旅游观光、朝拜、祭祀的圣地。

2006 年，公布其为第六批全国重点文物保护单位。

（二）关林修缮历史

始建于汉代，重建于明万历二十年（1592 年），占地 180 亩。

清顺治十七年（1660 年）至清光绪三十三年（1907 年），期间对关林内的建筑进行多次修葺，同时还添建了戏楼、月台、甬道、东西牌坊等建筑。

在民国时期，关林有两次局部维修。

1949 年至 2000 年，关林先后又进行过 10 余次修葺（附表一）。

三、关林建筑考略

（一）总体布局

关林建设之地地势较平，总平面呈长方形，其建筑布局以中轴线对称方式布置、以"院落"为单元进行组合、通过台基的高低以及建筑形式来表现建筑等级的高低。整组建筑群由五进院落组成，主体建筑坐落于中轴线，次要建筑两侧对称分布，这种布局形式符合中国古建筑的布局特征（图一）。第一进院落由大门、仪门及附属用房组成，第二进院落由仪门、拜殿、大殿及钟鼓楼围合而成，第三进院落由大殿、二殿、五虎殿、圣母殿及厢房围合而成，第四进院落由二殿、三殿及配房组成，第五进院落由三殿、碑亭、墓冢及围墙组成。原主院落东侧由跨院官厅与道院组成，现已不存。

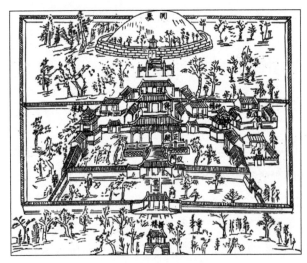

图一　清嘉庆关林全图
（采自魏襄修、陆继辂纂《河南洛阳县志》）

（二）功能分区

关林的平面布局形式是以院落为组合的，沿中轴线南北依次布置，分为引导区、祭祀区、休息区及墓葬区（图二）。在整体布局上舞楼、大门、仪门、围合区域为引导区，大殿、二殿

① 陈长安：《关林》，中州古籍出版社，1994 年。

围合区域为祭祀区，二殿、三殿围合区域为休息区，三殿后为墓葬区。这样的布局充分体现了庙、墓合一的建筑群所包含的"既敬神，又娱人"的独特含义。从关林的建设历史中可以发现，随着时代的发展，关林有墓转庙在逐步成为人们心目中"忠义和道义"的化身的转变过程。首先是按将军墓布置，主要建筑有二殿、三殿、墓冢，随着加封级别的提高，逐步演变为庙，增建了大门、仪门、大殿等建筑，当成为圣人之后，成为"忠

图二 关林全景图

义和道义"的化身之后，又成为民众膜拜的对象，此时增建舞楼且置于大门之外，成为民众祭神及与神同乐的场所，也是道家思想的具体体现。

（三）主要单体建筑形式和构造特点

洛阳关林坐北朝南，门前是气魄宏大的关林广场，广场中央的舞楼是祭祀关羽时献戏的舞台。关林的建筑从南到北的中轴线上依次布置舞楼、大门、仪门、大殿、二殿、三殿、碑亭、墓冢等，附属建筑皆沿此轴线左右对称布置，高低错落有致，大小严谨有序。院内古柏苍翠蓊郁，遮天蔽日，殿宇楼阁掩映其中，充分显示了关林的园林特色。历代碑刻 100 余通，成排成行，记载关林的沧桑岁月。

1. 舞楼

与关林大门相对，坐南朝北，平面布局呈"凸"字形（图三），面阔五间，进深两间，通面阔 15.448 米，通进深 8.39 米，突出的部分为前台，长 9.3、宽 3.5 米，顶部为面阔三间的重檐歇山式。前后台的歇山顶与硬山顶巧妙地结合在一起，又在其上加歇山顶，形成重檐阁楼式建筑形制，蔚为壮观。整个舞楼坡面全用绿色琉璃瓦覆盖。木构架为抬梁式结构，由檐柱承托五架梁，中间用五踩斗栱，五架梁上承三架梁，三架梁上设脊瓜柱承托脊檩，角柱支撑飞檐，角梁外延呈龙头形。斗栱为五踩重昂计心造。

图三 舞楼

2. 大门

平面呈长方形，面阔五间，进深两间，通面阔 16.6 米，通进深 3.8 米，通高 6.28 米。单檐硬山绿琉璃顶，黄琉璃菱心，脊饰为绿琉璃件。明间、两梢间中柱间置板门，次间为墙体。木构架为抬梁式结构，前后檐柱于中柱间置双步梁。

3. 仪门

平面呈长方形，面阔五间，进深两间，通面阔 16.68 米，通进深 5.68 米，通高 7.48 米。单檐硬山灰瓦顶，绿琉璃剪边，绿琉璃菱心，脊饰为绿琉璃件。明间、两梢间中柱间置板门，次间为墙体。木构架为抬梁式结构，前后檐柱于中柱间置双步梁。

4. 拜殿、大殿

拜殿在大殿之前，与大殿混为一体，采用勾连搭建筑形式，前为拜殿，后为大殿。拜殿前月台长 23.5、宽 7.8、高 1.15 米，月台前设一阶，侧东西各设一阶。拜殿为面阔五间六檩前廊卷棚式砖木结构，供每年春秋祭祀关羽时百官僚属谒拜之所。拜殿之下宽敞开阔，与大殿连成"凸"字形台基，轮廓清晰，巍峨雄壮。两山墙与大殿前墙三面围合，充分突出了居中为尊的建筑意图，也增大了大殿严峻之势。拜殿平面呈长方形，坐落在长 24.65、宽 6.6、高 1.3 米的砖砌台基上，比月台高出 0.16 米。面阔五间，通面阔 23.6 米，进深一间，通进深 6.4 米，明、次间面阔 4.82 米，梢间 4.55 米，进深 6.4 米，通高 8.3 米。平面用柱 8 根，前檐为直径 0.4 米的圆柱，其下是 10 厘米高的素面古镜柱础。后檐柱为两根方木合在一起，并用铁钉、铁箍加固，柱础为整块青石雕成相连的 51 厘米见方的正方形和 25 厘米×42 厘米的长方形，周边所刻莲瓣尤为精细。拜殿的梁架结构较为简单，柱间木枋上有一五踩斗栱与六架梁相接，顶部用罗锅椽。殿顶坡面为绿琉璃筒瓦覆盖，正脊、岔脊上有仙人、天马、麒麟、斗牛、狻鱼等瑞兽装饰物。梁架、斗栱、檩、枋等，均以红、黄、绿为主色，彩绘龙、凤、花鸟图案或几何纹样，色彩耀目，与高耸齐列的 8 根朱漆巨柱两相呼应。

大殿作为关林的主体建筑，位于整个庙的中心位置（图四），为砖木结构的单檐庑殿式建筑，面阔 7 间，进深 3 间。大殿高 16.34 米，建于长 40、宽 19、高 1.5 米的砖砌月台之上，总面积 760 平方米。通面阔 30.45 米，通进深 13.8 米。整个殿宇共用柱 48 根，其中 16 根檐柱环绕殿东、西、北三面承托飞檐。四个角柱石础为雕凿细腻华美的须弥座式，高 0.56 米，下部呈方桌状，如意形腿，上部八面形，周边侧面浮雕麒麟和"寿"字等吉祥图案，其余 12 根檐柱柱础石为双鼓叠立式，下部扁鼓高 0.18 米，其上长鼓高 0.36 米，两鼓径分别为 0.37、0.3 米。室内用金柱 12 根，柱径

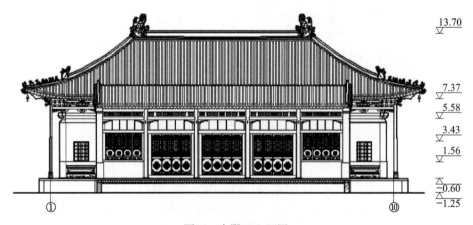

图四　大殿正立面图

（河南省文物建筑保护研究院内部资料）

0.68 米，覆盆式柱础高 0.13 米。该殿梁架结构比较复杂，明次间梁架是以五架梁用驼峰、瓜柱与三架梁连接，梁头托中金檩，三架梁上立脊瓜柱，托起脊檩，梁头托上金檩，脊瓜柱与顺脊枋交接点用驼峰与顺扒梁以斗栱相连。檐柱支撑斗栱托起单步梁与双步梁，上承正心檩与檐檩。尽间梁架主要由梢间山面双步梁、单步梁、五架梁及上金檩组成。大殿共用斗栱 54 攒，为七踩重昂计心造，用异形栱，具有明清时期的河南地方特点。雀替形态各异，一般为吉祥的动物或花鸟雕刻。梁架上均施黑白两色，绘成龙、凤及各式花纹，内观素雅庄重，而外部檐下的额枋、平板枋及斗栱上则施以彩绘，红、黄、蓝、绿各种色彩相互替换间隔使用，把正殿装饰得璀璨夺目。

5. 二殿

平面呈长方形，面阔五间，进深三间，通面阔 20.95 米，通进深 10.56 米，高 11.83 米。殿前有月台，长 12.2、宽 15.12、高 0.66 米，单檐庑殿绿琉璃瓦顶。木构架为抬梁式，七架梁带前后双步梁，五踩重昂斗栱。

6. 三殿（寝殿）

是关林的最后一座殿宇，因殿内原有关羽睡像，故称"寝殿"。三殿平面布局呈"凹"字形，面阔五间，进深三间，通面阔 18.5 米，通进深 8.16 米，高 11 米。殿前有长 11.67、宽 8.92、高 0.43 米的甬道与二殿相连，东西各有一台阶。硬山绿琉璃瓦顶。木构架为抬梁式，三架梁带前后单步梁，五踩重昂斗栱。

7. 碑亭

殿后冢前有一八角形亭子，内树"忠义神武灵佑仁勇威显关圣大帝林"碑。亭平面呈八角形，木结构，攒尖歇山绿琉璃瓦顶。碑亭台基高 0.5 米，南北两边长 2.65 米，其余各边长 1.6 米。

8. 鼓楼、钟楼

钟、鼓楼对称建于大殿前方，间距 56.5 米，结构相同，均为重檐十字歇山绿琉璃瓦顶，高台楼阁式建筑。高台为砖筑，平面呈方形，边长 8.5 米，高 3.85 米。上层建筑开间进深均为三间，通面阔 7.02 米。

（四）与清工部《工程做法则例》的对比结果

平面布局大体与《则例》相同，但也存差异，如：《则例》中开间依次变小，梢间明显变小，而关林主要建筑的各间尺寸变化不大；各建筑明间进深及步架明显小于《则例》中的规定（附表二）；出檐变小，柱径与柱高之比（1：7 至 1：10）基本与《则例》中的规定（1：10）相同（附表二）等。由此可以看出，关林各建筑的建造等级制度基本与清《则例》的建造等级制度相同，但也表现出它的建造特点，如从使用功能出发，减掉了前金柱，使堂内空间变大；增加了梢间开间，使室内空间更加开阔等等这些处理手法都与地方做法、等级制度、财力贫富、地理位置、使用功能等有一定关系。

四、价值评估

洛阳关林建筑布局严谨，建筑艺术精湛，具有很高的历史价值、科学价值、艺术价值和社会文化价值。

（一）历史价值

关羽作为一个著名的历史人物，历来是历史学界研究的重要对象，本身就具有很高的历史价值，关林内含大量的碑刻所记载大量的历史事件，也具有极高的史学价值。同时关林是明清时期保留下来的一处古建筑群。从明万历二十年（1592 年），洛阳乡民发愿建庙开始，关林的建筑布局一直是按照宫廷制度建造的，为研究皇家陵庙的建筑组群布局提供了重要依据。

关林作为人们祭拜关羽的场所，它不仅是一座建筑，而且还承载着悠久的历史文化。关林庙为当代学者研究关羽的精神，关羽的历史提供了历史依据，是社会所拥有的历史宝库。不仅如此，洛阳关林庙作为明代留下来的建筑，它本身就是我们研究历史的依据，并对我们研究中国传统建筑和研究中原地方建筑特色有着不可估量的价值。

（二）科学价值

明清以来，砖的大量应用，推动了建筑承重结构的巨大变化，由完全木构架体系，发展到木构架与墙体结合的承重体系，进而又发展到现代的完全墙体承重体系。关林建筑群里的建筑仍保持着完全的木构架体系，这对研究明代早期的木构架建筑提供了很好的实例。双层柱础具有明代的地方建筑特征。如梁头做成卷云状、昂尾做成桃尖状等。这都很值得我们去研究与借鉴，汲取其精华，古为今用。大殿的垂莲柱上部为正八棱柱，下部雕刻了五层覆莲瓣，下垂的柱头雕刻成莲蓬状。这是河南明清建筑的特点。一根垂莲柱既是结构构件，又是装饰品，既不影响其结构的使用功能，又能增加室内的美学效果，将建筑功能、结构力学、艺术审美高度地统一。关林建筑群保留有典型的清代建筑特征，集中反映了清初关林的建筑风格和建筑水平，并有确切的墨书纪年题记，对于研究河南清初地方建筑手法是极为宝贵的实物资料。

（三）艺术价值

洛阳关林的艺术价值表现在它的木雕、石雕、陶塑、彩画等方面，为人们研究明代早期民间艺术提供了宝贵的实物资料。精工细雕的各种花卉、门窗装饰、屋面琉璃艺术，都是河南现存地方古建筑艺术作品中的杰作。

木雕：关林的木雕有着多种雕刻技巧，例如浅浮雕、高浮雕、透雕等，体现在各个建筑的额枋、雀替和裙板上，额枋头的菊花头雕刻减弱了额枋横向结束时的生硬，给人以融入天地的感觉，还有裙板上浮雕的龙纹、凤戏牡丹以及八仙故事和三国故事，互相陪衬，烘托出艺术效果。尤其是背面走马板上彩绘有"华容道义释曹操""东吴赴宴""水战庞德"三幅故事画，造型逼真，形象生动，构思巧妙。

石雕：关林的石雕基本上属于浅浮雕范畴，如柱础、供案、阶条石等，雕刻精细，刀工精湛，焚香炉台基四周雕刻双龙、松鹿、麒麟等各式砖雕花纹，六抹仿木格扇装饰，"腾龙戏珠""松树麒麟""双师戏绣球""岁寒三友"等砖雕装饰，构图严谨，雕刻生动，犹如画笔一样游刃有余。

陶塑：垂兽、套兽、勾头、滴水、护檐板、博风板等琉璃装饰品所塑造的麒麟、龙凤、马、牡丹、荷花、卷草等，自然流畅，透出生机盎然的浓郁气息，加上黄绿两色的渲染，更显其富丽、华贵。

彩画：大殿梁架上弥足珍贵的明代彩绘，与同时期官式彩绘手法迥异，表现形式更趋灵活生动，地方风格浓郁，对于研究河南、山西地方彩绘的演变、发展以及融合都起到重要的作用，具有很高的艺术价值和研究价值。

（四）社会文化价值

洛阳关林中所拜祭的关羽，是三国时期著名武将。随着历史的发展，关羽却逐步超凡入圣，自宋代到清代，先后有16个帝王为关公御旨加封，至清代达到了登峰造极的程度，更被民间尊奉为中国的武圣、财神爷、恩主公，由人到神，形成中国文化史上一种奇特的文化——关公文化。中华民族逐步形成了"文拜孔子、武拜关公"的传统文化格局。关帝庙的建造在明代迅速扩张，清代则达到了"县县有文庙，村村有武庙"的境地。

关林为典型的官建民助建筑，建筑形式保持着浓郁的皇家建筑风格，体现出了官方对关林建筑规格认知。关林社会价值的评估应加上关羽是中华民族道德的楷模，是华人世界顶礼膜拜的人物，关林是关羽的葬首之所，独尊林庙之圣地，更是闽南、台湾众多关庙的血缘祖庙和闽南、台湾关公信仰的发源地。

关公的忠义仁勇诚信精神，符合了人们（无论是统治阶级还是平民百姓）对道德的理想追求，成为中华民族的道德楷模，体现了中国以儒释道为中心的道德价值观。这种精神早已走出国门，迈向世界，并传播到了异国他乡的南、北美洲、大洋洲、欧洲、非洲等大洲东南亚，遍及世界各个角落，生根发芽，净化着人们的心灵，显示了中国这种优秀传统文化的魅力，至今仍具有积极的社会现实意义。

千百年来，关羽的忠义仁勇精神一直被中华民族所推崇，成为炎黄子孙共同的道德追求和做人准则，达官贵人、黎民百姓景仰日深，海外华人更是把关羽奉为平安神和武财神，香火之盛，无以复加。洛阳关林庙与湖北当阳关羽墓、山西解州关帝庙素有祖庙之称。作为传播民间传统文化的产物，关林有着传播民间传统文化、传承历史的作用，与其他宗教寺庙有着本质上的区别，具有重要的社会价值。

总之，洛阳关林不仅是一组建筑，它承载着丰富的历史文化，具有重要的社会历史价值，为研究河南明清时期的古建筑历史和建筑技术提供了宝贵的实物例证。

参 考 书 目

［1］ 李允鉌：《华夏意匠——中国古典建筑设计原理分析》，广角镜出版社，1982年。

［2］ 河南省古代建筑保护研究所：《洛阳关林勘测说明书》，内部资料，2005年。

［3］ 洛阳关林管理委员会：《中国关林》，中国摄影出版社，2000年。

附表一 洛阳关林建筑大事年表

序号	名称	创建年代	历年维修记录	备注
1	舞楼	乾隆五十六年（1791年）夏初	1979年9月～1980年12月，先后校正了大门、碑亭屋架，修补了舞楼、仪门、大殿、二殿、三殿、钟楼、鼓楼、东西配殿的屋面 2000年8月，对关林舞楼进行维修	
2	大门	万历二十五年（1597年）正月	2001年10月，关林大门诸梁架维修，同时对八字墙进行扶正	
3	仪门	从万历二十年起到四十八年止（1592～1620年）		
4	拜殿	万历二十一年（1593年）	1955年～1957年，政府拨出专款将挂满目的关林彩绘一新，并对废弃之处作了抢救性的修缮，如拜殿殿卷棚等	
5	大殿	万历二十一年（1593年），竣工于二十四年（1596年）八月 万历四十七年（1619年）修大殿前月台、甬道，围栏。	顺治十七年（1660年） 康熙四年（1665年） 道光十年（1830年） 咸丰四年（1854年） 光绪三十三年（1907年） 1940年修大殿、二殿等关帝圣像衣冠 1990年5月，对大殿进行揭顶重修	
6	二殿	万历二十年（1592年）	2005年4月～9月对二殿、圣母殿、五虎殿进行挑顶修缮	
7	三殿	从万历二十年前起到四十八年止（1592～1620年）	1985年底，对三殿进行落架重修	
8	碑亭	康熙五年（1666年）		
9	钟楼、鼓楼	从万历二十年前起到四十八年止（1592～1620年）	1997年10月20日～1998年1月	
10	廊庑	从万历二十年前起到四十八年止（1592～1620年）	康熙九年（1670年），重修关林廊庑	
11	围墙	万历四十八年（1620年）	1932年修关林周墙 1998年9月～11月对关林关帝灵冢家围墙进行修缮 1999年12月，对关林周边环境进行治理	
12	其他建筑	从万历二十年起到四十八年止（1592～1620年），关林中轴线建筑整体布局已形成，后虽有东、西便门，官厅、官厅等附属小建，但均建在中轴线两侧	从康熙六十一年（1722年）至乾隆二十年（1755年）间，关林除乾隆五十六年（1791年）前长达七十年间，洛阳县会首于洪州等5人造火炉一座，乾隆三十三年（1768年）略修碑亭，乾隆四十八年（1783年）梁溥等成造铁香炉一鼎外（现供于二殿前），再无其施，修葺记录	
13	第一次大规模修缮	康熙二年（1663年）	清朝开国以来第一次对关林诸殿进行大规模修葺	

续表

序号	名称	创建年代	历年维修记录	备注
14	第二次大规模修缮		嘉庆二十二年（1817年），重修关林殿堂 嘉庆二十五年（1820年），修御碑八卦亭、圣母殿、二殿、三殿、张关子殿，五虎殿各一座，东西配殿二座，大殿周围墙垣，后节院墙、门窗等，工始于嘉庆二十五年（1820年）五月，成于同年十一月	
15	第三次大规模修缮		道光二十四年（1844年）三月，马恕主持复修，逮明年七月竣工。"凡改撤而新之者，实完且坚。"崇博美奂，为正殿，为拜殿，为二殿，为三殿，为五虎，为后圣祠，为钟、鼓殿，广生各殿，历时十八年，至诚之君子也	
16	第四次大规模修缮		光绪二年（1876年），十三年（1887年），二十二年（1896年），二十五年（1899年），二十八年（1902年）至二十九年（1903年）初告竣，相继重修大殿及各配殿，自舞楼至五殿八角亭，彩绘一新，并重新装塑殿内神像，添置神前供器，重换圣帝冕服，神龛帐幔更易一新	
17	第五次大规模修缮		1979年9月至1980年12月，先后校正了大门、西廊房50间，并进行了全面的粉刷和油漆。1980年新建东、西廊房，新建仪门、大殿、二殿、三殿、钟楼、鼓楼，东西配殿的屋面，碑亭屋架，修补了舞楼，并进行了全面工程告竣，历时15个月，并向国内外游客开放。这是继光绪三十三年（1907年）之后，规模最大的一次全面修葺	

附表二　洛阳关林中轴线建筑尺寸与《则例》中的规定尺寸对照表

名称	开间（毫米/斗口）				进深（毫米/斗口）		举折（举）			出檐（毫米/斗口）		梁（毫米/斗口）	檩（毫米/斗口）	柱（毫米/斗口）		斗拱（踩数/斗口为毫米）	备注
	明间	次间	梢间	尽间	明间	次间	檐步	金步	脊步	椽出	飞出			径	高		
舞楼	4650/72	2165/33	3135/48		3900/60	3585/55	4.6	5.5	7.5	565/9	370/6	550/8.5	180/2.8	250/3.8	3370/52	五踩/65	
大门	3600	3300	3200		1900		6.0	8.5	8.5	610	300	260	180	280	3900	无	
仪门	3620	3280	3250		2640		6.3	1.0	1.0	980	420	270	180	280	4050	无	
拜殿	4820/45.9	4810/45.8	4500/42.8		4030/38.3		5.3	8.4	9.3	930/8.8	410/3.9	380/3.6	260/2.5	400/3.8	6400/60	无	
大殿	4820/45.9	4810/45.8	4500/42.8	3500/33.3	3420/32.5	3470/33	4.6	6.1	7.0	870/8.3	470/4.4	505/4.8	280/2.6	480/4.6	5880/56	柒踩/105	
二殿	4750/47.5	4470/44.7	3600/36		3600/36	3600/36	5.9	7.7	9.1	890/8.9	490/4.9	510/5.1	280/2.8	420/4.2	5200/52	五踩/100	
三殿	4560/48	3510/36.9	2950/31		5200/54.7	1480/15.6	7.3	7.9	8.5	730/7.6	400/4.2	510/5.4	220/2.3	320/3.4	3800/40	五踩/95	
钟（鼓）楼	3030/43.3	1970/28			3030/43.3	197028	5.9	6.6	7.9	670/9.5	330/4.7		210/3	290/4.1	2400/34	三踩/70	
规定斗口	77	66	22	22	55	22	5	7	9	10	5	7/5.6	4.5	6	60		

Study of the Architecture of Guanlin in Luoyang

ZHAO Gang[1], ZHAO Yifan[2]

(1. Henan Provincial Architectural Heritage Protection and Research Institute, Zhengzhou 450002;

2. Henan Provincial Library, Zhengzhou, Henan, 450000)

Abstract: Through the study of the history of Guanlin in Luoyang and the survey of the remaining buildings, this paper lists in detail the creation of the Guanlin buildings and their repair in various periods, as well as the structural characteristics of the buildings, and draws out the differences and similarities with the provisions of *Qing Style Construction Regulations* on the construction of buildings and their value of existence through the examination of these data.

Key words: Guanlin, historical development, architectural layout, structural characteristics and value

宜阳县灵山寺塔林考述*

王学宾

（黄河科技学院，郑州，450063）

摘 要： 宜阳县灵山寺始建年代不详，金大定三年（1163 年）重建。灵山寺目前保存有明清时期所建的 20 座古塔，大多数古塔的塔额、塔铭比较完整。通过对灵山寺古塔的调查以及对塔额、塔铭内容的解读，弄清了该处塔林古塔的建筑形制特点，挖掘出了明清两代灵山寺一批高僧的主要事迹，同时理清了灵山寺清代法系传承谱系，为研究灵山寺明清两代寺史提供了珍贵的资料。

关键词： 灵山寺；塔林；研究

宜阳灵山寺，位于宜阳西南约 7 千米的灵山北麓，背依山崖，面朝洛河，坐南朝北。灵山寺始建于金大定三年（1163 年），后几经重修，寺内现存的大雄宝殿和中佛殿，仍保持明代重修后的基本架构，而其梁柱则为金代原物。大雄宝殿内的三世佛塑像，为明代所塑，历经沧桑，至今完好，为河南现存较早的泥塑艺术佳品，也是河南省保存比较完整的塑像群之一。寺院内还保存着大量明清时期的碑碣，是研究灵山历史变迁的重要文物。

根据史籍记载及实地考察，灵山寺现存古塔 20 座，其中，寺内大雄宝殿前矗立着一座石塔，为明代所建。寺西原有两座明代石塔，现已经移到寺东塔林内。寺东塔林是灵山寺历代高僧的墓塔林（图一），有 17 座明清时期僧人墓塔，加上从寺西移来的两座石塔，共有 19 座。近年不断有僧人圆寂后建塔安葬在塔林内，因此塔林内墓塔已经有 20 余座。灵山寺塔林内的古塔，除一座塔额、塔铭遗失外，其他古塔塔额、塔铭均保存完整，为考证明清时期灵山寺史及法系传承提供了较为详细的原始依据。

图一 寺东塔林

* 本文为 2022 年河南兴文化研究专项《河南古塔遗存调查与研究》（编号：2022XWH221）阶段性成果。

一、寺内石塔

寺内石塔（图二）位于中佛殿后、大雄宝殿前，坐南面北，方形，四级。底部设基座，基座上为第一级，每面辟一龛，龛内刻四个罗汉，四级共十六个罗汉，罗汉形象拙朴，憨态可掬。第一级

图二　寺内石塔

之上为仰莲座，座上为第二级，南北两面分别刻一佛二弟子，东西两面刻有塔铭及建塔功德主姓名。由塔铭内容可知，此塔始建于明成化十七年（1481 年），由宜阳县纸坊保五里药树村功德主于福山及长子于琰、次子于荣，楚村功德主王智、王名，鲤鱼沟功德主岳广、岳良，高美店功德主王寿、马彪，及温村、纸坊村、灵山村施主共同捐资兴建。参与兴建的还有灵山寺住持及僧众，胜因寺住持与僧众，另外还有宜阳县知事顾达、典史刘瑄、教谕曹纯、训导肖焕、医官许荣、致仕官郑瑄等地方官员。第二级塔身上有塔檐，上刻瓦垄。第三级四面各刻一坐佛，其上为莲花座，莲花座上为第四级，第四级每面各刻一菩萨坐于莲台之上，其上为十字脊顶。全塔高约 4 米。

根据塔铭可知，此塔为灵山寺附近信众捐资兴建的功德塔。功德塔，是佛塔的一种，大约从隋唐时期起，建造功德塔便成为一种潮流，特别是在唐代，功德塔与经幢一起大行于世。但到唐末，这个习俗便迅速衰退，后世所建的功德塔极少。而灵山寺的功德塔建于明代，可知其影响之深远了。

二、明代僧人墓塔

灵山寺塔林内，现存明代僧塔三座。

1. 彻峰塔

原位于灵山寺西侧，现移到寺东塔林内。此塔为方形石塔，高 2.8 米，塔身之上又置六棱石柱，相间刻三尊坐佛。正面有额，背面有铭，介绍了彻峰和尚的生平，可惜有几处剥落，难以通读（图三）。彻峰于明正统八年（1443 年）被选为宜阳僧会司僧官，天顺七年（1463 年）因疾去世，俗寿七十五。

2. 无名塔

此塔原位于灵山寺西侧，现移到寺东塔林内。此塔为六棱柱形，高 2.5 米，现存两级，第一级各面为素面，第二级各面刻有"南无阿弥陀佛""南无观世音菩萨"等佛号。以其形制，推测为明代所建（图四）。

3. 宣公宝峰塔

位于灵山寺塔林北靠东山坡下，为方形三级砖塔，高约 3 米，坐东朝西。塔基为束腰须弥座，各面为素面，无雕刻。二层正面嵌石质塔额，塔额上镌刻"圆寂宣公宝峰之塔"，时间为明嘉靖十五年（1536 年）。三层正面开龛，设拱形门，门两边分别刻有"福""寿"两字和四只蝙蝠砖雕图案。龛内中空。塔刹已失（图五）。由于没有详细塔铭，宣公宝峰和尚的生平失考。

图三 彻峰塔　　　　　　图四 无名塔　　　　　　图五 宣公宝峰塔

三、清代僧人墓塔

清代僧塔全部在寺东塔林内，共 16 座。塔林建在山坡上，从南往北分四级逐级下降。塔林里的塔以最南端中间位置的两塔为最尊，其余各塔大致从南往北、从东向西呈散射状依次分布。

1. 雪航明闻塔

位于塔林最南端正中间，位置最尊。塔为六角三级密檐式砖塔，高约 5 米，坐南朝北，塔基为束腰须弥座。一层正面嵌石质塔额，上书"传临济正宗第三十四世重开灵山禅寺雪航明闻和尚之塔""雍正三年四月吉旦，嗣法小师海宴，剃落弟子海信、海和，法孙澄鉴、广汉、广积、广机、广祥、广宁、广明，曾孙清泰、大同全建"。二层正面嵌塔铭，介绍了雪航明闻的生平，由于石质较差，中间有大片开裂剥落，三层正面开拱券门，门内中空。塔刹为石质宝珠（图六）。

图六　雪航明闻塔

雪航明闻法名明闻，号雪航，陕西华州人，俗姓赵，早年出家，后到汝州风穴寺拜憨休如乾禅师为师，苦行精进，遍游名山大川，数年后又回到风穴寺，任监院之职。宜阳灵山寺久废，宜阳士绅听说雪航明闻禅师道行高超，便邀请他主持灵山寺。他到灵山寺后，重开禅院，设立常住，开堂演法，使寺院焕然一新。康熙戊戌（1718 年），雪航明闻到风穴寺接澄旭参公任住持。癸卯（1723 年）夏，书偈"灵山风穴两空空，六载辛勤一念通。片片白云无着处，一齐收拾待西风"，跌坐而逝。其嗣法弟子海宴、海信、海和及徒孙澄鉴等，收奉其骸骨，于雍正三年（1725 年）建塔于宜阳灵山寺。

雪航明闻塔铭由汝州进士屈启贤所撰。屈启贤著有《风穴续志》，今存于世，书里有对雪航明闻禅师的介绍，其内容与塔铭基本一致。

2. 中也性慈寿塔

位于灵山寺塔林最南端正中位置。塔为六角三级密檐式砖塔，高约 5 米，坐南朝北。与雪航明闻法塔并肩而立，二塔形制、高度几乎完全一样，同建于雍正三年（1725 年），建塔人为雪航明闻的弟子海晏（图七）。

中也性慈寿塔一层正面嵌石质塔额，上书"临济正宗三十四代补处风穴重开宝泉禅院中也性慈和尚之寿塔""雍正乙巳孟夏本山住持法侄海宴率众仝建"，二层为其自题一偈："鹫岭拈花教外传，慈愿垂示利人天。了得斯义空无我，妙性圆明才遮拦。急荐取，莫颟顸，水流风动演真诠。破除见寂生解会，昭昭衣钵在目前。层层落落影团团，明月清风共一天。"

中也性慈法名性慈，号中也，《风穴续志》中有对中也性慈的介绍："中禅师慈，陕西陇州人，姓虢氏，从青崖孤公剃染，时方九岁，法华楞严辄能成诵，受具于邠州皇涧圆公。精戒律，遍参南北，最后至兴善侍憨公十八年，悟彻机投，获法偈焉。韶州缁素迎主韶山云门寺，大阐宗风。越六载迎主风穴振锡三年，随机响应，广度含灵，提持后学，在有作家风规。康熙丙戌，退隐渑池之宝泉寺。"[1]

由此可知，中也性慈是在西安大兴善寺投入憨休如乾禅师门下，得到印可后，住持渑池韶州云门寺，六年后到风穴寺做住持，康熙丙戌（1706 年）退隐到渑池宝泉寺。他与雪航明闻同为憨休如乾禅师的弟子，二人关系应该比较亲密，他受到了雪航明闻的嗣法弟子海宴的敬重，退隐后曾住灵山寺，因此，灵山寺住持海宴在为其师

图七　中也性慈寿塔

① 屈启贤：《风穴续志》，中州古籍出版社，2017 年，第 39 页。

雪航明闻建塔的同时，也为中也性慈修建了一座寿塔。

3. 仁庵海山之塔

位于塔林南端西侧，为方形三级密檐式砖塔，高 3.2 米，坐南朝北。塔前有一棵大树与塔紧贴一起。塔基淤埋地下，形制不明。一层正面应该有塔额，由于树干紧贴塔身，全部被遮挡。二层正面嵌石质塔铭。三层正面开拱券门，门内中空。塔刹已失（图八）。

海山字仁庵，山西平阳朱姓子。40 岁时出家为僧，为风穴寺憨休如乾禅师之徒孙，一愚禅师之徒。海山为人质朴，严于律己，待人恭敬有礼，从不说嬉笑俚言。四方募化刊印法华经流传于世。逝于雍正十一年（1733 年），俗寿 62 岁，僧腊 22 年。葬于灵山寺塔林。

图八　仁庵海山之塔

4. 定林禅师寿塔

位于塔林西南角，为方形三级密檐式砖塔，高 2.8 米，坐南朝北。塔基淤埋地下，形制不明。一层正面嵌石质塔额，额上镌刻："圆寂定林禅师寿塔，雍正九年十月吉旦，不肖徒照乾。"二层为定林禅师自题"辞世偈"："处世随缘七十余，酌量做尽不无渠。而今穿破当年袄，净净裸裸游太虚。"三层正面开拱券门，门内中空。塔刹已失（图九）。

据《宜阳县志》载："定林和尚，报忠寺僧也，莫知所由来。时而狂谈，时而静坐，动止语默，莫窥其际。一日打坐参禅，久之弗动，视之已圆寂矣。身旁留有一偈云：'处世随缘七十余，酌量做尽不无渠。而今穿破当年袄，净净裸裸游太虚。'"[1] 而从其徒照乾的塔铭内容来看，定林为东鲁人，在照乾儿时即带他参游到灵山寺。

寿塔，是高僧尚健在时，其弟子们为表达孝心、为其祝寿所建的预建之塔。包世轩《潭柘寺塔院历代僧塔考述》一文中，对寿塔作了定义："寿塔，则是高僧健在时预先建好的塔，以备圆寂后安置收储骨殖（舍利）之用。塔主多是身份地位很高而又高寿的僧人，弟子们为表达孝心为他建筑的塔。就像俗世为老人预先造好坟墓一样。建好后的塔额多题'寿塔'字样。"[2] 而此塔塔额却又写"圆寂"二字，推测此塔原来为寿塔，定林禅师圆寂后，便将其安葬于此塔之内。

图九　定林禅师寿塔

5. 卜隐和公寿塔

位于塔林北部，背靠东边山坡，坐东面西，为方形三级密檐式砖塔，高 3 米。塔基为束腰须弥

① 河南省地方史志办公室：《河南历代方志集成·洛阳卷（第 29 册）》《宜阳县志（民国）》，大象出版社，2017 年，第 152 页。
② 包世轩：《抱瓮灌园集》，北京燕山出版社，2011 年，第 328 页。

图一〇 卜隐和公寿塔

座，束腰部分每面辟三壶门，壶门内砖雕花卉、双菱形图案。一层正面嵌石质塔额，书："比丘卜隐和公禅师寿塔"，由其徒广祯等建于乾隆八年（1743 年）。二层嵌塔铭，是澄鉴为其所撰一偈："一只金刚眼，一躯坚固身，乾坤不共老，日月那同春，光散十虚满，辉胜万象新，玲珑八面启，露出本来人。"三层正面开拱券门，门内中空。塔刹已失（图一〇）。

卜隐和公法名海和，号卜隐，为雪航明闻之徒。

6. 崐月乾公禅师塔

位于塔林东靠北，为方形三级密檐式砖塔，坐东朝西。塔基为束腰须弥座，束腰部分每面辟三壶门，壶门内砖雕如意形花卉及双菱形图案。一层正面嵌石质塔额，书："传临济正宗第三十五世比丘崐月乾公禅师塔"，为其门徒定吉建于乾隆八年（1743 年）。二层嵌塔铭，记述了崐月乾公的事迹，由灵山寺方丈智廓海宴所撰。三层正面开拱券门，门两边砖雕插花花瓶，门内中空。塔刹为石质宝珠（图一一）。

崐月乾公法名照乾，字崐月，东鲁人。儿时随定林禅师参游来到灵山寺，后至四川昭觉寺圆寂。回灵山寺后，在雪航明闻身边侍奉，雪航明闻后来去汝州风穴寺，他随同前往，在座下做执事五年，雪航明闻圆寂后于灵山寺建塔安葬，他在此奉塔三年。照乾逝于乾隆丙辰（1736 年）。

图一一 崐月乾公禅师塔

7. 心蕊复真禅师塔

位于塔林东北角，为方形三级密檐式砖塔，高 3.1 米，建于乾隆十三年（1748 年），坐东朝西。塔基淤埋地下，形制不明。一层正面嵌石质塔额，额题"临济正宗派下心蕊复真禅师塔"，塔铭由澄鉴所撰。二层正面嵌塔铭。三层正面开拱券门，门内中空。塔刹为石质宝珠（图一二）。

心蕊复真禅师法名心蕊，字复真，泽州王氏子。雍正三年（1725 年），曾住锡汝州风穴寺，后来又到了伏牛山演法坪。乾隆四年（1739 年）春，到了灵山寺，由于喜欢这里的山水胜境，便住锡到灵山寺。乾隆八年（1743 年）秋，偶染微疾而逝。

图一二 心蕊复真禅师塔

8. 电然机公之塔

位于塔林东靠北，为方形三级密檐式砖塔，高 3.1 米，建于乾隆十九年（1754 年），坐东朝西。塔基为束腰须弥座，束腰部分每面辟三壶门，壶门内砖雕花卉、双菱形图案。一层正面嵌石质塔额，上题："临济正宗派下圆寂恩师电然机公之塔"，二层正面嵌塔铭，由朗耀澄鉴所撰。三层正面开拱券门，门内中空。塔刹为石质宝珠（图一三）。

电然机公法名广机，号电然，灵山寺本村人，俗姓萧，于康熙六十年（1721年）剃度，拜在海宴门下为徒。雍正三年（1725年），海宴住静伏牛化诚庵，雍正六年（1728年），灵山寺虚席，里中士庶请海宴回方丈，海宴命广机代理化诚庵，后又受师兄朗耀照鉴之请，回灵山寺代理寺院之事，在灵山寺独立支撑三年。

图一三　电然机公之塔

9. 朗耀澄鉴和尚寿塔

位于塔林中部靠南正中，为六角形三级密檐式砖塔，高 4.2 米，坐东朝西，由其徒大敬、大权，徒孙涵华等建于乾隆三十二年（1767 年）。塔基为束腰须弥座，束腰部分每面辟三壶门，壶门内砖雕花卉、双菱形图案。塔一层正面嵌石质塔额，上题："传临济正宗三十六世开辟净安补处灵山方丈朗耀澄鉴和尚寿塔"，二层嵌塔铭。三层正面开拱券门，门内中空。塔刹为石质宝珠。虽然塔铭写为寿塔，但从塔铭中可知，撰写塔铭时，朗耀澄鉴已经圆寂（图一四）。

图一四　朗耀澄鉴和尚寿塔

朗耀澄鉴法名澄鉴，号朗耀，陕西渭南人，俗姓郑，七岁披剃于当地的观音堂，后拜海宴禅师为师，由于风穴寺是其师祖雪航明闻禅师住锡之地，便到风穴寺任职事。后来其禅学日益进步，名闻四方，宜阳县令张公稚率士绅将其迎回灵山，并让他兼管河东崖庆寺，他也因此又以"河东主人"为号。他主持灵山寺及崖庆寺近三十年，乾隆三十年（1765年），风穴寺方丈脱颖海月圆寂，澄鉴专程前往凭吊，汝州人士想请他主持风穴寺，不料他在回灵山寺不久后即圆寂。塔铭最后写了其传承谱系："白云之乡，选佛之场，云老憨老，继起雪航，高足智公，宗风丕扬，谁绳祖武，朗耀嗣芳，禅学深邃，大海茫茫，灵山主席，盛德洋洋，一朝西游，窣堵圆光，维塔之峻，双履斯藏。"白云之乡，指的是汝州风穴寺，风穴寺又名白云寺，是临济宗四祖延沼禅师的住锡之地，因此被称为临济祖庭。云老，即云峨行喜禅师，在清顺治十三年（1656 年）到风穴寺后，大开法筵，带起了一个僧团，开创了清初佛教在北方中原地区的复兴。憨老，即憨休如乾禅师，为云峨行喜的弟子，门徒众多，影响很大。雪航即雪航明闻禅师。智公指雪航明闻的嗣法弟子、朗耀澄鉴的师父智廓海宴禅师。由此可知，其传承为云峨行喜—憨休如乾—雪航明闻—智廓海宴—朗耀澄鉴。

灵山寺塔林内，卜隐海和塔铭、电然广机塔铭、心蕊复真塔铭均由朗耀澄鉴所撰。

图一五 月繁涵华和尚寿塔

10. 月繁涵华和尚寿塔

位于塔林中间，为方形三级密檐式砖塔，高5米，坐东朝西。由其徒容聚、容法，其徒孙宏林、宏儒等建于嘉庆二十一年（1816年）。塔基为束腰须弥座，束腰部分素面无雕饰。一层正面嵌石质塔额，上书："临济正宗三十八世本山方丈月繁涵华和尚寿塔"，二层正面嵌塔铭。三层正面开拱券门，门内中空。塔刹为石质宝珠形（图一五）。

月繁涵华法名涵华，字月繁，南阳宋氏子。总角时出家于当地净安寺洁本和尚座下，在大梁相国寺受具足戒。涵华师祖为朗耀澄鉴，其师父不详，推测可能是朗耀之徒大敬。后赵保镇士绅听闻其名，延请其主持福安寺。乾隆五十四年（1789年），灵山寺虚席，众士绅请他前来主持，到灵山寺后，大开宗风，重修殿宇，使寺院焕然一新。涵华逝于嘉庆二十年（1815年）。

11. 兴如大权禅师寿塔

位于朗耀澄鉴塔之前，为方形三级密檐式砖塔，高4.3米，坐东朝西，由其徒孙容成、曾孙宏祥、元孙宣化等建于道光十九年（1839年）（图一六）。

塔基为束腰须弥座，束腰部分每面辟四壸门，壸门内砖雕花卉、双菱形图案。塔一层正面嵌塔额，上题："传临济正宗三十七世兴如大权禅师寿塔"，二层正面嵌石质塔铭。三层正面开拱券门，门两边插花花瓶砖雕图案，门内中空。塔刹为石质宝珠形。

兴如大权七岁时落发，皈依灵山朗耀和尚座下，后到开封相国寺受戒，戒期圆满后回到灵山，之后历游伏牛山化诚庵、云岩寺、福延寺等，道光十八年（1838年）圆寂，俗寿八十。归葬灵山寺塔林。又据《宜阳县志》载："兴如上人自汝州风穴寺卓锡灵山，尽日参禅不嗜饮食，寂寂灭灭，灵异莫猜，一日狂谈，皆空门要语，众僧莫解，至夕坐化。"[①]由此看来，兴如大权后来去了风穴寺，又从风穴寺回到了灵山寺，最后在灵山寺去世。

图一六 兴如大权禅师寿塔

12. 瑞林容祥禅师寿塔

位于塔林西侧中间，为方形三级密檐式砖塔，高3.6米，坐东面西，由其徒宏书、宏学等建于道光二十四年（1844年）。塔基为束腰须弥座，束腰部分每面辟四壸门，壸门内素面无雕饰。一层正面嵌石质塔额，上题："临济正宗三十九世瑞林容祥禅师寿塔"，二层正面嵌塔铭。三层正面开拱券门，门内中空。塔刹为石质宝珠（图一七）。

① 河南省地方史志办公室：《河南历代方志集成·洛阳卷（第29册）》《宜阳县志（民国）》，大象出版社，2017年，第152页。

瑞林容祥法名容祥，字瑞林，宜阳县孙留保人，俗姓侯。性好清净，情厌尘俗，定志下发为僧。嘉庆二年（1797 年），到观音寺拜在嵩隐和尚座下。

13. 晓章书公和尚之塔

位于瑞林容祥寿塔之侧，为方形三级密檐式砖塔，高 3.5 米，坐东面西，由其徒宣文、宣戒，徒孙祖意等建于道光二十四年（1844 年）。塔基为束腰须弥座，束腰部分素面无雕饰。一层正面嵌石质塔额，上题："传临济正宗四十世晓章书公和尚之塔"，二层正面嵌塔铭。三层正面开拱券门，门内中空。塔刹为石质宝珠形（图一八）。

晓章书公，为瑞林容祥之徒，法名宏书，字晓章，在容祥圆寂后，接灵山寺方丈。塔铭由邑庠生员甘棠王作宾所撰，内容为三首禅诗："僧中何事最清净，方丈书公得此名。但觉本来无一物，惟看天际月常明。问谁前此坐方丈，今有书公字晓章。觉世晨钟与暮鼓，谈经扫地又焚香。有缘兄弟空色相，无着天亲日月光。安得莲花重结社，即心是佛诵金刚。""和尚家风何处传，一瓶一钵寄林泉。九根一刻经三万，两足十行路八千。稳坐蒲团方外地，推敲禅板术中天。灵山觉得真空地，问佛原来是宿缘。""妙悟空中谁得空，问名还是晓章公。而今空到无空处，还在空空色相中。"

图一七　瑞林容祥禅师寿塔

图一八　晓章书公和尚之塔

14. 宣化禅师塔

位于塔林西北角，为方形三级密檐式砖塔，高 3 米，坐东面西，由其徒祖来等建于咸丰九年（1859 年）。塔基淤埋地下，形制不明。一层正面嵌石质塔额，上题："传临济正宗四十一世圆寂宣化禅师塔"，二层嵌塔铭。三层正面开拱券门，门内中空。塔刹为石质宝珠形（图一九）。

宣化禅师世居洛阳，俗姓王，少年时游灵山寺，见这里禅室清静，就削发为僧。成年后到了嵩阳云岩寺，四方募化重修殿宇，之后禅学深邃，声名远扬，被请去主持抱伊庵，兼摄福安寺、龙王庙、白衣堂、观音堂等处。当时庙宇都已经废毁，他以恢复庙宇为己任，将其逐次修理一新。宣化相貌魁梧，说话和蔼，平时喜与文人学士相来往。宣化禅师逝于咸丰四年（1854 年），其徒将其葬于灵山寺。

图一九　宣化禅师塔

图二〇　文兴儒公禅师寿塔

15. 文兴儒公禅师寿塔

位于塔林中间，为方形三级密檐式砖塔，高 3 米，坐东朝西，由其徒宣纯、宣勤等建于同治十二年（1873 年）。塔基为束腰须弥座，束腰部分每面辟三壸门，壸门内砖雕花卉、双菱形图案。一层正面嵌石质塔额，上书："临济正宗四十世圆寂文兴儒公禅师寿塔"，二层正面嵌塔铭。三层正面开拱券门，门两边砖雕插花花瓶，门内中空。塔刹为石质宝珠形（图二〇）。

文兴儒公法名宏儒，字文兴，灵山寺当地人，俗姓赵，总角时出家于灵山寺，礼容发和尚为师。受戒于崇福寺，又到相国寺参学三年。回到灵山寺时，当时灵山寺欠债很多，宏儒调停数年，还清了债务，并将寺院殿宇进行了修整。后受请主持铁佛寺。同治元年（1862 年），灵山寺殿宇全被捻军焚烧，众僧欲修无方，又请回宏儒，经多方募化，兴工修理，使灵山寺重修一新。宏儒逝于同治十一年（1872 年），时年近八十。

16. 无名塔

位于塔林东南角，为方形三级密檐式砖塔，高 3.1 米，正面朝西北方向。塔基为束腰须弥座，束腰部分素面无雕饰。一层正面塔额缺失，二层正面塔铭缺失，三层正面辟拱券门，门内中空。塔刹已失（图二一）。

根据塔林内仁庵海山之塔塔铭内容，智廓海宴寿塔位于海山塔右边，大概位置与此塔位置相符，因此疑此塔为智廓海宴寿塔。海宴为雪航明闻嗣法弟子，据电然机公之塔塔铭内容，智廓海宴于雍正三年（1725 年）住锡伏牛化诚庵，雍正六年（1728 年）灵山寺虚席，里中士庶请其回到灵山寺。海宴于乾隆十三年（1748 年）圆寂，由其徒朗耀澄鉴等为其在塔林内塔葬。灵山寺塔林内的海山塔铭、崑月照乾塔铭，都由海宴所撰。

图二一　无名塔

四、结　语

灵山寺塔林包括寺内的功德塔在内，现存 20 座古塔，其中明代塔 4 座，有 3 座为石塔，1 座为砖塔。清代塔 16 座，全部为砖塔。

由于明代塔保存较少，且塔铭损毁严重，灵山寺明代的法系传承仍不甚清楚。

清代塔保存较多，塔铭基本完整，为研究灵山寺清代法系传承提供了详实的资料。

灵山寺塔林有以下特点：

1）砖塔全部为三级，高度在 3 米到 5 米，相差不大。

2）砖塔的基座多为单层束腰须弥座，塔身为密檐式，塔刹为石质宝珠。

3）塔的形制基本统一，塔基为束腰须弥座，塔身一层嵌塔额（仅明代宣公宝塔一层无塔铭），二层嵌塔铭，三层开龛放置骨灰。

4）砖塔除三座为六角形塔外，其余全部为方形塔。

灵山寺在明末清初之际，由于受战乱影响，寺院被毁，直到雪航明闻禅师到来后，才又"重开禅院，设立常住，开堂演法，使寺院焕然一新"，从此奠定了雪航明闻禅师为灵山寺重开山之祖师地位。雪航明闻师从风穴寺憨休如乾禅师，而憨休如乾又师从风穴寺云峨行喜禅师，所传均为临济宗禅法。因此，灵山寺在清代以后，与汝州风穴寺有着千丝万缕的联系，其后代住持一脉相承，其传承均为临济宗传承谱系，从灵山寺塔林塔额塔铭内容，列出灵山寺清代法系传承如下：雪航明闻—智廓海宴—朗耀澄鉴—兴如大权—月繁涵华—瑞林容祥—晓章宏书—文兴宏儒—宣化禅师。

Research on the Pagoda Forest of Lingshan Temple in Yiyang County

WANG Xuebin

（Huanghe Science and Technology University, Zhengzhou, 450063）

Abstract: The Lingshan Temple in Yiyang County was built in an unknown date and rebuilt in AD1163 (Jin Dynasty). The Lingshan Temple currently preserves 20 ancient pagodas built in the Ming and Qing Dynasties, most of which have relatively complete pagoda foreheads and inscriptions. Through the investigation of these pagodas and the interpretation of the pagoda foreheads and inscriptions, the architectural characteristics of the ancient pagodas are clarified, the main deeds of a group of eminent monks in Lingshan Temple in Ming and Qing dynasties are excavated, and the inheritance pedigree of the Qing Dynasty law system of Lingshan Temple is clarified, which provides precious materials for the study of the history of Lingshan Temple in Ming and Qing Dynasties.

Key words: Lingshan Temple, pagoda forest, research

禹州坡街关王庙大殿调查与研究

赵书磊

（南阳文物保护研究院，河南南阳，473006）

摘　要： 关王庙位于禹州市西北部文殊乡坡街村，东距市区 18 千米。因历史原因，庙内目前仅存主体建筑关王庙大殿一座。关王庙大殿是河南目前发现的唯一有明确纪年的元代木构建筑，对研究河南元代木构建筑的结构特征具有重要价值。2000 年 9 月，坡街关王庙大殿被河南省人民政府批准公布为省级文物保护单位，2013 年 5 月，被国务院公布为第七批全国重点文物保护单位。

关键词： 河南禹州；元代建筑；纪年

一、历 史 沿 革

根据关王庙大殿正脊东端脊筒上"大元国至正十一秋七月吉日"的铭文以及其前檐东南角石柱上端"孙阳保蒙古人毛伯颜施坡下保关王庙石柱一根……"的题记可以推断，该大殿始建年代至迟应为 1351 年。

明、清两代历经修葺，具体维修情况、时间不明。

民国年间至中华人民共和国成立后一直为学校占用，学校新建校舍后，大殿被闲置。2019 年，国家文物局划拨维修资金进行了整体修缮。

关王庙大殿是河南目前发现的唯一有明确纪年的元代木构建筑，对研究河南元代木构建筑的结构特征具有重要价值[①]。

二、建 筑 结 构

关王庙大殿坐北朝南，面阔三间，进深六架椽，抬梁式梁架结构，草栿造，单檐硬山顶，灰筒瓦屋面，琉璃瓦正脊（图一、图二）。

1. 平面

大殿建于高 123、宽 1129、深 1412 厘米（其中月台深 373 厘米）的台基之上。通面阔 963 厘米，当心间 330 厘米，两次间 316.5 厘米，通进深 862 厘米，平面布局整体近方形，符合河南现存元代小型殿宇的地方建筑特点（图三）。

2. 柱网、柱形

前檐施石柱四根、金柱两根，后檐墙内亦置石柱，无后金柱，形成减柱造做法，有元代木构

---

① 王国奇、牛宁：《禹州市关王庙大殿调查记》，《中原文物》1990 年第 1 期。

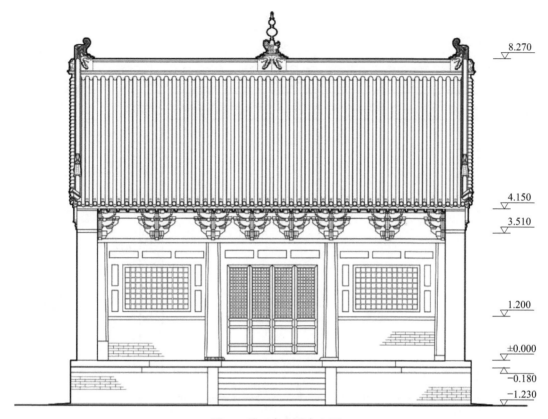

图一 关王庙大殿南立面

图二 关王庙大殿南立面

建筑重要特征。

前檐柱为石质方形，四角抹棱，柱高314厘米，当心间为覆盆柱础，上雕精美莲花，两端以石硒或毛石为之，不施雕刻，较为随意，檐柱无升起做法；前金柱均以当地木材略施加工而成，柱头平齐，无卷杀痕迹，柱高356厘米，柱径（根部）42厘米，下施鼓形柱础，高22厘米。

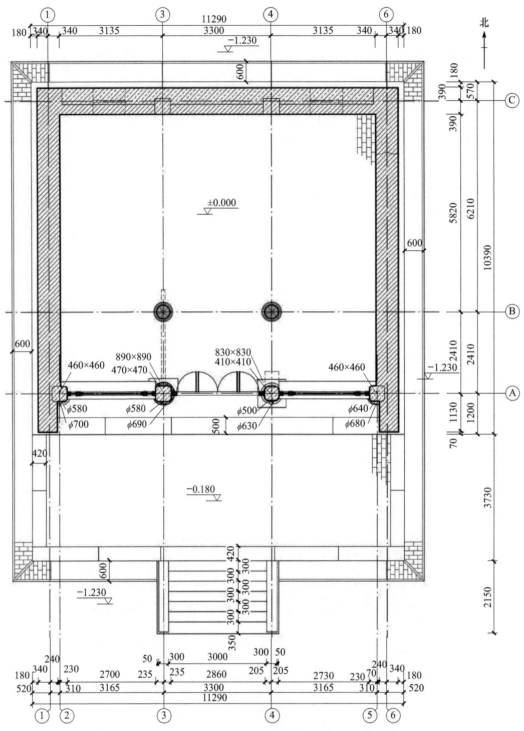

图三 关王庙大殿平面图

3. 梁架

大殿梁架整体采用《营造法式注释（卷上）》中"六架椽屋乳栿对四椽栿用三柱"[①] 的构架，彻上明造，草栿造。

---

① 梁思成：《营造法式注释（卷上）》，中国建筑工业出版社，1983 年，第 319 页。

乳栿前端搭于前檐柱柱头铺作上，外端伸出砍作蚂蚱头，成为柱头铺作的构件，后端搭于前金柱柱头上部栌斗，端部伸出作雀替状（图四～图六）。

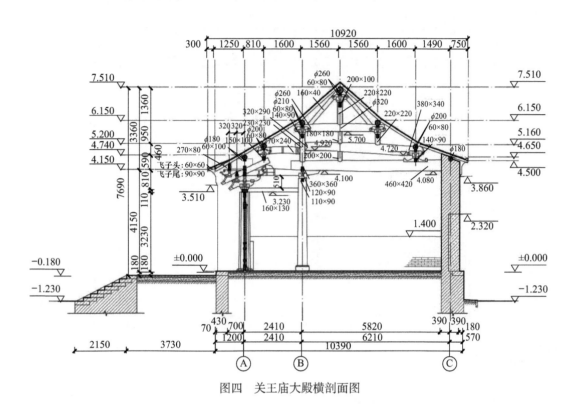

图四 关王庙大殿横剖面图

四椽栿前端压于乳栿之上，后部承于后檐石柱柱头；乳栿之上置小八角形蜀柱，蜀柱柱头设栌斗以承劄牵，下部两侧施角替倒置形合踏，劄牵后尾插于四椽栿上部童柱内（图七）。

三椽栿前端插于四椽栿上童柱之上，后尾与四椽栿间设驼峰和一斗三升斗栱相连；三椽栿上置蜀柱、栌斗以承平梁后尾，平梁前端承于四椽栿上童柱端部栌斗；平梁上立斗子蜀柱以承脊槫，脊槫两侧置叉手以资稳固。平梁、三椽栿及四椽栿中部均施小八角形蜀柱相连。

乳栿之下，檐柱与金柱间置穿插枋，其前端交于檐柱柱头，后尾插入前金柱内，结构上是进步的表现，在年代上是晚期特征的表现。

前檐柱柱间以阑额、由额相连，中间空隙置间框分割并嵌以垫板，柱头间设普拍枋以承铺作。普拍枋用材 11 厘米×23 厘米，阑额用材 21 厘米×10 厘米，二者断面呈"T"字形，用材比宋《营造法式》中规定的略小。

4. 斗栱

斗栱是古建筑中柱额及梁架的过渡构件，关王庙大殿栱枋用材较为规整，材高 16 厘米，材宽 10 厘米，栔高 6 厘米，足材 22 厘米，折合宋尺材高 5.21 寸，材厚 3.26 寸，与宋《营造法式》中规定的可用于小殿及亭榭的七等材（广 5.25 寸、厚 3.5 寸，栔高 2.1 寸）相近。

关王庙大殿前檐下部共置铺作八朵，其中当心间施补间铺作两朵，两次间各施一朵，用材雄巨，布局疏朗，与宋《营造法式》中一般做法的规定一致（图八）。

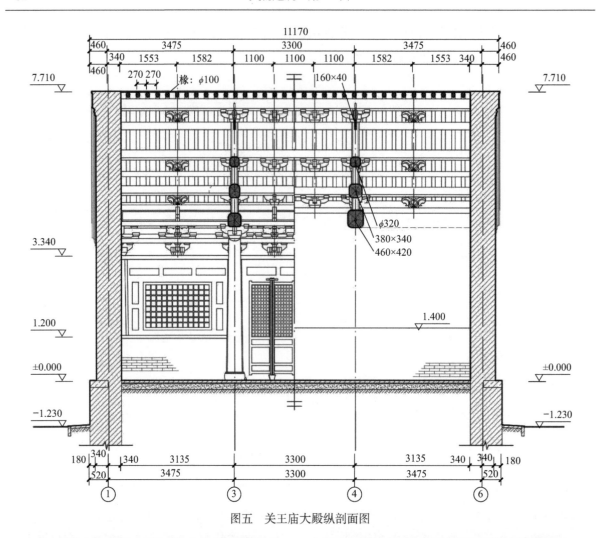

图五　关王庙大殿纵剖面图

图六　关王庙大殿梁架结构（一）

图七　关王庙大殿梁架结构（二）

（1）补间铺作

补间铺作外为五铺作双下昂计心造，内转五铺作双抄偷心造，下用圆形瓜楞栌斗，总高 21 厘米，上部直径 38 厘米，底部直径 30 厘米。斗栱正心施泥道栱双重，瓜栱为 67 厘米 × 16 厘米 × 10 厘米，慢栱为 101 厘米 × 16 厘米 × 10 厘米，其上置两层素枋，均为单材，素枋之间亦嵌置散斗。

斗栱外一跳用假昂，昂底刻出假华头子，外二跳用真昂，后尾斜置挑起，伸出为挑斡，垫于乳栿上蜀柱间横枋下部，仍保持其杠杆作用。昂头之上均置圭形交互斗以承令栱，外一跳令栱尺寸为 78 厘米 × 16 厘米 × 10 厘米，外二跳令栱尺寸为 86 厘米 × 16 厘米 × 10 厘米，其散斗之上置撩檐枋以承檐椽，令栱两端均抹斜面，上部亦置菱形散斗；内一跳抄头仅置方形散斗，内二跳抄头另置异形栱，上托衬方头，衬方头两端均砍作蚂蚱头状。其中横向的栱均用单材，纵向的昂、抄和衬方头均为足材。栌斗

图八　关王庙大殿前檐铺作

耳、平、欹高之比为 9：4：8，散斗耳、平、欹高之比为 4：2：4，斗颥均较为明显，与元代建筑特点基本相符（图九）。

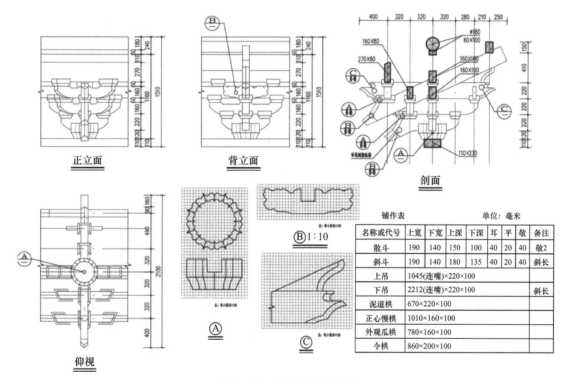

铺作表							单位：毫米
名称或代号	上宽	下宽	上深	下深	耳	平	敬	备注
散斗	190	140	150	100	40	20	40	敬2
斜斗	190	140	180	135	40	20	40	斜长
上昂	1045(连嘴)×220×100							
下昂	2212(连嘴)×220×100							斜长
泥道栱	670×220×100							
正心慢栱	1010×160×100							
外观瓜栱	780×160×100							
令栱	860×200×100							

图九　关王庙大殿补间铺作

（2）柱头铺作

柱头铺作外为五铺作双下昂计心造，内转四铺作单抄偷心造，下用近方形栌斗，总高 21 厘米。下昂后尾仅置散斗，上昂后尾砍作楷头以承乳栿，乳栿外端伸出令栱之外，端部砍作单材蚂蚱头状。其余结构、做法均同补间铺作（图一〇）。

（3）襻间铺作

大殿的榑与枋间均施襻间铺作，其中当心间为一斗三升，栱用单材，两次间简化为异形栱替代，异形栱中部雕刻太极图案（图一一）。

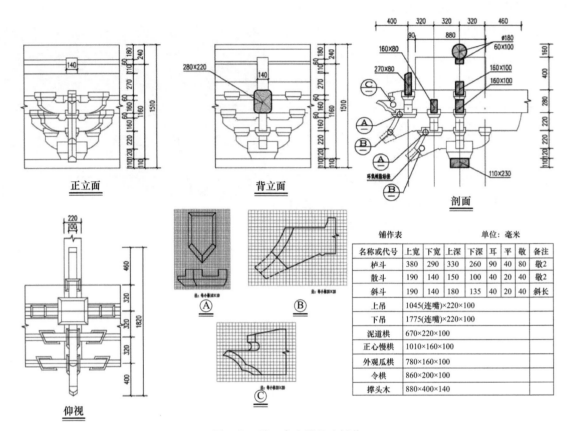

铺作表 单位：毫米

名称或代号	上宽	下宽	上深	下深	耳	平	敬	备注
栌斗	380	290	330	260	90	40	80	敬2
散斗	190	140	150	100	40	20	40	敬2
斜斗	190	140	180	135	40	20	40	斜长
上吊	1045(连嘴)×220×100							
下吊	1775(连嘴)×220×100							
泥道棋	670×220×100							
正心慢棋	1010×160×100							
外观瓜棋	780×160×100							
令棋	860×200×100							
撑头木	880×400×140							

图一〇 关王庙大殿柱头铺作

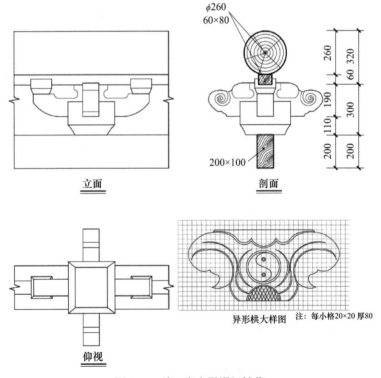

异形棋大样图 注：每小格20×20 厚80

图一一 关王庙大殿襟间铺作

5. 墙体

大殿墙体宽厚，除后檐外墙下部高 232 厘米用当地块石砌筑外，其余均以青砖白灰砌造。内墙面下碱部分为清水砖墙，上部以麻刀灰罩面，后檐墙抹灰基层部分还发现有钉麻处理工艺。

6. 屋顶举折、檐出

大殿前后橑檐槫中心距 926 厘米，举高 312 厘米，总举折 1：2.97，与宋《营造法式》规定的殿堂 1/3 相近；大殿前檐总出 155 厘米（檐出、飞出及出跳总和），檐高 415 厘米，檐出与檐高比约为 0.37，略小于宋《营造法式》中"一般檐出为檐高的 40%～50%"。

大殿前檐出 61 厘米，飞椽出为 30 厘米，为檐出的 49%，比宋《营造法式》规定的 60% 略短；椽用圆椽，径 10 厘米，飞椽为方形，头部均不作卷杀，椽子接头处各刻半榫交接，并施圆形木钉沿水平方向穿钉加固；后檐为露檐出做法，不施飞椽。

7. 装修

前檐明间设四扇五抹格扇门，两次间下施槛墙高 120 厘米，上置木质棂窗，窗中间部分为棂条方格，两侧做余塞板，窗扇为死扇，不能开启，此时期已较为少见 [①]。明间格扇门为 2019 年维修时补配，两次间窗为遗存旧件。

8. 雕刻、铭文

雕刻部分主要位于当心间檐柱和屋面正脊部分；铭文主要位于东南角柱上部和正脊东端。

当心间东侧檐柱正面下端雕刻抱子母狮，上端雕刻卧牛，中间部分雕刻荷叶和升龙，西侧檐柱正面下端雕刻狮子抱球，上端雕刻小兔，中间部分雕刻牡丹和升龙，柱子侧楞部分均以线刻的云纹、卷草或圆环纹做边饰。东西两侧角柱大部分封于山墙内，露明部分均不施雕刻。

正脊绿色琉璃釉面剥落严重，部分图案亦被人为破坏，大部分图案内容已无法辨识，仅将一些大致可以辨识且富有特色的雕刻图案介绍如下。

（1）两人搏杀图案两幅

第一幅：一人右手持棒举过头顶，左手执一盾牌状物，头部已佚失；另一人手握长矛（图一二）。

第二幅：一人右手持棒举过头顶，左手执一盾牌状物，形态装扮与第一幅类同；另一人残毁较为严重，所持兵器不可辨，身旁置一圆形系带器物，旁边放两根一端呈球状的短棒，疑为战鼓之类器物（图一三）。

（2）骑士图案两幅

两幅图案中飞马形态相仿，均形态舒展、四蹄腾空、脚下生风，马背上一人持枪举过头顶，做举火烧天式，另一人手持单刀，做背后持刀式（图一四、图一五）。

（3）卷草、龙凤图案

正脊背面主要雕有卷草和龙凤图案，大部分已漫漶不清。

---

① 杨焕成：《中国古建筑时代特征举要》，文物出版社，2016 年。

图一二 两人搏杀图（一）

图一三 两人搏杀图（二）

图一四 骑士图案（一）

图一五 骑士图案（二）

（4）铭文两处

共发现铭文两处，一处在大殿的东南角石柱柱头，记载了石柱捐赠者的姓名；另一处位于屋面正脊东端，正面内容主要为祈祷祝福之语、撰写者姓名和大殿修理起盖时间，背面应为主要参与者姓名。原文内容如下。

东南角石柱柱头阴刻"孙阳保蒙古人毛伯颜，施坡下保关王庙石柱一根，伏望家眷康宁；本保张彦实、刘彦成、李三施后檐石柱三条"的铭文（图一六）。

图一六 关王庙大殿东南角石柱柱头铭文

屋面正脊东端脊筒上部正面阴刻："右仰修理起盖之后，祈四时风调雨顺，保八方国泰民安，上下口口各赐吉祥，攻办使众普保安康。大元国至正十一秋七月吉日。琉璃匠三信"（图一七）；背面阴刻"小郝四、小曹五、曹三、常居卿、常斌卿、常得新、程六、李张大"（图一八）。

图一七　关王庙大殿东端脊筒正面铭文　　　　　图一八　关王庙大殿东端脊筒背面铭文

Survey and Research on the Main Hall of Guanwang Temple in Pojie of Yuzhou

ZHAO Shulei

（Nanyang Institute for the Preservation of Cultural Heritage, Nanyang, 473006）

Abstract: The Guanwang Temple is in Pojie Village, Wenshu Town, northwest of Yuzhou City, 18 kilometers east of downtown. Due to historical reasons, only one main building remains in the Guanwang Temple is the main hall. The main hall is the only wooden building of the Yuan Dynasty with a clear chronology found in Henan, which is of great value to the study of the structural characteristics of the Yuan Dynasty wooden buildings in Henan. In September 2000, the main hall of Guanwang Temple in Pojie was approved and listed as a provincial cultural relics protection unit by the People's Government of Henan Province, and in May 2013, it was listed as the seventh batch of the national key cultural relics protection units by the State Council.

Key words: Yuzhou of Henan, architecture of the Yuan Dynasty, chronology

河南原武城隍庙大殿龙纹彩画特征及年代初探

杨　远　孟　娟

（郑州轻工业大学，郑州，450002）

摘　要： 彩画是保护和装饰木构建筑的常用手段，而龙纹符号是官式建筑彩画中的重要主题，是建筑等级的象征，代表着权力和地位，同时也是道教的神兽。明朝用道教城隍庙来巩固政权、治理社会和教化百姓，原武城隍庙彩画反映着它背后的历史文化以及工艺特点。原武城隍庙建于明初，其建筑彩画值得研究和保护，确定彩画的年代尤为重要。本文以碑文、县志、龙纹照片和彩画所在大殿的结构考察为资料，对不同时期的龙纹特征进行分析，确认原武城隍庙大殿龙纹彩画创作于明洪武年间，为保护古建筑彩画的研究提供补充和佐证。

关键词： 原武城隍庙；龙纹彩画；绘制年代

原武县由秦汉时期的卷县演变而来。隋开皇十六年（596年），于原卷县地建立原陵县，治阳池，阳池城即为今原武镇。唐初，原陵县更名原武县。宋代废县为镇，属阳武县，金朝复为原武县，至民国依旧为县。1950年3月与阳武县合为原阳县。在明朝初期建造大量的城隍庙，原武城隍庙就是其中之一。在2009年第三次全国文物普查时，在该庙大殿大梁上发现有龙纹彩画[①]。龙纹作为建筑彩画题材，常见于皇家建筑装饰，其在原武城隍庙中出现，可能反映了特定时代的文化信仰，主要体现龙纹的社会功能。原武城隍庙大殿经清代多次重修，殿内彩画应该进行了修缮维护或重绘，但无相关记载和修葺资料可考，因此，确定彩画的绘制年代尤为重要，本文对其年代试做分析研究，抛砖引玉。

一、城隍庙彩画现状

（一）原武城隍庙的渊源及地理位置

城隍庙作为保佑一方水土安定的祭祀场所，早在《礼记》中就有记载："天子大蜡八。伊耆氏始为蜡。蜡也者，索也，岁十二月，合聚万物而索飨之也。"[②] "大蜡八"指的是天子年终祭祀的八位神，其中水庸居第七。《重修原武县志》又做了进一步解释："八蜡之祭有水庸，水庸即城隍，是为祭城隍之始。"[③] 汉魏时期官府开始立祠祭祀城隍神，唐宋以来各郡府州县均立祠祭祀城隍神，祈福保护地方平安。明朝建立之初，朱元璋将城隍庙改造为标志国家权力的形象，意图使其成为教化百姓的场所，以期加强对民众的思想统治。据《重修原武县志》记载："明初，郡县并为坛以祭，加封府曰公，州曰侯，县曰伯。洪武二年，敕封显佑伯，嗣改建庙宇，如公廨，设座判事，如长吏

① 国家文物局：《2009年第三次全国文物普查重要新发现》，科学出版社，2010年，第64页。
② （汉）戴圣，胡平生、张萌译注：《礼记》（上），中华书局，2017年，第491、492页。
③ 河南省原阳县志编纂委员会：《重修原武县志（整理本）》卷之五，华北石油地质局印刷一厂，2004年，第280页。

状。清因之，仍列祀典。"城隍从最初的城市守护神，演变为治理社会的神灵，随之形成以城隍庙为中心的中国民间重要神灵信仰。

明洪武二年（1369年），太祖朱元璋将城隍神立为国家正祀，并按州、府、县进行分级加封。城隍庙规格与当地官署正衙等同。原武城隍庙作为民间信仰的场所，建于明初，坐北朝南，位于河南省新乡市原阳县原武镇东街路北，坐落在豫北平原地区，黄河改道前原武南濒黄河。

（二）原武城隍庙现状及布局

原武城隍庙于2016年被河南省人民政府公布为第七批河南省文物保护单位，2019年被国务院公布为第八批全国重点文物保护单位。2020年5月20日，河南省人民政府在该庙门前立"全国重点文物保护单位"标志碑，根据碑阴《原武城隍庙简介》介绍，原武城隍庙至今已有650余年历史，"是省内规模最大、年代最久、保存最为完整的城隍庙"（图一）。

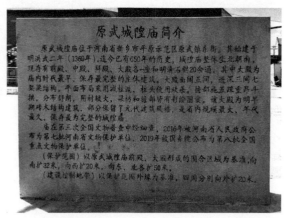

图一 "全国重点文物保护单位"标志碑

《重修原武县志》记载了原武城隍庙极盛时期的状况和大殿修缮情况："正殿览长方二丈，脊五，四角撑卷，颇壮丽。前有拜厦，后寝殿三间，左右廊间十。中门外，头门洞辟，大石狮二蹲东西，如官署状。隔路对峙者，戏楼也。戏楼今拆。明洪武二年敕封显佑伯，有御颁敕文碑。……清康熙……十年重修两殿，……乾隆十一年，阖邑施财重修大殿，……道光十八年重修庙，……光绪二十四年，知县张秀升率会首重修庙，并以娄村、王村无主荒地二顷余，月字一号、二十区滩地二顷四十亩免费稞施庙。"[①]（图二）

如今城隍庙占地面积851.4平方米，仅存有由南向北依次排开的四座建筑，分别为前殿、中殿、拜殿和大殿。大殿位于最北端居中，是摆放神位的地方。拜殿是祭拜的空间，与大殿以勾连搭的构造形式相连接。南面的中殿及前殿已破败不堪，前去祭拜的百姓

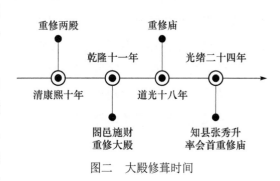

图二 大殿修葺时间

---

① 河南省原阳县志编纂委员会：《重修原武县志（整理本）》卷之二，华北石油地质局印刷一厂，2004年，第66页。

途经这两座殿并不停留，直奔拜殿和大殿，寺庙大门无存。大殿构造最为复杂，硬山瓦屋顶，面阔五间，进深两间，檐下斗栱、梁架均有彩画，平面减柱造，这与元代节约材料而构件粗大的特征相符合。由于大殿自 20 世纪 50 年代初一直被原物粮管所作为粮仓使用，上部构造被吊顶遮挡，所以结构及彩画保存良好，在 2009 年文物普查时被及时发现并以照片形式保存下来（图三）。目前该城隍庙的保护范围和建设范围按照县级文物单位保护标准划定，只做基本加固以保证消防和安全问题，并未重修。

图三　原武城隍庙大殿彩画

（采自国家文物局：《2009 年第三次全国文物普查重要新发现》，科学出版社，2010 年，第 64 页）

（三）大梁龙纹彩画现状

　　建筑彩画早在春秋时期就已出现，并有了礼制规定。龙纹彩画出现在秦汉时期，至宋朝彩画手法走向程式化。明代在宋元的基础上又进一步发展，逐渐形成一定的模式和规范。清代彩画更是成为定式。原武城隍庙建于明初，无论此龙纹是元、明、清哪个朝代的彩画风格，都反映着整个时代的特征。

　　城隍庙大殿是庙内最早的建筑（图一），且彩画保存较其他建筑更为完好，对研究明代建筑具有重要的参考价值。2009 年，第三次全国文物普查将原武城隍庙认定为新发现，而且拍摄了大量建筑内外部清晰的照片。大殿全貌及内部彩画图片被收录在国家文物局主编的《2009 年第三次全国文物普查重要新发现》[①] 一书中，从图片可见龙纹图案较为完整，包括龙的姿态、基本结构和色彩等内容，据书中描述，此龙纹绘于大殿内的大梁上。如今龙纹彩画虽已不复存在，但 2009 年留下的照片依然为研究提供了珍贵的资料。

　　大殿的梁架彩画可辨别为龙纹。原武城隍庙属于道教建筑，大殿梁架残存的龙纹彩画（图三），其貌神采飞扬，怒目圆睁，身躯雄壮，给人以威严的震慑力，有强烈的视觉冲击力。

　　① 国家文物局：《2009 年第三次全国文物普查重要新发现》，科学出版社，2010 年，第 64 页。

二、元、明、清时期建筑中的龙纹彩画

建筑彩画是社会观念、审美观念和建筑技术的产物，不同时代有不同的特征，因此分析龙纹彩画的时代特征对确定原武城隍庙龙纹彩画的年代非常关键。

（一）元朝龙纹彩画

元朝是龙纹图案发展的鼎盛时期。元朝疆域扩大，多种文化相互融合，龙纹内容写实，躯体协调，线条自由。建筑遗留较少，但典型建筑永乐宫保留了不少龙纹彩画，有的彩画龙凤同时出现。如三清殿西次间和东次间的四椽栿彩画（图四）。东次间四椽栿包袱中间绘有盘龙，在藻头与包袱之间，底衬纹饰为宝相花，其上绘以白凤图案，西次间有一龙二凤图案绘制于盒子中。另一个存在龙纹彩画的建筑是纯阳殿（图五），在四椽栿包袱内上，东侧绘有一条龙，西侧则是一龙一凤。殿内西侧一根丁栿上，有鱼尾带翅的飞龙绘制于包袱外。元代龙纹大量运用，开启了明清时代龙纹的先河。

图四　山西芮城永乐宫三清殿梁栿龙纹彩画

（采自孙大章：《中国传统建筑装饰艺术——彩画艺术》，中国建筑工业出版社，2013年，第67页，图5-27）

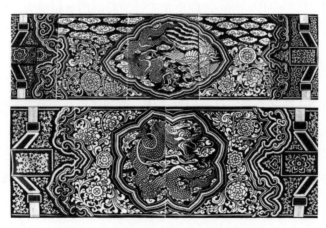

图五　山西芮城永乐宫纯阳殿丁栿彩画

（采自孙大章：《中国传统建筑装饰艺术——彩画艺术》，第67页，图5-19）

（二）明朝龙纹彩画

明朝建筑的彩画有些是宋元风格特征的延续，如宋朝彩画常用的花卉题材，用少量金点缀，梁身与梁底的图案是分别绘制的。明朝寺庙彩画实例较元朝多，如河北涞源阁院寺、北京智化寺等，具有极高的历史价值。根据张秀芬对明朝彩画的分期断代，"明代彩画大体可分为两个阶段：早期为永乐至弘治年间，正德至崇祯为晚期。"[①]并未将洪武、建文两时期列在彩画时期内。由于原武城隍庙建于洪武时期，现将明代彩画分为早、中、晚期进行分析，即早期为洪武至建文年间，中期为永乐至弘治年间，晚期为正德至崇祯年间。早期彩画实例和研究资料不足，但这一时期的龙纹图案的整体构图在元代晚期的基础上，发展出独特的时代风格。明代中期政治混乱，参考瓷器，此时的龙纹没有了元朝的凶猛与明初的力量感，变得温顺。至明晚期龙纹彩画整体性加强，逐渐向规范化与制度化发展，为清代龙纹彩画奠定了基础。

明代的建筑有着严格的等级制度，且在洪武三年（1370 年）及以后颁布。明朝建筑彩画是身份等级的象征，"由高到低大致可以分为五类：青绿点金、彩色绘饰、青碧绘饰、青黑、土黄刷饰与粉青刷饰。"[②]《明太祖实录》中记载了许多建筑制度，如《太祖高皇帝实录卷之五十五》记载，洪武三年（1370 年），"诏中书省，申禁官民器服不得用黄色为饰，及彩画古先帝王、后妃、圣贤人物故事、日、月、龙、凤、狮子、麒麟、犀、象之形，如旧有者，限百日内毁之。"其中明确规定，官民器服不得用龙凤等纹样。明代晚期的建筑彩画实例也证实了这一点，即只有少数的等级较高的建筑中绘有龙纹图案，且均来自明晚期，如故宫南薰殿彩画和北京潭柘寺大殿梁枋彩画。南薰殿明间的平棊彩画（图六），绘有沥粉片金龙，呈二龙戏珠态，彰显出皇家的豪华气派。北京潭柘寺大殿梁枋包袱内彩画（图七），沥粉片金龙，龙的四周绘有云纹。这种金龙主题的彩画用金量极大，被认为是最为尊贵的彩画图案。

图六　北京故宫南薰殿明间平棊彩画
（采自陈薇：《元、明时期的建筑彩画》，《营造》（第一辑），北京出版社，1998 年，第 11 页，图 7）

（三）清朝龙纹彩画

建筑彩画发展至清朝，图案绘制变得更加程式化。清朝建筑彩画有严格的等级划分制度，只有在重要的建筑上才能应用，如皇室宫殿、庙坛等。龙纹主要出现在和玺彩画、旋子彩画、苏式彩画等形式中，由于原武城隍庙的地理位置，苏式彩画不在考虑范围之内。和玺彩画是清代官式建筑彩画中等级最高的，这类彩画中的龙纹用金量极大，用于皇宫内的主要建筑、祭祀建筑、藏传佛教等

①　张秀芬：《元、明、清官式旋子彩画分析断代》，《中国文物保护技术协会第六次学术年会论文集》，科学出版社，2009 年，第 11 页。

②　苗月：《不同载体上明代官式建筑梁枋彩画形象对比研究》，北京工业大学硕士学位论文，2020 年。

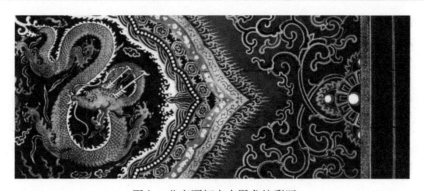

图七　北京潭柘寺大殿龙纹彩画
（采自中国科学院自然科学史研究所：《中国古代建筑技术史》，科学出版社，2016年，第288页，图9-2-7）

建筑中。旋子彩画的等级次之，龙纹在枋心，内容上更为丰富，应用也更加广泛，主要运用于皇宫的次要建筑、衙署、一般寺庙等建筑上。

如太和门明间外檐和玺彩画、天坛祈年殿龙凤和玺彩画、体仁阁外檐龙草和玺彩画的龙纹出现在枋心、藻头或盒子位置，属彩画最高等级，"北京地区的官式建筑和皇家坛庙中多见此种彩画，一般寺观庙宇使用和玺彩画者，未有发现"[1]；旋子彩画较和玺彩画低一等级，"普遍使用于宫殿、寺庙、官衙、牌楼等建筑。……'旋子彩画'在元代已经出现，成熟于明，清成定制"[2]。北京故宫协和门龙锦枋心大点金旋子彩画和北京隆福寺大殿明间梁枋的旋子彩画，枋心绘制的龙纹与锦纹相结合，凸显出皇家的气派与森严的建筑等级（图八）。

图八　北京隆福寺大殿明间梁枋的旋子彩画
（采自孙大章：《中国古代建筑装饰——彩画艺术》，第125页）

清朝时期经济文化处于历史发展末期，龙纹图案多有形无力，线条僵硬，并且装饰图案繁复，大多出现火纹、云纹、山字纹、火龙珠等元素。形态上比明朝时期略显老态，刻画细腻入微，整体上缺乏气势。

元、明、清三朝的龙纹风格有明显的区别。元代龙纹身长，气势威猛，活灵活现。明朝龙纹四肢健硕，显得更加孔武有力，但神情温和，晚期逐渐规范化，向清朝的风格发展。到了清朝经济停滞，龙纹绘制形成固有的定式，僵硬无神。明早期龙纹风格受元代影响极大，彩画继承前朝较多。参照元、明、朝的龙纹图案，原武城隍庙彩画具有明显的元朝风格，可能于受元朝影响较大的明初洪武二年（1369年）所绘。

---

① 王其钧：《中国建筑图解词典》，机械工业出版社，2007年，第160页。
② 王其钧：《中国建筑图解词典》，机械工业出版社，2007年，第161页。

三、结　语

从上述龙纹的特征分析可知，原武城隍庙大殿龙纹彩绘虽然具有元代龙纹的特征，但根据《重修原武县志》记载该庙建于明洪武二年（1369 年）。文化的传承发展具有一定的延续性，该彩画龙纹的特点恰好反映了明朝初期对前朝文化继承的性质，由此可以判断，该庙大梁龙纹彩画应该也属于明洪武二年（1369 年）的绘制建筑彩画。虽后历经四次修建，而其大梁彩画仍保留了最初绘制的特点，填补了明初洪武时期龙纹彩画的空白，为这一时期建筑的保护及彩画研究提供了重要参考资料。

Preliminary Study on the Characteristics and Age of Dragon Pattern Color Paintings in the Main Hall of the Yuanwu God Temple

YANG Yuan, MENG Juan

（ Zhengzhou University of Light Industry, Zhengzhou, 450002 ）

Abstract: Color painting is a common method of protecting and decorating wooden buildings, and the dragon pattern is an important theme in official architectural color paintings. It reflects a certain architectural hierarchy which symbolizes power and status. The dragon pattern is also a Taoist mythical beast. City God Temples were used to consolidate political power, govern society and educate the people which is a tool of ruler in deed during the Ming Dynasty, therefore, the Yuanwu God Temple's color paintings reflect the historical culture and craftsmanship. The Yuanwu God Temple was built in the early Ming Dynasty. As an important place, its architectural paintings are worth studying and protecting. It is particularly important to date the historical age of the paintings. The chronological study of the architectural paintings bases on an amount of data like inscriptions, county annals, photos of dragon patterns and structural inspections of the halls where the painted paintings are located. Based on the investigation of the structure of the main hall where the inscriptions, county records, dragon pattern photos and color paintings are located, this paper analyzes the characteristics of the dragon pattern in different periods, and confirms that the dragon pattern color paintings in the main hall of the City God Temple were built in the Hongwu period of the Ming Dynasty, which provides a supplement and evidence for the research on the protection of ancient architecture color paintings.

Key words: Yuanwu God Temple, dragon pattern, age of color painting

隋唐佛塔塔刹造型与构成及其比例探究

虢佳玮　林　源

（西安建筑科技大学建筑学院，西安，710054）

摘　要： 塔刹由刹顶、刹身和刹座三个部分组成，每个部分含有不同的组成元素，元素间又有不同的组合方式，因此塔刹的样式复杂多变、千塔千面。隋唐时期刹顶与刹座的组合方式较为固定，塔刹的差异主要体现在刹身中，且不同类型塔刹的变化形式不同，金属刹的刹身中增添了更为多样的组合元素，而砖石刹的刹身则打破以相轮为主体的形式，以覆钵取而代之。经过对现有唐塔塔刹的高度的分析，发现塔刹中刹顶与刹座的高度相等，再根据金属刹与木塔、金属刹与砖石塔以及砖石刹与砖石塔之间的高度比值分为：0.3～0.45、0.12～0.33以及0.1～0.6，可为隋唐塔刹的复原研究以及年代判定提供依据。

关键词： 隋唐佛塔；塔刹；塔刹比例

　　塔刹位于佛塔的最顶端，是佛塔最显著的标志，但也极易受损。今日所见有相当多的古塔塔顶和塔刹部分无存。即使是完整的塔刹，仍为原物的情况亦非常罕见。本文尝试根据石窟寺、壁画等中的塔刹图像信息与隋唐时期的塔刹原物，从要素构成、构造、材质、形式等方面探究、总结隋唐佛塔塔刹的特征，或可助益佛塔的研究和保护维修以及展示工作。

一、塔刹的组成

　　塔刹可分为刹顶、刹身和刹座3个基本组成部分（图一），每个部分又包含多种组成元素，元素间不同的组合方式及排列顺序均会影响塔刹的形式。魏晋时期的塔刹多由宝珠（刹顶）、相轮（刹身）和覆钵、受花、基座（刹座）组成，例如云冈石窟第2窟佛塔塔刹，因此这一组合可视为塔刹的基本形式，隋唐时期塔刹则在这一基本形式上增加了新的元素：多出现在刹顶部分的有宝瓶、龙舍和仰月，主要用在刹身部分的宝盖、相轮、水烟和圆光，刹身和刹座部分均可使用的受花和覆钵（图二、图三）。

　　宝瓶，多用于刹顶中，唐代后期也用于刹身。宝瓶应是由宝珠变化而来，外形较为圆润的称宝珠，花瓶形的称宝瓶。

　　龙舍，是刹顶部分从上至下的第二个球状物[1]，也可视为宝珠的一种，据吴庆洲先生推测，龙舍或许就是早期塔刹的天宫[2]。

　　仰月，是刹顶向天仰置的一个"新月"形构件，为我国佛塔塔刹的特有组成元素。东汉至三国时期的陶楼上就可见其形象，用于塔刹中的实例可见于敦煌莫高窟428窟西壁（北周）。

---

①　吴庆洲：《中国佛塔塔刹形制研究》（下），《古建园林技术》1995年第1期。

②　天宫是埋藏佛骨舍利和圣物的地方，但其位置并不局限于龙舍，例如嵩岳寺塔有两重天宫，分别位于龙舍及相轮中。

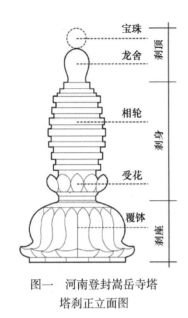 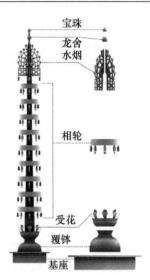

图一 河南登封嵩岳寺塔　　　　图二 唐法门寺地宫出土　　　　图三 日本法隆寺五重塔
塔刹正立面图　　　　　　　　鎏金小塔塔刹示意图　　　　（670～711 年）塔刹示意图

宝盖，通常位于刹身最上方，初唐之后出现。宝盖上悬挂浪风锁与屋檐相连，有增加塔刹稳定性的作用。

相轮，也称为金盘或承露盘，位于刹身部分。相轮的数目一般为奇数，某种程度上其数量反映了塔的规格和等级，数量越多，等级越高，凡人建造佛塔最高只能到平头[①]，或许就是部分高僧墓塔无相轮的原因。

受花，也称山花蕉叶、请花[②]，可分为阶梯几何形受花和植物花叶形受花两种，二者在塔刹中的使用位置也不完全一致。几何形受花位于刹座中，多见于初唐或唐之前，使用时间较短；花叶形受花可用在刹身或刹座中，是隋唐时期受花的主要形式。

水烟和圆光，位于刹身之中，二者应为同一类组成元素，是我国佛塔塔刹的特有组成元素。据刘敦桢先生考证，水烟应是图案化之火焰，因厌胜之故，改为水烟。敦煌隋唐时期壁画中未见水烟，但日本飞鸟时代至平安时代（592～1192 年）的五重塔上均使用水烟（仅奈良室生寺五重塔例外），且水烟的样式各不相同。圆光或许由水烟演变而来，见于敦煌壁画晚唐时期的 215 窟。

覆钵，原是一种用餐的容器，安之于塔，意为贤圣应该受人供养。覆钵在隋唐时期呈半球状，可用于刹身和刹座中，其相邻元素多为受花。

隋唐时塔刹的基座形式通常为束腰方座或素平台座，其平面形式与塔一致，即方塔则塔刹基座为方形平面，塔的平面若为正多边形，则塔刹基座为多边形或圆形平面。

上述元素在塔刹的各部分中组合使用，隋唐时期刹顶中可用宝珠/宝瓶、龙舍和仰月 3 种元素，宝珠/宝瓶位于刹顶顶部，龙舍和仰月位于其下方；刹身多以相轮为主体，组合使用受花、覆钵、水烟/圆光和宝盖；刹座中可见覆钵、受花和基座，覆钵和基座在刹座中可同时存在，也可单独出现。

① 张睿：《魂瓶正脊起翘与佛塔平头受花考》，《文物鉴定与鉴赏》2017 年第 3 期。
② 王敏庆：《佛塔受花形制渊源考略——兼谈中国与中、西亚之艺术交流》，《世界宗教研究》2013 年第 5 期。

二、塔刹的材质、结构与造型特点

塔刹依材质不同可分为金属塔刹和砖石塔刹，其中砖石塔刹有砖质、石质、砖石混合 3 种不同形式，其内部大多置有一刹杆，刹杆上部穿套刹顶、刹身和刹座，下部与塔身顶部相接。构造形式虽然相似，结构并不相同。金属塔刹的各组成部件套在刹杆上，由刹杆承重（图三）。砖石塔刹刹杆的主要作用是联系各组成部件而非承重，其荷重直接落在塔身的顶层屋面（图四）。由于材质、结构形式、工艺做法以及组成元素的组合方式不同，金属塔刹和砖石塔刹呈现出不同的造型和风格特质，概括而言，金属刹高耸、形式华丽，砖石刹则低矮简洁。

天宫

图四　砖石塔刹构成模

佛塔与塔刹在材质上具有一定的适用规律，北魏永宁寺塔、日本法隆寺五重塔等早期木塔均为金属塔刹，塔刹的刹杆与塔的中心柱以榫卯相接，从结构稳定性而言，砖石刹本身自重较大，并不适用于木塔，而砖石塔则金属刹或砖石刹均可。

1. 金属刹

金属刹采用预制装配的方式制作而成，多以铁或铜制作而成，表面一般都镀金。隋唐时期金属刹各组成元素的排列组合比较多样，但宝珠、相轮、受花、覆钵及基座仍是基本构成内容。宝珠、相轮、覆钵及基座的样式较为固定——宝珠多呈水滴状，上尖下圆，一般无纹饰；相轮呈圆台形；覆钵为半球状，其上或其下有受花；基座为须弥座形式，平面多为方形；仰月有单仰月和双仰月，二种形式均见于敦煌壁画；宝盖则有悬挂浪风锁和不挂两种样式，到晚唐时基本不再悬挂浪风锁；至于受花、圆光和水烟，具体样式各个不同，并无定式。

刹顶以宝珠为主体，龙舍和仰月位于其下方，二者可同时使用也可单独出现。刹身部分以相轮为主体，部分相轮下方单独设有受花。日本法隆寺五重塔的刹身除相轮之外还设置有水烟。中晚唐时期，相轮上方又可增加宝盖、宝珠 / 宝瓶或者圆光 / 水烟，还出现了刹座无覆钵的形式（图五）。

2. 砖石刹

砖石刹由于材料和工艺的原因形式上比较简单，不如金属刹精巧。在各组成元素中，宝瓶多见而宝珠少见；相轮多为圆台形，晚唐时出现了纺锤形相轮。亦有无相轮的做法。覆钵为半球体，并以受花装饰。唐晚期也有将覆钵做成覆莲的做法，可看作是受花与覆钵的复合形式。这一时期还出现双层覆钵的做法。基座一般就是方形平台座和束腰方座两种，多无装饰。金属刹中的仰月在砖石刹中不会出现，圆光曾短暂地出现（可见于龙门石窟初唐时期的 3 号塔和 37 号塔），后因结构等问题又消失不见。

砖石刹表面通常涂饰白灰，白灰上再饰以彩绘。如登封嵩岳寺塔塔刹，其相轮以下部分发现三

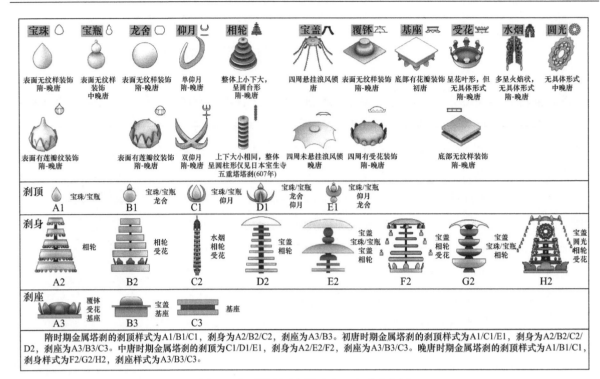

宝珠 ◯	宝瓶 ◯	龙舍 ▢	仰月 ◡	相轮 ⬙	宝盖 ⋀	覆钵 ⬥	基座 ▱	受花 ⚘	水烟 ⋔	圆光 ◉
表面无纹样装饰 隋-晚唐	表面无纹样装饰 中晚唐	表面无纹样装饰 隋-晚唐	单仰月 隋-晚唐	整体上小下大,呈圆台形 隋-晚唐	四周悬挂浪锁风 唐	表面无纹样装饰 隋-晚唐	底部有花瓣装饰 初唐	呈莲叶形,但无具体形式 隋-晚唐	多呈火焰状,无具体形式 隋-晚唐	无具体形式 中晚唐
表面有莲瓣纹装饰 隋-晚唐	表面有莲瓣纹装饰 隋-晚唐	双仰月 隋-晚唐	上下大小相同,整体呈圆柱形仅见日本室生寺五重塔塔刹(607年)	四周未悬挂浪锁风 晚唐	四周有受花装饰 隋-晚唐			底部无纹样装饰 隋-晚唐		

刹顶	A1 宝珠/宝瓶	B1 宝珠/宝瓶 龙舍	C1 宝珠/宝瓶 仰月	D1 宝珠/宝瓶 龙舍 仰月	E1 宝珠/宝瓶 仰月 龙舍				
刹身	A2	B2 相轮	C2 水烟 相轮 受花	D2 宝盖 相轮	E2 宝盖 宝珠/宝瓶 宝盖 相轮	F2 宝盖 宝珠/宝瓶 宝盖	G2 宝盖 相轮 受花	H2 宝盖 宝瓶 相轮 / 宝盖 圆光 相轮 受花	
刹座	A3 覆钵 受花 基座	B3 宝盖 基座	C3 基座						

隋时期金属塔刹的刹顶样式为A1/B1/C1,刹身为A2/B2/C2,刹座为A3/B3。初唐时期金属塔刹的刹顶样式为A1/C1/E1,刹身为A2/B2/C2/D2,刹座为A3/B3/C3。中唐时期金属塔刹的刹顶为C1/D1/E1,刹身为A2/E2/F2,刹座为A3/B3/C3。晚唐时期金属塔刹的刹顶样式为A1/B1/C1,刹身样式为F2/G2/H2,刹座样式为A3/B3/C3。

图五 金属塔刹元素样式和组合形式分析

层相互叠压的白灰,基座、覆莲以及仰莲的中层白灰表面见石绿色彩绘;仰莲外层白灰见条带形石绿色。覆莲下部外侧白灰呈粉红色[①]。因白灰层易剥落,彩绘很难保存下来。壁画中能够提供的彩绘信息也很少,而且壁画本身也存在褪色、变色等问题,故对于塔刹彩绘的用色、样式等难以具体探讨。

砖石刹各组成元素的排列组合方式与砖石塔的类型有密切关系,本文在此试对覆钵式塔、楼阁式塔以及密檐塔相应的塔刹形式进行探讨。

覆钵式塔多为高僧墓塔,刹身多无相轮或相轮数目较少,刹座可无基座,多见双层覆钵的形式,即刹身和刹座均置有覆钵,例如登封法王寺2号塔塔刹(图六,1),但仍有部分覆钵塔塔刹保留了基本组成形式,多见于唐之前或初唐的覆钵塔,例如安阳灵泉寺宝山4号龛形塔塔刹(图六,2)。楼阁式塔塔刹多有相轮,刹身中不会出现覆钵,刹座为覆钵、受花和基座,形式较为固定;但也有部分塔刹的宝珠/宝瓶或龙舍直接与覆钵相接,例如龙门石窟10号塔塔刹。密檐式塔塔刹也无双层覆钵的情况存在,其刹顶与刹身部分的元素组合形式与楼阁式塔塔刹形似,但部分刹座无基座,以覆钵为底,例如龙门石窟30号塔塔刹。

1   2

图六

1. 登封法王寺 2 号唐塔(郝健强供图) 2. 安阳灵泉寺宝山 4 号龛形塔

---

① 河南省古代建筑保护研究所:《登封嵩岳寺塔勘测简报》,《中原文物》1987 年第 4 期。

　　总体而言，金属塔刹中可使用的组成元素虽然种类繁多，但其排列方式遵循了隋唐之前塔刹构成的基本规律，宝珠、相轮、覆钵、受花和基座是最为常见的元素（仅晚唐时期可无覆钵）。砖石塔刹中的组成元素相对较少（图七），发展至隋唐时相轮和基座不再是砖石塔刹中不可或缺的元素，覆钵逐渐取代了二者的位置。

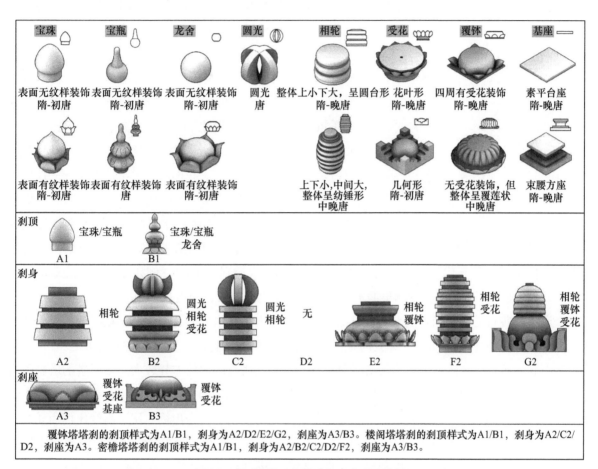

图七　砖石塔刹元素样式和组合形式分析

三、塔刹的比例关系

1. 塔刹组成部分的模数关系

　　隋唐时期塔刹具有刹顶与刹座的高度相同的规律。以登封嵩岳寺塔为例，塔刹通高 4.75 米，刹座高度为 1.35 米，刹顶最上端宝珠遗失仅余下方宝珠（龙舍），但在宝珠之上立有一根长 0.77 米的铁杆，刹顶总体高度为 1.34 米，刹顶与刹座高度近乎相等。日本飞鸟至平安时期的五重木塔的金属刹均体现这一规律，而五代及之后的塔刹已无此特点，因此本文认为这一特点或可作为判断隋唐塔刹的依据之一（图八）。

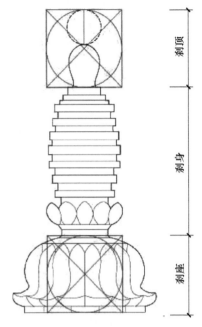

图八 河南登封嵩岳寺塔塔刹

2. 塔刹与塔身的高度比例关系

塔身与塔刹材质的不同均影响塔刹在佛塔总高度中的占比，因此本文将佛塔分为木塔和砖石塔，将塔刹分为金属刹与砖石刹进行研究。因砖石刹不可置于木塔之上，所以塔刹与塔身的组合形式可分为 3 种：金属刹—木塔、金属刹—砖石塔以及砖石刹—砖石塔。

金属刹—木塔：我国虽无隋唐时期木塔遗存，但可根据日本飞鸟至平安时代的木塔，分析塔刹与塔身的比例。研究发现，除室生寺五重塔的塔刹与塔身比例为 0.35 外，其余木塔的比例均为 0.43（除室生寺五重塔外，其余塔刹的元素组合方式也相对固定，或许是以特定模板建造而成的）。我国现存最早的木塔——辽代应县木塔，塔刹与塔身高度比为 0.17，观其塔刹形式与隋唐佛塔塔刹差异较大，故不将其列为判断隋唐木塔与金属塔刹高度比例的依据。从现存部分五代及宋时期的佛塔推测唐代佛塔塔刹的比例较大，江南地区部分五代至宋时期仿木楼阁式塔的比例也达到了 1：4，例如苏州罗汉院双塔和五代泉州开元寺仁寿塔[①]。因此推测早期木塔的塔刹高度比值较大，约为 0.3～0.45。

金属刹—砖石塔：我国目前现存最早的金属刹为云南佛图塔塔刹（南诏劝丰祐时期，824～859 年），其刹与塔身的比值为 0.28。宋辽时期的佛塔塔刹与塔身的比值在 0.12～0.33 之间。

砖石刹—砖石塔：砖石塔中多层塔与单层塔的塔刹与塔身的比值差异较大。多层塔的塔刹虽有部分尚存，但大多残缺，登封嵩岳寺塔刹顶宝珠缺失，高度比例为 0.12；登封永泰寺塔（唐初）刹顶缺失，高度比例约为 0.11；五台山佛光寺祖师塔（隋末唐初）塔身出檐二层，高度比例为 0.26；南京栖霞寺舍利塔（南唐）高度比例为 0.21，多层塔的高度在 0.1～0.3 之间。单层塔现存实例较多，例如登封法王寺 2、3、4 号塔和运城泛舟禅师塔，塔刹与塔身的比值在 0.4～0.6 之间。

本文认为塔刹与塔身的高度比值与塔身总高度成反比，即塔身越高，塔刹所占比例越小，例如庆州白塔和云南崇圣寺南北塔的高度分别为 73 米和 42 米，其塔刹高度占比分别为 0.18 和 0.13，而闸口北塔高度仅为 13.4 米，塔刹占比 0.33。单层佛塔的塔刹占比大于多层佛塔。

四、塔刹的年代判断

本文尝试以洋县开明寺塔为例检验上文得出的隋唐塔刹的模数规律。

洋县开明寺塔为全国重点文物保护单位，始建于唐开元年间（713～741 年），为密檐式砖塔，塔身十三级，平面为方形，现存总高度为 21.33 米，其中塔刹高 2.04 米，由宝珠（刹顶）和覆钵（刹座）组成。刹顶与刹身用砖层数相同，均为 18 皮，符合刹顶与刹座高度相等的规律（图九）；

---

① 张颖：《苏州云岩寺塔复原研究》，《建筑史》2009 年第 2 期。

其塔刹高度与塔身高度的比值为 0.14，在砖石刹—砖
石塔的塔刹与塔身的比值区间内。此外，对比这一时
期密檐塔塔刹的元素组合方式，塔刹中仅缺少受花，
但总体符合上述 A1+D2+A3 的砖石塔刹形式，推测
受花已经损毁无存。

　　经此分析，本文认为开明寺塔刹应为隋唐时期原
物，其最初的元素组成形式应为：宝珠（刹顶）、受
花（刹座）和覆钵（刹座）。

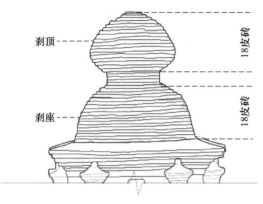

图九　陕西洋县开明寺塔塔刹

五、小雁塔塔刹复原设计与探讨

　　西安大荐福寺塔（小雁塔），始建于唐景龙元年（707 年），平面为四方形，是我国唐代密檐式
砖塔的典型代表之一。因明代关中大地震，塔刹及塔身顶层被震落，原 15 级，现存 13 级，残高
42.92 米。本文试以小雁塔为例探寻已毁塔刹的复原设计思路与方法。

　　关于小雁塔塔刹的材质问题，文献中未见明确记载，但根据明正统十四年（1449 年）《正统圣
旨碑》阴刻荐福殿堂图可知其塔刹为砖石刹。这一时期密檐式塔的刹顶多为宝珠或宝珠加龙舍的形
式；刹身形式多样，可无相轮；刹座既可以覆钵为底，也可以基座为底。又因大荐福寺的地位，推
测刹身中相轮数较多，故选择 A1+A2+A3 的砖石塔刹样式进行复原，即刹顶为宝珠，刹身为相轮，
刹座为覆钵、受花和基座（图一〇）。

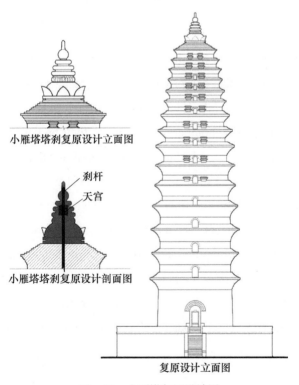

图一〇　小雁塔复原设计图

关于塔刹的形式复原，本文认为首先应判断结合现状以及文献记载，判断佛塔的等级以及塔刹的材质类型，再结合塔身的类型计算出塔刹相应的高度范围；其次，根据佛塔等级判断刹身中相轮的数量；再根据刹顶高度与刹座高度相等的规律，分析刹顶和刹座与刹身之间的比例关系；最后，根据佛塔及塔刹的类型，选择适宜的组成元素样式及其排列方式。

六、结　语

隋唐是塔刹发展过程中承上启下的时期。隋之前，塔刹形式较为固定，多由宝珠（刹顶）、相轮（刹身）、受花、覆钵和基座（刹座）组成，隋唐塔刹在此基础上发展而来。隋唐时期，金属刹中出现了更为丰富多样的组成元素，主要体现于刹身部分，而塔刹中宝珠、相轮、受花、覆钵和基座仍为基本组成部分。砖石刹虽没有金属刹的组成元素多，但组合方式较之前有较大变化，主要体现在基本组合形式的变化，即相轮（刹身）和基座（刹座）不存，刹身和刹座均设有覆钵。唐之后，覆钵逐渐取代砖石塔刹的基座，金属刹中也出现了不设基座的形式。相轮基本延续了晚唐时期出现的纺锤状，受花逐渐演变为露盘，部分覆钵从半球形逐渐演变为纺锤状等。

刹顶与刹座的高度相等是隋唐塔刹的另一个显著特点，并且塔刹占塔身的比例与塔身的高度为反比关系。上述这些规律均可为塔刹的年代判定和形式特征研究提供时代和样式的标尺。

Discussion on the Shape, Components and Proportion of Pagoda Finial of Sui and Tang Dynasties

GUO Jiawei, LIN Yuan

(College of Architecture, Xi'an University of Architecture and Technology, Xi'an, 710054)

Abstract: The pagoda finial consists of three parts: the finial top, the finial body, and the finial base. These parts contain various elements that can present a diverse range of combinations and styles. During the Sui and Tang Dynasties, pagoda finials made of different materials exhibited distinct trends. Metal pagoda finials incorporated an increasing number of elements in their bodies, while brick and stone pagoda finials broke away from traditional forms, replacing the transmigration wheel with the inverted bowl-shaped structure. This paper analyzes the height data of existing Buddhist pagodas and discovers the following rules. Firstly, the heights of the finial top and finial base are equal. Secondly, the type of Buddhist pagoda and pagoda finial affects the height ratio between them. For example, the height ratio of the pagoda finial to the pagoda body for wooden pagodas is approximately 0.3, while the height ratio for metal, brick and stone pagodas ranges from 0.12 to 0.33. Thirdly, the height and number of stories of the Buddhist pagoda also affect the height of the pagoda finial. The taller the pagoda, the shorter the pagoda finial.

Key words: pagoda of Sui and Tang, pagoda finial, proportion of pagoda finial

文化遗产保护

江苏泰州南水门遗址的保护与展示模式*

徐永利

（苏州科技大学建筑与城市规划学院，苏州，215011）

摘　要： 江苏泰州南水门遗址发现于 2009 年，其现状遗存包括从宋代到民国期间的多层次砌筑、修补材料。虽然残破，其砖石构造与宋《营造法式》中的卷辇水窗相关做法多可比照。本文将对泰州南水门遗址保护与展示经验进行总结与探讨，并在一定程度上与其他古代水门遗存信息加以比较。

关键词： 泰州南水门；遗址；保护；展示

2009 年 12 月 4 日，在泰州市铁塔广场建设过程中发现大量古代城砖，泰州市博物馆到现场踏勘后初步判断其为泰州州城南水门遗址（又称迎恩门水关遗址或南水关遗址）。12 月 8 日，江苏省文物局组织专家对遗址进行了考察，并就遗址的下一步考古发掘和保护进行了论证。12 月 15 日，专家组针对考古发掘和保护范围提出参考意见。2013 年 7 月，由东南大学承担的遗址保护设计工程竣工[①]。

一、泰州南水门遗址概况

从 2009 年 12 月 4 日起到 2010 年 6 月 23 日，经过 98 天的考古发掘，泰州南水门的轮廓基本呈现出来，第一阶段考古发掘工作顺利完成，并由南京博物院考古研究所负责撰写了《泰州南水门遗址发掘阶段性报告》[②]。考古发掘共清理出两处水门遗址和一处砖质平台，早期水门在城墙内外有石质摆手，晚期水门为砖石混合建筑，底部河床铺地为石板。水门遗址的修补痕迹明显，修补的次数至少三次，修建材料有石质材料和两个不同时期的砖质材料。与其他水门遗址相比，水门保存完好程度较为理想。

在水门遗址东南方位，早晚两处水门摆手之间出土数枚宋代钱币（年代最晚者为崇宁通宝），说明早期水门为宋代建筑，而晚期水门建设年代上限不早于北宋徽宗时期。另外因相同铭文砖的存在，推测晚期水门与泰州望海楼涵洞的年代相近。水门在古代不同时期应均与中市河连通；水门主

---

　*　本文为江苏省高校哲学社会科学研究重大项目《华严思想对汉传佛教建筑形制影响研究》（项目号：2023SJZD119）的阶段性成果。

　①　该工程项目负责人为朱光亚教授，建筑专业设计人为陈建刚、徐永利，结构专业设计人为淳庆。

　②　本文部分内容根据该发掘阶段性报告归纳而成，部分数据来自笔者现场测绘资料。正式发掘简报的发表晚于本工程竣工时间，参见《江苏泰州城南水关遗址发掘简报》，《东南文化》2014 年第 1 期。

体与望海楼涵洞均处于城墙之中，而自宋代至民国，泰州南城墙位置基本未变。

水门遗址南北长 28.6、东西宽 14.15 米，水门方向为北偏西 2°。早期水门内壁宽 4.92、残高 2.45 米，晚期水门遗址内宽 2.6～3.64、残高约 4 米。由主体部分东西两侧立面正投影照片可以看出（图一、图二），晚期券洞东西两壁均由石材和青砖两种主要材料砌筑而成，黏结材料主要为黏土砂浆（混有部分近现代维修时所用的水泥砂浆），残存券体为砖砌。

图一　东厢壁拼贴立面
（东南大学项目组供图）

图二　西厢壁拼贴立面
（东南大学项目组供图）

晚期主体墙壁中，石材为块材主体，虽然各层石材长度不一，但同层石材高度较为相近。就石材高度而言，东墙石材可以分为两个类别，高度较小的在 120～140 毫米，高度较大的在 230～410 毫米。西墙情况类似。

就砖材而言，暴露于墙壁外表面的仅见于晚期石壁和摆手（主体南侧），用于券部、墙身主体下部、基础和摆手部分。砖材最早的为带有"甲戌城砖""海陵陆四五"字样的铭文砖，典型尺寸为 325 毫米 × 165 毫米 × 70 毫米；其次是尺寸 220 毫米 × 80 毫米 × 50 毫米的小砖；最晚的是长 230～240、宽 105～125、厚 45～50 毫米的现代用砖，这种砖主要出现在水门北端，部分补在水门内壁西侧北端，部分为后来封堵水门的封墙，黏结物为水泥砂浆。早期西北侧、东北侧摆手的后部（各自的西侧与东侧），暴露出大量整齐砌筑的青砖，长与厚为（320～330）毫米 × 70 毫米，宽度不详，推测与主体铭文砖相同。

二、南水门遗址的文物价值

1. 历史价值

与泰州南水门类型相似的遗址实例，全国发现的并不是很多，主要有北京金中都水关遗址、扬州宋大城北门水关遗址、扬州仪征水门遗址、宿迁水门遗址、苏州盘门等五处。金中都水关遗址全长 43.7 米，券洞宽 7.7 米[①]，均较泰州南水门为大。仪征水门遗址呈东西向，东西长 17.5 米，两壁内边相距 7.7 米[②]，长度上逊于泰州南水门，而水门跨度则较泰州南水门为巨。总的来说，泰州南水门在体量上属于中等。

从保存状况来看，泰州南水门保存状况较好，各时期总体结构清晰，且水门券顶尚有部分留存，在国内其他地方并不多见，难能可贵。金中都水关遗址仅残存基础部分，残高 1 米，在总体信

---

① 籍和平：《850 年沧桑金中都水关遗址——北京辽京城垣博物馆》，《建筑知识》2004 年第 1 期。
② 扬州市文物考古研究所、仪征市博物馆：《江苏仪征真州城东门水门遗址发掘简报》，《东南文化》2013 年第 4 期。

息的丰富性上无法和泰州南水门相比；扬州宋大城北
门水关遗址部分整饬，修整后的规模与泰州南水门遗
址现状接近，但泰州南水门遗址多样历史信息的原真
性是任何水关遗址无法比拟的；仪征水门遗址现状保
存不佳（图三），甚至可称残破不堪，地表残存整体信
息已不清晰，展示价值较小；苏州盘门情况比较特殊，
其城墙、水关均得到完整修复，且有两道闸门，但它
重点传达的是水陆城关的完整规模、空间信息和运行
机制，并不具有遗址保护意义上的可比性。

图三　仪征水门遗址

　　与泰州望海楼地段所发现的宋代水涵洞相比，虽
同属拱券结构，但泰州南水门遗址代表着不同的城关建筑，一方面与前者具有城池建筑类型上的互
补性，另一方面附带着更为复杂、丰富的历史和技术信息。从遗址规模及总体保存状况来看，泰州
南水门遗址可以用弥足珍贵来形容。

　　历史文献中，关于泰州水门的记载不算丰富，也不甚详细，随着历史的变迁水门、城门均已损
毁，遗址埋入地下，泰州南水门的发现某种程度上弥补了这一遗憾。泰州南水门保存的完好程度和
扬州、宿迁的水门相比又有着天壤之别；而泰州州城遗址中，南水门又地处城市干道——海凌南路
与铁塔广场东西向轴线的交点上，在周边的文化、景观资源中处于核心地位，具有独一无二的区位
重要性，所以，从规模等级、工艺价值、遗存完整度、可保护性、艺术或文化价值等文物价值各方
面比较中，都可看出南水门在同类遗址、同城遗址中的地位，足见其珍贵的历史价值。

　　历史价值的判断前提是断代，两期遗址反映出不同断代特征。晚期水门遗址虽与泰州望海楼涵
洞遗址建造年代相近，但前者历经多次修补，历史痕迹驳杂，历史价值呈现出多元属性；而早期水
门石壁保存完好，《泰州南水门遗址发掘阶段性报告》判断其基本为宋代所建，年代构成相对简单，
历史价值特色也更加鲜明。

2. 科学价值

　　据《泰州南水门遗址发掘阶段性报告》及东南大学项目组调研结果，南水门早期石壁的营造方
式和扬州宋大城北门水关遗址相同，先在地基上密布木桩，作为地丁，在地丁上平铺木方，将石条
铺设在木方之上，逐层垒叠而成，石材之间铺以掺有糯米汁的黏土浆；另外，在河道底部同样铺地
丁，上铺石板。这与宋代李诫的《营造法式·石作制度·卷輂水窗》所载做法"若当河道卷輂，其
当心平铺地面石一重，用连二厚六寸石。及于卷輂之外，上下水随河岸斜分四摆手，亦砌地面令与
厢壁平"完全一致①。晚期南侧摆手墙面之下未见木方，地丁直接承托石条，此期主体墙面下也未见
木方，可能和后期多次修葺中以砖材代替石材有关。

　　该水关石材上下层之间以榫卯方式连接。晚期水关石壁最初应全部由石材砌筑，砖材应为补砌
材料，据估计，修补次数至少有三次，这也与南宋以后州城多次修葺的状况相符。民国以前的各次

---

　　①　梁思成：《营造法式注释》（卷上），中国建筑工业出版社，1983 年，第 79 页。

修葺中，砌筑材料黏土浆内掺糯米汁，以增强黏结力，属于传统的砌筑手法。

在补砌的砖壁中可以看到许多梢部仍保留较短枝杈的木桩，与砖块砌筑在一起，但下部钉入夯土基础之中，目的是为了加强砖砌体与下部夯土部分的整体性；紧贴券洞下部石壁的木桩主要有两个作用，一是加固水门石壁，二是防止过往船只撞击水门内壁；为了不影响水道净宽，木桩也削整为上细下粗的形状，这种木桩在《营造法式·石作制度·卷輂水窗》中称为"擗石桩"；南侧晚期摆手部分，水面变宽，木桩保护墙面的必要性降低，木桩则仅仅布置于石条（相当于基础梁）之下，成为纯粹的"地丁"。

拱券的砌筑方式不同于《营造法式·石作制度·卷輂水窗》"于两边厢壁上相对卷輂。用斧刃石斗卷合；又于斧刃石上用缴背一重；其背上又平铺石段二重"的做法，虽然同样是"随渠河之广，取半圆为卷輂棬内圆势"，但不用石材，而是与城墙相同的城砖，构成一层砖卷輂、一层砖覆背，而且各自上设条砖缴背一重，类似潘谷西、何建中《〈营造法式〉解读》中砖拱河渠口的上部做法（图四），但较之复杂（多一重缴背）。究其原因，是由于水门不同于单纯的"水窗"，实为城墙的一部分，需要在用材上与城墙协调一致。而这一点，在工艺上与《营造法式》的"石作制度"和"壕寨制度"有所差异，可以看作古代石作、砖作工艺灵活度的宝贵实例。

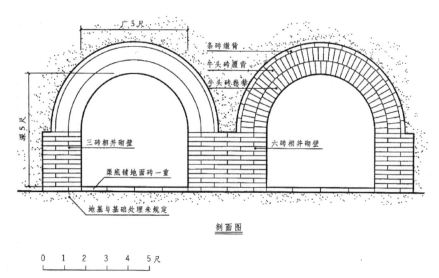

图四 《〈营造法式〉解读》砖拱河渠口图

（采自潘谷西、何建中：《〈营造法式〉解读》，东南大学出版社，2005 年，第 217 页，图 8-30）

扬州仪征水门遗址、扬州宋大城北门水关遗址、金中都水关遗址、宿迁水门遗址的基础部分都得到保存，这是与泰州南水门遗址形同的地方，但河道水面以上，尤其是拱券部分则没有保留下来。反观泰州南水门遗址，基础、厢壁、摆手、卷輂、擗石桩一应俱全，而且在早期、晚期两个阶段都有体现，反映出来的工艺信息与《营造法式》也有较强的对应性；后期补砌的砖墙部分，也能全面体现各种材料、各时期青砖之间的构造关系，这些都可以看作是施工工艺保存状况的有效内容。概括而言，泰州南水门遗址施工工艺保存状况值得肯定，具有很高的科学价值和展示价值。

3. 社会价值

泰州州城南水门遗址位于泰州铁塔广场东端，东临海陵路（东侧紧邻原州城迎恩门所在），南北中轴线的北向延伸线与中市河重合，南侧靠近地下车库坡道。铁塔广场地处中心城区，因电视塔的存在而极具地标性。广场北侧为玉带河，西侧为泰州电视塔，南北两侧均紧邻新建住宅区。东侧海陵南路南延之后，已成为泰州市"四路七桥"交通架构的一部分，南水门遗址紧邻该干道，对城市空间必将产生直接影响。

南水门遗址的发掘与保护对泰州城市空间具有广泛的社会价值。从景观及旅游规划的角度来看，南水门遗址地处泰山公园、东河公园、古税务街、梅兰芳公园、人民公园、新四军东进泰州谈判纪念馆、日清园、安定书院等八大文化、休闲旅游资源中间（图五），同时又处于老州城遗址和城河水系的关键节点上，这一水系上串联着文昌阁、望海楼等地标性建筑，南水门遗址对于优化泰州城市景观和旅游资源都能起到提纲挈领的作用，无论对于泰州市民的文化教育、休闲生活，还是对于外地游客的旅游动线设计都有很大影响。同时，在市民休闲文化发展的同时，文保意识的普及也在潜移默化中逐步形成。由于以南水门为重要组成部分的州城遗址重要性得到不断强调，泰州与邻近城市如扬州等在文物分布特征上的差异性会自动彰显出来。

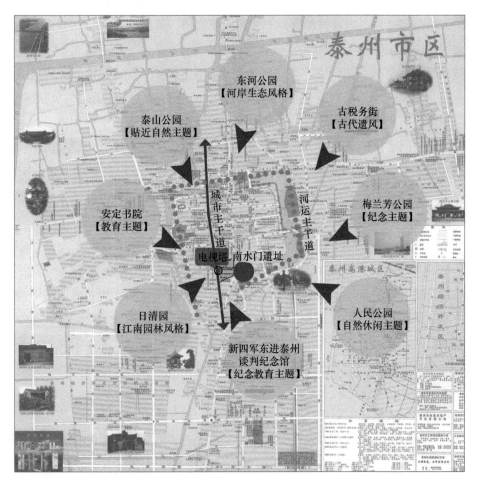

图五　南水门遗址周边景观与文化资源
（东南大学项目组供图）

三、南水门遗址的保护模式

依照《江苏省文物局专家组关于泰州市州城南水门遗址考古及保护意见纪要》，南水门遗址是泰州申报全国历史文化名城的重要实物资料（已于 2013 年 2 月申请成功），是泰州在第三次全国文物普查中的重大发现，也是第三次全国文物普查工作中江苏省的重要成果，已批准为省级文物保护单位。本保护工程的性质属于文物保护单位的修缮和环境整治工程，保护模式基于其文物价值。

根据《中国文物古迹保护准则》，文物古迹保护应遵照以下原则：①必须原址保护；②尽可能减少干预；③定期实施日常保养；④保护现存实物原状与历史信息；⑤按照保护要求使用保护技术；⑥正确把握审美标准；⑦必须保护文物环境；⑧已不存在的建筑不应重建；⑨考古发掘应注意保护实物遗存；⑩预防灾害侵袭[①]。其中"正确把握审美标准"包含了"表现历史真实性，不允许为追求完整、华丽而改变文物原状"的内容，结合第②④⑧的要求，我们决定采取如下保护模式，并获得了泰州文物部门的支持：

（1）原样保护：保护模式的目标是通过对水门及相关遗迹实施的技术措施和其他措施，有效保存建筑遗存，使得水门早晚期各阶段技术工艺、现存状态均能得到有效保存和展示，彰显其历史价值和科学价值，同时通过对周边环境的整治和控制，使之融入现代城市环境，成为历史文化名城泰州的一处标志性古迹和历史文化景点。

需要强调的是如何从保护的角度实现"历史的当下化"。这种"当下化"指的是历史构件、材料与营造工艺信息在当代获得某种稳定性，甚或某种永恒性，所以应该仍旧是从完整性、真实性、延续性着手。重点是历史信息的原真保护，最少干预的加固整治。本工程在加固过程中遵守了如下操作原则：保持南水门遗址的原建筑、结构形制不变；遗址主体含有从宋代到民国不同时期的修葺痕迹，都予以保留，民国的水泥砌体同样具有历史价值，不主张拆除；在确保建筑安全性的前提下，以尽量少干预、保持原状为原则，对损毁严重、存在安全隐患的外部墙体进行少量修补，对大部分残损部位保留现状。就是说，遗址不加复原，残破部分同样原样保护，但从结构的安全性考虑，需要分别采取加固措施，对部分墙身孔洞、河床管涌等加以封堵、控制。

（2）主体加固模式：包括遗址地基加固和遗址墙身（厢壁与摆手）加固，相关内容已另文介绍，主要包括"基础木桩空隙处采用水硬性石灰填充，确保桩土共同工作，对遗址四周斜向钻孔灌注水泥浆进行地基加固"[②]；对于墙体的较大孔洞，采用与原青砖同样厚度、颜色较深的青砖进行补砌；对于开裂的石块，采用灌注潮湿环境用的结构胶进行加固；对于墙体开裂缝隙、错位拼缝处采用改性石灰砂浆进行灌缝，改性泥砂浆进行勾缝。除结构胶外，灌缝、勾缝的黏土、石灰均为传统材料。

（3）土木材料的保护模式：河床两侧有众多辬石桩，在保护工程完成后，没在水位线以下，处于较为稳定的物理环境中，但从考古发掘到保护工程竣工有将近四年的时间，木桩完全暴露在露天

---

① 国际古迹遗址理事会中国国家委员会：《中国文物古迹保护准则》，2004 年，第 6～8 页。

② 淳庆、徐永利、潘建伍：《泰州水关遗址结构分析及修缮设计》，《文物保护与考古科学》2012 年第 4 期。

环境中，且不便拔出（需要参与主体的加固，另外也存在保护环境真实性的问题），对木桩采用无色透明的传统生漆做防腐涂刷处理；遗址主体厢壁东西两侧为城墙内的原始夯土，需要做可逆性保护以防止开裂和雨水冲刷，加固措施是锚杆拉结结合土坯砖维护，在夯土顶部先覆盖一层防水土工布，再以土坯砖压顶、护边。土坯砖本身也存在雨水冲刷、开裂的问题，需要喷涂防水泥浆和定期维护。由此，保护模式某种程度上体现的是动态的真实。

四、南水门遗址的展示模式

保护与展示的关系尤为重要，应该说遗址展示是附属于保护模式之下的，以保护为前提。本文之所以单独强调展示模式，是因为南水门遗址天然地处于铁塔广场的景观体系之中。

（1）城市空间历时性与共识性并置的模式：泰州州城南水门遗址所在地理位置与泰州古城模式相符，与其他城墙遗址有一定的呼应关系，加之距市中心较近，能够充分展示水门遗址的风采，使其历史依据更有说服力。遗址空间的历时性特征反映在水门水位与相邻的中市河、玉带河水位的高差上，也体现在遗址与铁塔广场地面的高差上；而其共时性特征一方面体现在不同年代遗存的当下并置特征上，另一方面体现在水门南北中轴线与中市河轴线的重合上，以及与东侧海陵南路的平行关系上。这些，都是展示方案中强调的要点。

南水门遗址是泰州的重要地标，其重要性甚至超过铁塔广场本身，但其空间特征是下沉的、低调的，如何彰显其地标性是展示方案的重难点。最初方案设置一处12米高的标志柱，并辅以半露天的张拉膜结构覆盖于遗址主体上方，形成一定的隆起空间，起到保护作用的同时，强调了对城市广场空间的参与，惜未实现（图六）。实施方案是通过与广场基本相平的钢构玻璃平台来遮盖主体，并延续广场的空间特征（图七），在海陵南路一侧树立石质照壁（图八），强调其地标性。另外，在海陵南路与遗址之间地面设置浅浮雕式的历史地图展示，成为对地标性的辅助表达。

（2）主体露天展示模式：遗址主体（含厢壁、摆手、河床）基本上露天展示，上覆玻璃平台，游客可以走上平台直接观看遗址原貌；另外在原有河道内重新注水，以淹没木桩为度，既考虑了木

图六　南水门遗址保护初期方案效果

（东南大学项目组供图）

图七　钢构平台与遗址的关系

（施工方摄）

图八 石照壁

桩、河床的信息展示，又是一种保护手段，还在一定程度上避免了水体过深的安全问题，水体有缓慢的设计流速，以缓解冬季结冰问题；遗址区域内设计了多条立体展示流线，既不切断东西向的广场交通，又全方位展示了遗址原真状况与当下的保护模式。

（3）半地下室内展馆模式：为了宣传和培养文保意识，让游客更多地了解水门、城墙、水系的历史，需要有一个固定的场所来展示和介绍。本工程在遗址南部结合设备用房设计了一处半敞开的地下展厅，用以展示水门机制，介绍历史文献和泰州城池水系的变迁；展厅中部的外立面则按照南水门卷蓬的样态做出券洞形（图九）。

图九 展厅券洞与遗址的关系

以上是对泰州南水门遗址保护与展示模式的简单介绍。泰州南水门遗址蕴含着丰富、宝贵的历史信息，具有独特的历史价值、科学、社会价值。保护是第一重要的，否则其历史意义无法传承，无法满足文物保护中对"延续性"的要求；另一方面，保护下来的珍贵的历史文化信息，如果不能产生社会影响与价值传播，仅仅成为部分专家的研究对象，那将割裂文物保护与公众文保意识的共存关系，因为公众看似是文物展示的受众，但实际是文物社会意义的赋予者，失去了"人"这一意义赋予者，那么文物保护只能走向虚无。若要将公众的文保意识充分调动起来，必然要将文物保护与文物展示充分结合起来，体现"历史的当下化"，增强公众和游客的参与性，才能让文物真正实现其文物价值。

Protection and Display Models of the Nanshuimen Site in Taizhou of Jiangsu Province

XU Yongli

（ School of Architecture and Urban Planning, Suzhou University of Science and Technology, Suzhou, 215011 ）

Abstract: Discovered in 2009, the current remains of the Nanshuimen Site in Taizhou of Jiangsu Province include multiple layers of masonry and repair materials dating from the Song Dynasty to the Republic of China. Although dilapidated, its masonry construction is comparable to many practices related to the water windows of the rolled horse-drawn carriage in *Treatise on Architectural Methods* (*Yingzao Fashi*). This paper summarizes and discusses the experience of protecting and displaying the Nanshuimen Site and compares it with other ancient watergate remains to some extent.

Key words: Nanshuimen Site of Taizhou, site, protection, display

清代官式建筑槅扇油饰工艺与雕刻纹饰修复工艺研究
——以故宫交泰殿为例

于昕悦

（故宫博物院，北京，100009）

摘　要：清代官式建筑以紫禁城为首，其营造技艺是中华民族的艺术瑰宝。文章以交泰殿西侧的槅扇修复保护为例，通过查阅历史档案文献，阐述了交泰殿的建筑功能、形制特征与历史沿革；从传统工艺入手，记录交泰殿槅扇油饰与雕刻纹饰的修复全过程，从文化遗产与传统营造技艺的物质与非物质两个层面进行分析与讨论，解决修复难点，确定修复方法与技术措施，以期为清代官式建筑槅扇油饰工艺与雕刻纹饰修复工艺的保护与技艺传承提供经验。

关键词：交泰殿；槅扇；油饰；纹饰；修复

一、交泰殿建筑功能、形制与历史沿革研究

（一）交泰殿建筑功能与形制

交泰殿为紫禁城内廷后三宫之一，位于紫禁城中轴线之上、乾清宫和坤宁宫之间，面南，明嘉靖年间建（图一）。原名中圆殿，殿名取自《易经》，含"天地交合、康泰美满"之意。明嘉靖十四年（1535年）"中圆殿更交泰殿嘉靖十四年七月初二添额"[①]。

图一　交泰殿前檐现状图

---

① （明）刘若愚撰：《稀见明史史籍辑存》卷17《紫禁城中圆殿更交泰殿嘉靖十四年七月初二日添额》，线装书局，第498页。

凡遇元旦、千秋（皇后生日）等重大节日，皇后在这里接受朝贺。乾隆十三年（1748 年），乾隆皇帝把象征皇权的二十五玺收存此，遂为储印场所。现殿内宝座前两侧分别排列着用来储放皇帝宝玺的宝盝。宝座上方高悬康熙帝御笔"无为"匾，宝座后板屏上书乾隆帝御制《交泰殿铭》。殿内东次间设铜壶滴漏，乾隆年后不再使用。西次间设大自鸣钟，宫内时间以此为准。

交泰殿平面为方形，面阔、进深各三间，黄琉璃瓦单檐四角攒尖顶，宝顶为铜镀金宝顶，五踩重昂斗栱，梁枋饰龙凤和玺彩画。四面明间开门，前檐、后檐、东山、西山明间为四扇六抹三交六椀菱花槅扇，前檐东西次间为四抹三交六椀菱花槅扇窗。

殿中设有宝座，上悬康熙帝御书"无为"匾，宝座后有 4 扇屏风。殿内顶部为盘龙衔珠藻井。

（二）交泰殿历史沿革

清沿明旧，顺治十二年（1655 年）重建乾清宫、坤宁宫、交泰殿[①]。康熙十二年（1673 年）重建交泰殿、坤宁宫、景和门、隆福门[②]。嘉庆二年（1797 年）乾清宫、交泰殿灾，即重修乾清宫并乾清宫左右之昭仁殿、弘德殿及交泰殿[③]。

中华人民共和国成立后，根据故宫博物院现存档案记载，交泰殿共进行了两次规模较大的维修（表一）。第一次是在 1954 年 3 月 9 日，关于中路交泰殿油饰彩画工程申请中提到该项目维修的原因："该殿外檐油饰彩画因年久失修，部分地仗脱落离骨，彩画晦暗，局部剥落，失去保护大骨架的作用，以为大木下架柱身及外檐槅扇槛框裙板等受风雨之侵蚀，呈现部分糟朽及槅扇木雕饰糟朽残缺，影响建筑物之寿命，兹为保护该殿木骨构架及外檐，修外檐油饰彩画。"修复过程也详细记述，仅将外檐的油饰彩画见新[④]（图二）。1954 年的另一份档案《故宫博物院中路交泰殿油饰彩画工程预算总表》《故宫博物院中路交泰殿油饰彩绘工程做法说明书》，记载了此次交泰殿槅扇油饰彩画修复概况、勘察记录、施工细则、建筑测绘图等内容，其中更有测量所修复的面积、使用材料重量等内容，十分详尽，完整地保留下前人的修复手法和材料的文字信息，为现今的修缮工作提供了良好的经验和完备的材料[⑤]。

表一　1949 年后交泰殿历次油饰保养修缮做法简表

工程年份	工程名称	地仗做法	油饰做法
1954 年	中路交泰殿油饰彩画工程	柱、槅扇、槛窗边抹、槛框、榻板均按原做法做一麻五油灰地仗；槅扇及槛窗棂条、菱花、绦环板、裙板均做二道灰地仗。	下架一律改做柿红油两道；装修油饰贴金不做；陡匾油饰贴金不做。
1975 年	交泰殿油画工程	菱花雕刻裙板做三道灰地仗，槅扇及槛窗大边、槅扇裙板背面做一麻五灰地仗。	做二硃油一道，2∶8 广硃硃二道，罩破色油一道。槅扇、槛窗、绦环板大边线、两柱香、菱花钉、雕刻裙板贴库金。

　　① 《文渊阁四库全书》第六百二十四册《钦定大清会典则例》卷 126《重建乾清宫交泰殿事》，台湾商务印书馆，1982 年。
　　② 朱偰：《明清两代宫苑建置沿革图考》，商务印书馆，1947 年，第 66 页。
　　③ 朱偰：《明清两代宫苑建置沿革图考》，商务印书馆，1947 年，第 81 页。
　　④ 《中路交泰殿油饰彩画工程申请批准书》，1954 年 3 月 31 日《本院文化部等关于修缮古建问题的来往文书》，故宫博物院档案，19540861Z- 发文故陈 273。
　　⑤ 《关于检送交泰殿油饰彩画工程说明书预估单蓝图预算表等文件材料及部批示》，1954 年 3 月 23 日至 1954 年 11 月 19 日《本院关于油饰交泰殿问题与文化部等的来往文书》，故宫博物院档案，19540906Z- 发 272、收 85。

续表

工程年份	工程名称	地仗做法	油饰做法
2019 年	中路交泰殿下架油饰保养	槅扇大边斩砍见木，做一麻一布六灰地仗；槅扇绦环板、裙板、菱花窗砍净挠白，重做三道灰地仗。	刷一道章丹油，三道二硃色颜料光油，一道光油出亮。绦环板大边线、两柱香、菱花钉、雕刻裙板及绦环板贴库金。

交泰殿的油饰彩画的第二次修缮，我们从一则 1975 年故宫"委托房修二公司油饰彩画交泰殿工程的文件"中可知，因为油漆工程量大，工作任务繁重，为力争早日开放，将交泰殿油饰工程委托外单位施工，文件中指出了该工程的做法说明 [①]（图三）。

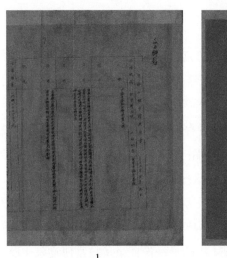

1   2

图二　1954 年交泰殿维修原因及做法
1. 1954 年交泰殿维修原因　2. 1954 年交泰殿维修做法（局部）
（1 采自故宫博物院档案《中路交泰殿油饰彩画工程申请批准书》；
2 采自故宫博物院档案《关于检送交泰殿油饰彩画工程说明书预估单蓝图预算表等文件材料及部批示》）

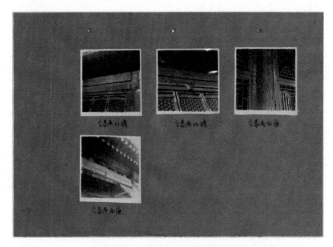

图三　1975 年拍摄的交泰殿外檐伤况照片
（采自故宫博物院档案《交泰殿油画工程报告说明照片概算》）

---

① 《交泰殿油画工程报告说明照片概算》，1975 年 4 月 28 日至 1975 年 12 月 10 日《委托房修二公司油饰彩画交泰殿工程的文件》，故宫博物院档案，19750193Z。

交泰殿的最近一次大面积油饰保养是在 2019 年，范围为前檐及东西北三面的下架大木及门窗装修构件，后檐保持原状。

二、清代官式建筑槅扇的类型与纹饰特征

清代官式建筑的槅扇，是安装于建筑金柱或檐柱之间用于分隔室内外的一种木装修。由外框、槅扇心、裙板、绦环板组成。等级较高的建筑，其槅扇裙板、绦环板常有精美的纹饰（表二）。

表二　故宫槅扇及裙板、绦环板雕刻纹饰对比

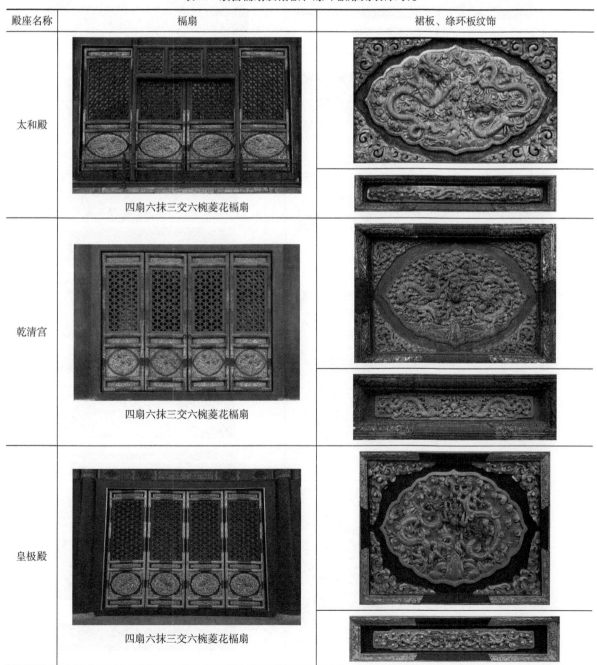

殿座名称	槅扇	裙板、绦环板纹饰
太和殿	四扇六抹三交六椀菱花槅扇	
乾清宫	四扇六抹三交六椀菱花槅扇	
皇极殿	四扇六抹三交六椀菱花槅扇	

殿座名称	槅扇	裙板、绦环板纹饰
交泰殿	 四扇六抹三交六椀菱花槅扇	
寿康宫	 四扇六抹三交六椀菱花槅扇	
坤宁宫	 四扇六抹双交四椀菱花槅扇	
永和宫	 四扇四抹槅扇	

续表

殿座名称	槅扇	裙板、绦环板纹饰
慈宁宫东庑房	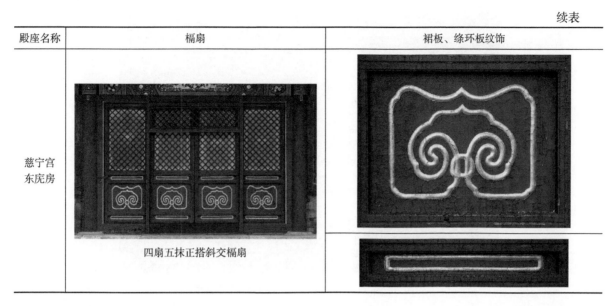 四扇五抹正搭斜交槅扇	

槅扇及其构件的名称从古至今有所变化。宋代《营造法式》称其为"格子门"，清代《清代匠作则例子》称为"槅扇"，现代则称为"槅扇"或"隔扇"。

（1）外框，常称为"边抹"，即边挺和抹头的统称，是槅扇的主要框架部分。竖直的部分为边挺，水平的部分为抹头。槅扇边抹的数量会因位置、用途、所在殿座的等级等差异而有所不同。

（2）槅扇心，也称为"心屉"，位于槅扇上部，起到采光、通风的作用。槅扇心的棂条形制布局颇为考究、种类多样，故宫中大殿常见三交六椀、双交四椀等较为华丽的样式，值房或庑房常用步步锦、直方格等较为朴素的样式，具有一定的艺术价值。

（3）裙板和绦环板位于槅扇下部，是安装在外框下部的隔板。裙板面积较大，绦环板为长条状。绦环板安装在槅扇心和裙板之间，由抹头相隔，或安装在槅扇最下抹头的上部。裙板则位于绦环板之间，由抹头相隔。裙板和绦环板上常雕有各种精美的纹饰或"云盘线"，纹饰会根据所在殿座的等级、作用、居住者身份等因素而有所变化。裙板和绦环板的纹饰常配套出现，大量殿座的纹饰为孤品，如太和殿、乾清宫、皇极殿等的裙板、绦环板纹饰具有较高的艺术价值。

故宫博物院现存槅扇大部分存在油饰老旧、褪色、起皮和纹饰不清、缺失等伤况及病害，从文物安全的角度出发，其伤况和病害不利于室内文物的展陈及建筑的整体稳定性。如此精美的古建筑构件及纹饰亟需保护和修复，以达到非物质文化遗产的传承和良序发展。

三、交泰殿槅扇的保存现状

交泰殿槅扇为四扇六抹三交六椀菱花槅扇，其纹饰雕工精湛，纹饰华美，内容大气磅礴（图四）。绦环板板心纹饰雕为龙凤纹，裙板板心纹饰雕为山石海水纹及龙凤纹，岔角为云纹。其龙凤纹槅扇纹饰等级较高，且区别于故宫其他殿座，为故宫现存孤例，具有极高的历史价值及艺术价值。

2019 年，交泰殿下架大木及门窗装修构件进行过油饰保养，范围为前檐及东西山三面，后檐保持原状。保养施工中受现行定额用工含量所限，纹饰细节把控存在一定问题，致使完成后的槅扇裙板纹饰无法完全呈现其历史价值及艺术价值（图五）。

图四 交泰殿后檐四扇六抹三交六椀菱花槅扇

1

2

图五 交泰殿西侧槅扇修缮前状况
1.修缮前裙板状况 2.修缮前裙板细节

四、交泰殿槅扇油饰与雕刻纹饰的修复

（一）修复目标

在遵循"不改变文物原状"原则、"最低限度干预"原则的前提下，以中国古建筑传统修缮技术为基础，恢复绦环板、裙板上的纹饰，尽量保存历史信息，保持历史真实性，展现历史原貌及艺术价值，并在自然条件下达到稳定，使修复后的槅扇可以长久保存。同时通过此次对交泰殿西侧槅扇的修复，探索出一套科学的传统工艺修复方案，用于故宫槅扇裙板及绦环板的纹饰修复。

（二）修复难点与技术措施

槅扇纹饰混沌、细节不清、局部缺失，修复中需要在保留历史信息、不伤害木基层的前提下，重点将纹饰的细节找补、雕刻出来。

本项目采用循序渐进的方法，每一步均对纹饰进行垫找，并对缺失的纹饰进行修复及雕刻。由于木基层本身的纹饰已有所缺失，故进行基层处理时需谨小慎微，防止对纹饰造成进一步损害。在"地仗"工艺进行过程中，需用地仗灰对木基层缺失的纹饰进行垫找。随着工程的进行，地仗层会越来越厚，为防止地仗灰掩盖纹饰细节，需根据实际情况进行纹饰雕刻，并将纹饰的所有细节修饰出来。

（三）工艺流程

交泰殿槅扇油饰工艺与雕刻纹饰修复工艺流程见图六。

（四）工艺做法

1. 起谱子

将待修复槅扇的纹饰及周围槅扇的相似纹饰拓印成谱子，其目的为保证纹饰修复的准确性，恢复其历史原貌（图七）。

1）丈量绦环板、裙板的尺寸，再根据尺寸将宣纸、牛皮纸裁剪成相应尺寸。

2）现场将宣纸平整地固定在槅扇上，要求纸张平整、无起翘。

3）在小木板上滴适量墨水，用粉包轻轻蘸取，之后用粉包轻抚宣纸，将纹饰拓印在宣纸上。要求无遗漏的纹饰，且纹饰拓印清晰。

4）将拓印好纹饰的宣纸正面朝上放置在水平桌面上（拓印面为正面），用炭条勾画出纹饰的轮廓、细节。

5）将牛皮纸平铺于桌面，并将拓好纹饰的宣纸正面朝下、缓慢而稳健地倒扣在牛皮纸上。之后用干净粉包反复轻柔宣纸背面，使碳条勾画的纹饰拓印在牛皮纸上，不应有遗漏。

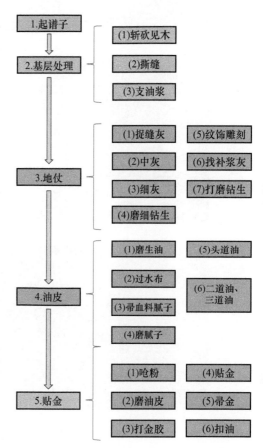

图六　交泰殿槅扇油饰工艺与雕刻纹饰修复工艺流程图

6）用铅笔在牛皮纸上将所有纹饰及细节描一遍，确认清晰且无遗漏后，用粉包轻轻擦去碳粉，仅留下铅笔勾画的纹饰。

7）用毛笔蘸取适量墨水，将铅笔勾画的纹饰描一遍，不应有遗漏。

8）用针锥沿纹饰的轮廓扎出均匀的针孔，孔径约为 0.3 毫米，孔距离一般为 2～6 毫米。细部纹饰的小洞可密集一些。

9）使用时可将谱子放置于施工面上，用粉包蘸取蓝色粉末并轻轻拍打，使粉末透过小洞将纹饰拓印在施工面上，也可以当作描绘纹饰时的参照图样。

图七　起谱子工艺

1. 将纹饰拓印在宣纸上　2. 用炭条勾画纹饰　3. 用粉包拓印　4. 用毛笔勾画纹饰　5. 扎出针孔　6. 使用方法

2. 基层处理

基层处理，包括斩砍见木、撕缝、支油浆（图八）。

（1）斩砍见木（砍净挠白）

即清除旧地仗、油皮，直至清除干净露出木骨。在操作时先用剁斧按垂直木纹方向由下至上、由右至左的顺序砍，力道尽量保持恒定且不伤木骨，剁斧与构件成 45°角，切忌顺木纹操作。以上操作称为"砍活"。当大部分旧油饰、地仗都被清除干净，仅剩用剁斧难以施展的部位时，砍活即为完成。之后用挠子按由上至下、由左至右的顺序将砍活所遗留下的灰垢、灰迹等旧油饰挠干净。若仍有顽固灰迹，可刷水闷透后再次尝试，刷水量不宜过大。完成后应留有斧迹，无木毛。

（2）撕缝

撕缝的目的是将木构件缝隙内遗留的松动灰垢、木条等杂物清除干净，使捉缝灰更加容易嵌入

图八　基层处理
1. 斩砍见木　2. 基层处理完成后

缝隙，增加附着力。操作时用铲刀将缝隙两侧的硬棱砍、撕成 V 字形，即"八字缝"。完成后的缝隙宽度为原缝隙的 1～1.5 倍为宜。大缝大撕，小缝小撕，不得遗漏。

（3）支油浆

操作前，应从上到下、从左到右将木构件表面的浮尘清理干净。"支油浆"采用三合油进行操作。操作时，用糊刷按从上到下、从左到右的方向满刷一遍，要求涂刷均匀无遗漏。不应涂刷过厚，少蘸多刷，防止其挂甲。

3. 地仗

地仗工艺进行过程如下（图九）。

（1）捉缝灰

其油灰配比通常为油满：血料：砖灰 =1：1：1.5，可根据实际情况适当调整比例。油浆干后，将木构件表面清扫干净。用油灰将缝隙填满，以铁板"捉"灰为主，从左至右横排进行，由下而上竖直进行。

操作时要掌握"横液竖划"的操作要领：竖拿铁板垂直木缝将油灰掖入缝隙，再用铁板角顺着缝隙来回划掖，最后掖实饱满。

由于纹饰缺失较为严重，故需从捉缝灰开始逐步对纹饰进行垫找、修复。

1）轧线、拣线角：操作时需事先准备好与轮廓相符的轧子。先用皮子、铁板抹灰，将需轧线处应反复抹灰造实，保证饱满均匀。再将轧子卡住轮廓按从左到右或从上到下的方向让灰，整个动作需一气呵成，保证直顺、饱满、无裂痕。之后用小铁板将野灰刮干净，同时不能碰完成的部分。

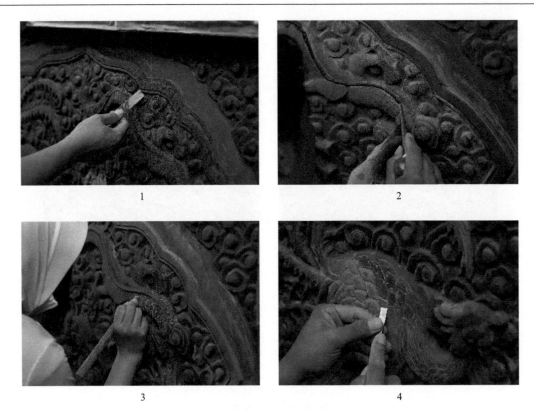

图九　地仗
1. 捉缝灰　2. 中灰垫找纹饰　3. 纹饰雕刻（描绘）　4. 纹饰雕刻（雕刻）

最后用小铁板将轮廓、线路交接处的线角部位直接填灰，按照线形造出线角。

2）纹饰修复：在有弧度的部位用横铁板借圆找补。框边、棱角部位用竖贴找平。使纹饰具有初步的轮廓。

捉缝灰需自然风干。当用硬物扎、划后发现扎不动并划出白道，则捉缝灰已干。

（2）中灰

操作前先用砂石由上到下、从左至右通磨一遍，将飞翅、浮籽打磨掉，再用铲刀将余灰、残灰修齐，之后将表面清理干净，不得有遗漏。

中灰的油灰配比为油满：血料：砖灰 =1：1.8：3.2，可根据实际情况适当调整比例。优先操作扎线、拣线角，其操作方法与捉缝灰时相同。由于槅扇纹饰较为复杂，难以用皮子进行操作，故用小铁板进行操作。操作时分两次抹，先抹灰后覆灰，保证均匀、严实。并对纹饰进行进一步垫找，使纹饰具有相应的轮廓和一些基础细节，完成后操作者横使铁板，将野灰、划痕处刮平。

最后，龙须、龙脊背等处的纹饰垫找出来（原纹饰已无法辨别），使其恢复历史原貌。操作时将适量浆灰放入粉筒子内，通过挤压挤出横截面为半圆形的浆灰条，用这种浆灰条勾画出需要纹饰。干透后需刻出细节。

（3）细灰

待中灰自然风干后用砂石打磨一遍，纹饰复杂处可用砂纸、铲刀进行打磨。要求棱角、弧面打磨平顺、整齐，平面打磨平整。完成后用潮布、掸子、软毛刷掸净中灰表面。成活后应保证大面平整，曲面浑圆，棱角直顺，不伤纹饰且无龟裂等现象。

细灰的油灰配比为油满∶血料∶砖灰∶光油 =1∶10∶39∶2，再加入适量清水。浆灰由血料和细灰以 1∶1 的质量比调配而成。细灰和浆灰均可根据实际情况适当调整比例。操作时优先操作扎线、拣线角，其操作方法与捉缝灰、中灰时相同。

1）兜细灰：对大面较为平整、细节不多处采用"兜细灰"的方法用皮子进行操作。操作时先用皮子从左至右搽灰，反复抹严造实，之后再按相同方向从左至右将灰让均匀，最后从上到下竖收灰。需要反复兜细灰时，待上一遍八九成干时便可进行。完成后要求厚度大约 1 毫米，太厚会将纹饰盖住，太薄将无法进行后续的雕刻纹饰。成活表面无龟裂、划痕、遗漏等现象。

2）帚细灰：对于纹饰较为复杂处，皮子难以施展开的部位，为了防止纹饰细节被破坏，故采用"帚细灰"的方法。操作时用大油画笔蘸取适量浆灰从上到下、从左到右涂刷在施工面上，保证操作时浆灰不往下流、不起泡、无遗漏。完成后细灰不应盖住纹饰细节，且无空鼓、龟裂现象。

（4）磨细钻生

1）磨细灰：细灰干后及时磨细灰，先穿后磨，掌握"长磨细灰"的原则，先用砂石对大面较为平整、细节不多处通磨一遍，再用细砂纸对纹饰复杂处进行打磨，直至整齐、直顺、去斑即可。打磨可将细灰表面的膜破坏，让桐油更好地钻进去，打磨完成后需马上进行钻生，否则会出现龟裂。

2）钻生桐油：钻生前先用潮布、掸子、软毛刷将表面的粉尘、浮灰掸净，之后用软毛刷蘸取适量桐油连续不间断地刷在细灰表面，直至细灰表面"不喝"为止，完成后将表面浮油和流痕擦干净，涂刷过厚和浮油硬化后都会出现挂甲现象，影响下一步施工。

磨细钻生完成后要做好表面的保护，不能出现污染。

（5）纹饰雕刻

钻生桐油至七到九成干时，即可进行纹饰雕刻，完全干透的地仗硬度过高，不容易操作。

1）描绘：按照事先准备好的谱子，用刻刀将需要雕刻的纹饰细节描在施工面上，要求无遗漏，与原状相对应。

2）雕刻：用小刻刀将所有纹饰的细节、形状雕刻出来，要求完成后的纹饰应展现出纹饰的所有细节、轮廓。必要时，可雕刻至木骨。

（6）找补浆灰

对于雕刻后局部露木骨处或地仗较薄处，需要找补一道浆灰。为了避免纹饰被盖住、失去细节，故采用"帚细灰"的方法，找补一道浆灰即可。

（7）打磨钻生

针对找补浆灰的部位所采取的施工步骤，操作方法与"磨细钻生"相同。钻生时切忌大量蘸取桐油，应"少蘸多刷"，避免桐油流到已完成的部位。为防止挂甲现象，此步骤所使用的桐油应为稀桐油。

4. 油皮

油皮工艺进行过程如下（图一〇）。

（1）磨生油

地仗钻生后，有时会发生表面干燥、内部不干的现象。为了避免这种现象，使地仗钻生后彻底干透，故在地仗完成后，用细砂纸将生油地打磨光滑，进行晾生。

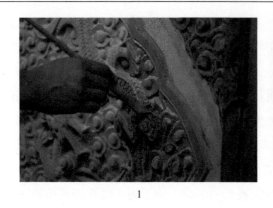

图一〇 油皮
1.帚血料腻子 2.头道油

（2）过水布

磨生油后扫净浮灰粉尘，用潮布、掸子、软毛刷将地仗表面掸净，完成后保证表面干净、无杂质。

（3）帚血料腻子

血料腻子由土粉子、血料、水以 1.5：1：0.3 的质量比调配而成，可根据实际情况调整比例或加入适量清水以调整其黏稠度。操作时用大油画笔蘸取适量腻子，由上至下、由左至右将腻子涂刷在操作面上。要求满刷、无遗漏，且表面平整。不宜过厚，避免纹饰细节遭到破坏。

（4）磨腻子

腻子完全干后，用砂纸由上至下、由左至右进行打磨，直至打磨平整、无遗漏。完成后，用潮布、掸子、软毛刷将表面掸净。

（5）头道油

常规古建筑油饰做法常使用章丹油作为第一道油，由于章丹油干后过厚，会导致槅扇雕刻纹饰细节不清，故在此次修复中所使用的光油均为二朱油。

1）二朱油由银朱油和红土油中的实油混合而成，比例大多为银朱油：红土油 =2：8，根据实际情况不同，可适当调整比例。

2）银朱油：由银朱和光油调配而成，制作时先用煤油闷透研磨后，再采用干串油的方法进行调制。

3）红土油：由氧化铁红与光油调制而成，采用干串油的调制方法。完成后静置数日会出现分层现象。上层为净油，中层为实油，下层为粗油。

操作时用大油画笔、棕刷取适量光油，按照由上至下、由左至右的顺序均匀涂刷在操作面上。少蘸多刷，避免流坠。成活后的表面薄厚均匀，且不能过厚，无流坠、皱纹等现象。

（6）二道油、三道油

头道油干后，对于不平整、砂眼、划痕等现象，可在局部找补油腻子。厚度不宜过厚，仅能覆盖瑕疵、找平即可，避免破坏纹饰。待腻子干后，需用细砂纸轻轻打磨平整。之后用刻刀将纹饰细节打点一遍，避免其被光油、腻子糊住。完成后用潮布、掸子、软毛刷扫净浮灰粉尘，清理油皮表面。

二道油的操作方法及用料与头道油相同。成活后应保证表面薄厚均匀、颜色均匀、平顺、整齐、无流坠等现象。不宜过厚，避免纹饰细节遭到破坏。

二道油干后，重复此步骤刷三道油。成活要求与二道油相同。

5. 贴金

贴金工艺进行过程如下（图一一）。

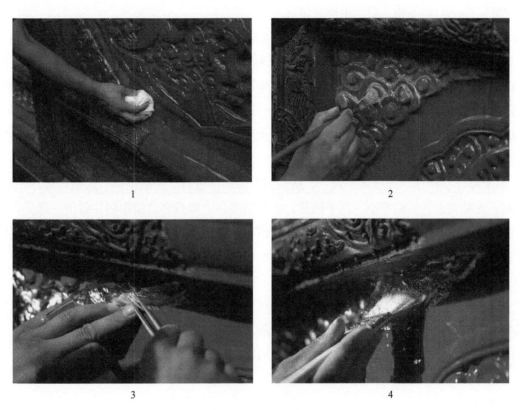

图一一　贴金
1. 呛粉　2. 打金胶　3. 贴金　4. 帚金

（1）呛粉

为防止吸金，需在贴金部位周边执行此步骤。操作时用粉包蘸取适量滑石粉，轻轻拍打在贴金部位周边不需要贴金的部位，避免贴金部位沾上滑石粉。

（2）磨油皮

操作时用砂纸轻轻将待贴金部位打磨一遍。要求打磨平整、无遗漏且不碰呛粉区域，不破坏纹饰。完成后用潮布、掸子、软毛刷扫净浮灰粉尘，清理油皮表面。

（3）打金胶

打金胶是指在需要贴金的部位涂抹金胶油，这是贴金这一大步骤中的关键工序。金胶油打的质量会直接关联到贴金的质量。

正式施工前，需选定一施工面试打金胶，计算并掌握在该环境下金胶油的干燥时间及适宜贴金的时间段。正式施工前应计划好当日的贴金面积，当日打金胶的部位需在当日完成贴金。

操作时用油画笔、捻子蘸取适量金胶油，按照从上到下、从左到右的顺序涂刷金胶油，切忌蘸取过多导致流坠。完成后，表面饱满均匀，无遗漏、流坠、污染、油痱子等现象。

（4）贴金工艺

1）挂金帐：贴金时周围环境的风力不得大于三级，若有微风，则需搭设金帐。

2）拆金箔：打开金箔包装后，检查金箔的质量、材质、质地、密实度、质感等，看金箔有无变质现象。之后将金箔连同护金纸一同放于左手虎口，右手持金夹子将金箔连同护金纸根据需要撕成相应尺寸，撕的时候要稳、狠、由快而慢。

3）试金：贴金中的关键点是通过试打金胶油掌握贴金的最佳时间。贴金时金胶油干燥过度会导致金箔无法粘接牢固、亮度不均匀，这种情况称为"老"；金胶油太潮会导致黏性过大，贴好的金箔亮度不够，这种情况称为"嫩"。"老"或"嫩"都会严重影响贴金质量和效率。为了避免以上情况，需在贴金时先试金。试金时，用手指背轻轻触碰金胶油表面，当有明显黏度但手上不会带出金胶油时再用金箔进行试贴。若金箔能轻易贴到金胶油上、护金纸自然脱落、成品光亮、均匀，则说明此时的金胶油最适宜贴金。

4）贴金操作：操作时按照从上到下、从左到右的顺序进行。先贴整体、后贴局部，先贴平直、后贴弯曲，先贴宽大、后贴窄小。左手握住，将金箔夹在大拇指和食指中间并露出一部分，右手用金夹子前后划金，使金箔连同护金纸打卷，且外侧护金纸翻卷露出金箔。用金夹子将金箔连同内侧护金纸夹出并贴在纹饰上，之后用手按压严实。松手后护金纸自然脱落，金箔粘接牢固。

（5）帚金

贴金后需立刻帚金。主要针对金箔之间的接口处重叠、飘挂的不规则金箔飞边。操作时用软毛刷或轻柔成团的棉花，先将金逐步按实，不抬手随之拢金，将浮金、飞金拢于贴金纹饰上，之后顺一个方向轻帚并将飞金、重叠的金揉碎，最后将捣碎的细小粉末帚至位贴到的细小缝隙中，多余金粉可帚至一边，待当日完工后清理干净。

（6）扣油

扣油是贴金过程中必不可少的一项工序。针对金箔贴好后，金周围出现的毛边、参差不齐现象。操作时使用二朱油，用棕刷先紧贴贴金部位边缘涂刷，将金的毛边、参差不齐处压齐，再将其他油饰部位满刷一道油，避免出现色差。要求完成后线条流畅，纹饰图案整齐、清晰。

（五）修复效果

经过一段时间的修复和保护工作，基本恢复交泰殿槅扇原本的样貌，在完好保存历史信息的基础上，达到展览需求（图一二）。同时详实记录此次的修复过程，以供后来人参考。

五、结　语

故宫交泰殿是具有代表性的清代官式建筑，其精美的槅扇雕刻纹饰反映出清代官式建筑木作雕刻与油作饰金的历史价值与艺术价值，是历史悠久的文化遗产和古代劳动人民的智慧结晶。此次的修复工作，是一次成功的探索过程，依据官式古建筑营造技艺，借鉴老一辈工匠传统的修复技术，通过专家论证达到助力古建筑修缮和保护的目的。将传统工艺与研究相结合，探索出一套完整的、成

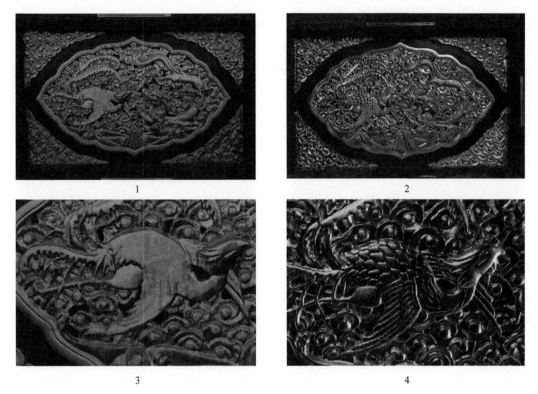

图一二　修缮前后对比
1、3. 修缮前　2、4. 修缮后

熟的古建筑槅扇雕刻纹饰修复工艺，很好地完成了交泰殿槅扇雕刻纹饰的修复。未来将以此工艺为基础修复故宫古建筑槅扇，真实完整地保留槅扇纹饰的历史信息，保护传承传统技艺，培养更多的古建修复师从事专业修复工作。

Research on the Paint Craft and Carving Ornament Restoration Craft of Official-style Architecture of the Qing Dynasty —Case Study of the Hall of Union in the Forbidden City

YU Xinyue

（The Palace Museum, Beijing, 100009）

Abstract: The construction techniques of official-style architecture of the Qing Dynasty, with the Forbidden City at its forefront, represent an artistic treasure of the Chinese nation. Focusing on the restoration and preservation of the screens on the west side of The Hall of Union, or the Hall of Celestial and Terrestrial Union, this paper initially explores the architectural function, formal characteristics, and historical evolution of The Hall of Union by consulting historical archival literature. It then meticulously documents the entire restoration process of the paint and carving ornament of the screens, analyzing and discussing the cultural heritage and traditional construction techniques from both tangible and intangible perspectives. The paper addresses restoration challenges, determines restoration methods and technical measures, aiming to provide valuable experience for the protection and heritage of the oil decoration craft and carving ornament restoration craft of official-style architecture of the Qing Dynasty.

Key words: the Hall of Union, screen, paint, ornament, restoration

烫样数字化初探

王　莫

（故宫博物院，北京，100009）

摘　要： 本文通过数据的采集与处理实践，确定了烫样数据采集所用手持式三维扫描仪的建议性技术指标，以及对烫样摄影测量照片的采集要求；并且对烫样数据处理工作的关键，即彩色纹理模型的制作流程进行了总结。

关键词： 烫样；三维激光扫描；摄影测量；彩色纹理模型

一、项 目 概 况

（一）烫样简介

烫样，亦称烫胎式样，是根据建筑的尺寸、式样，按照一定比例制作的建筑模型。制作材料以各类纸、秫秸、木材为主，以水胶为黏合剂，制作过程中需要烙铁熨烫，因此得名[①]。作为中国古代的建筑模型，烫样是研究古建筑的极珍贵资料，按照形式可分为全分样（即组群建筑烫样）、个样（即单座建筑烫样）和细样（主要表现局部性的陈设装修）三大类。烫样的价值主要表现在其具有的历史文物价值、建筑研究价值和艺术欣赏价值这三个方面。

（二）项目目标

故宫博物院古建部藏有大量"样式雷"（清代二百多年间主持皇家建筑设计的雷姓世家的誉称）烫样，它们是研究清代皇家建筑的珍贵文物。本项目目标在于通过新型测绘技术完整、准确地记录下古建筑烫样的尺寸、形状信息，以及烫样表面用于表达环境、材料、装饰图案的色彩信息。该记录成果可为烫样的价值评估提供基础数据，并为其修复和研究等工作提供可靠的原始资料。

（三）技术路线

虽然对于中小型物体的现状数据采集技术已相当成熟，但针对烫样这类文物的数字化记录方法，目前尚无人做专门研究。考虑到烫样具有空间狭小、形状复杂、结构之间相互遮挡严重、三维景深变化较大等特点，单一的技术手段无法满足项目需求，所以此次我们使用三维扫描和摄影测量相结合的方式来进行数据采集。本项目利用高精度手持式三维激光扫描仪对古建筑烫样进行扫描，以获取空间尺寸信息；同时运用高清单反数码相机对其进行拍照，以获取色彩及形状信息；继而通过处理和加工得到最终的彩色纹理模型与正射影像图等成果数据。此两种采集方式互为补充，能够兼顾数据精度、数据完整性、彩色纹理这三方面的实际需求。

[①]　万依主编：《故宫辞典》，文汇出版社，1996年。

二、烫样数据的采集

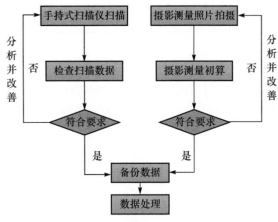

图一 数据采集的工作流程

烫样数据的采集主要分为三维激光扫描和摄影测量拍照两部分内容，数据采集的工作流程如图一所示。

（一）三维激光扫描

在前期的烫样数字化采集测试中，我们使用的是手持式三维扫描仪 Artec Spider（图二）；但在本项目中，我们采集数据选用的设备是手持式三维激光扫描仪 SCAN Prince775（图三）。此两者的关键技术参数对比见表一。

表一 两种手持式三维扫描仪的关键技术参数对比

技术参数	Artec Spider	SCAN Prince775
最小分辨率	0.1mm	0.05mm（红色激光模式） 0.02mm（蓝色激光模式）
精度	0.03mm	0.03mm
有效工作范围	200～300mm	100～450mm
最大扫描范围	180mm × 140mm	275mm × 250mm

图二 手持式三维扫描仪 Artec Spider

图三 手持式三维激光扫描仪 SCAN Prince775

手持式三维扫描仪 Artec Spider 的数据处理方式是基于采集对象的几何特征和纹理进行的，采集时对电脑性能及操作者的要求都较高；扫描过程中易丢失跟踪，需重新扫描定位；扫描完成后还要进行部分拼接计算。而手持式三维激光扫描仪 SCAN Prince775 的数据处理方式是基于采集对象的几何特征和标记点进行的，采集时对电脑性能要求不高；扫描过程稳定快速、定位准确；像烫样这种规模的对象，一次扫描即可全部完成。因此，手持式三维激光扫描仪 SCAN Prince775 更适合用于三维景深变化较大的烫样数据采集。该设备的具体参数见表二。

表二　手持式三维激光扫描仪 SCAN Prince775 的具体参数

扫描模式	R（红光）标准扫描模式	B 蓝光超精细扫描模式
激光汇总形式	7 束交叉 +1 束红色激光	5 束平行蓝色激光
扫描速度	480000 次测量 / 秒	320000 次测量 / 秒
最小分辨率	0.05mm	0.02mm
精度	最高 0.03mm	
体积精度 1 （单独使用扫描仪）	0.02mm+0.06mm/m	0.01mm+0.06mm/m
体积精度 2 （配合全局摄影测量）	0.02mm+0.025mm/m	0.01mm+0.025mm/m
景深	250mm	100mm
有效工作范围	200～450mm	100～200mm

该设备 R（红光）标准模式的扫描效率高，可快速获取中大型物体表面的三维数据，保证三维扫描过程的省时、省力；而 B（蓝光）超精细模式的扫描精细度极高，就算对象表面细小的三维数据也能被其轻松获取。

我们使用 R（红光）标准模式对古建筑烫样进行了高精度的三维数据采集（图四），解析度设置为 0.1 毫米。采集时需手持设备从多角度以多种距离对烫样进行扫描，尤其要关注烫样凹陷处内部和锐利边缘处的扫描，因为这部分是扫描的难点及尺寸的关键。经浏览、检查后，对数据缺失或质量不好的部分应及时进行补充扫描。需要特别注意的是：扫描使用的所有标记点只能粘贴在烫样外面的透明有机玻璃罩及周围物体上，以避免采集过程中可能对烫样本体造成的损坏。由于定位用的标记点是扫描仪的附件，系统在做数据处理时会自动将其删除，而且透明有机玻璃对红色激光几乎没有阻挡作用，因此烫样最终的扫描数据不会受到任何影响。

图四　三维扫描工作照

（二）摄影测量拍照

我们选用了尼康数码单反相机 D810 和 AF-S 尼克尔 24-70mm f/2.8G ED 镜头来进行测量照片的拍摄工作。

尼康 D810 相机具有成像噪点低、像素高、图像畸变小的优点，其具体参数见表三。

表三　尼康数码单反相机 D810 的具体参数

参数	参数值
相机类型	35mm 全画幅数码单反相机
总像素	约 3709 万

续表

参数	参数值
有效像素	约 3638 万
拍摄分辨率	7360×4912
传感器类型	CMOS
传感器尺寸	35.9mm×24mm

24-70mm 镜头具有取景灵活、成像质量高的优点。在实际操作过程中，由于烫样结构之间的相互遮挡比较严重，拍摄受到距离和角度的限制，因此若想获取尽可能多的烫样信息，选用变焦镜头更适合其高清照片的完整采集。

考虑到烫样整体空间狭小、细节较多的特点，我们在拍照时还采用了环形微距闪光灯。在拍摄对象由于构件间相互遮挡造成局部光线较暗的情况下，环形微距闪光灯可以照亮拍摄对象及其局部，以取得正确的曝光效果。实践证明，环形微距闪光灯在烫样这种体量，且结构复杂的物体照片拍摄中是比较适用的。

图五 摄影测量工作照

由于受到空间结构及采光条件的影响，我们首先要对烫样的不同位置（如外部、内部等）进行分类测试，待测试结果正常后才能开展同类位置的批量拍摄工作。测试过程的重点在于拍摄时的布光、相机的拍摄参数设置和后续的计算评估。我们需根据测试结果来固定拍摄流程，并确定布光方式和拍摄参数等相关设置。

摄影测量照片的基本拍摄流程是：①按摄影测量原则从多个视角对烫样进行照片拍摄（图五），重点关注凹陷处内部和有遮挡部位的影像采集，并做好光线控制与色卡拍摄工作。②使用摄影测量软件进行照片初算，以检验拍摄方案和照片质量。③对拍摄角度缺失及照片质量不好的部分进行补充拍摄。

三、烫样数据的处理与成果展示

（一）数据处理的工作流程

烫样数据的处理同样分为两条主线，即三维激光扫描点云的处理和摄影测量照片的处理，整体工作流程如图六所示。

（二）三维激光扫描点云的处理

在手持式扫描仪 SCAN Prince775 配套使用的专业数据处理软件 ScanViewer 中，我们将扫描

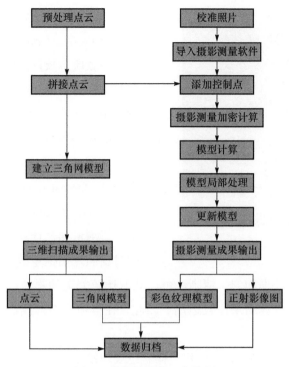

图六　数据处理的工作流程

项目里多余的点云删除，只留下烫样本体的点云数据（图七）；然后将烫样正、反两面的扫描数据合并拼接为一个完整的点云；继而对点云进行网格化处理，获得烫样的三角网模型；完成后即可输出 asc 格式的烫样点云文件，以及 stl 格式的三角网模型文件。

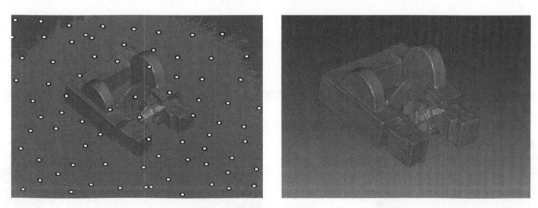

图七　非烫样点云删除前后对比

（三）摄影测量照片的处理

首先，我们对拍摄的高清数码照片进行校准，具体步骤是：①使用相机校准软件 ColorChecker 打开拍摄的色卡照片，创建色彩校准的配置文件。②在软件 Lightroom 中，利用该色彩校准配置文件对采集的烫样照片进行色彩校正（图八），并适当调节照片的曝光参数。③启用软件 Lightroom 中的"镜头校正"功能，对照片进行镜头畸变校正[①]。④以 jpg 格式输出校准过的烫样照片文件。

———————————————

① 王莫：《现代测绘技术在故宫景福宫彩画现状记录中的应用》，《山西建筑》2017 年第 14 期。

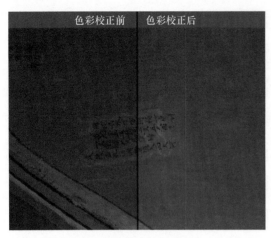

图八　色彩校正前后对比

随后，我们将校准好的照片导入到摄影测量软件 ContextCapture 中。ContextCapture 是美国 Bentley 公司旗下的一款应用软件，它可以利用普通照片快速创建出细节丰富的三维实景模型。在前期的烫样数字化采集测试中，我们选用的摄影测量软件是 Photoscan，在照片重叠度不够的情况下进行摄影测量加密计算，该软件较旧版的 ContextCapture 具有一定优势，因为同样条件下 Photoscan 能够获得相对好一些的模型。但最新版 ContextCapture 的功能得到了很大提升，它升级了摄影测量加密计算的算法，令计算效率成倍提高；同时在照片拍摄重叠度高、图片质量好、景深较大的情况下，模型的彩色纹理均匀、清晰，可以获取比较完美的彩色纹理模型。对烫样这种小构件多且构件薄的对象，其计算结果比较适用。因此，在本项目中，我们处理照片选用了最新版的 ContextCapture 软件。

使用摄影测量软件 ContextCapture 构建烫样彩色纹理模型的主要流程如下：①将从点云中获取的控制点坐标添加到照片上（图九），进行摄影测量加密计算（图一〇）。为提高计算精度，也可将烫样的点云数据加入到软件里参与计算。②把几何精度参数设置为超高精度，进行彩色纹理模型的构建计算（图一一）。得到的模型格式包括软件 ContextCapture 自有的 3mx 格式，以及通用的 obj 格式。③由于烫样空间狭小且结构之间相互遮挡严重，造成部分位置的数据采集不够完整，软件计算出来的模型不理想，因而需要对模型细节处进行遵从原样的局部加工（图一二），这项工作可转移到数字雕刻与绘画软件或者逆向工程软件中进行。如有必要，也可在数字雕刻与绘画软件中进行纹理的局部修复。④将加工好的局部模型导回软件 ContextCapture 中更新，即可完成烫样整体彩色纹理模型的构建。在更新局部模型时，可以设置只更新模型，让纹理在更新过程中重新计算；也可以设置更新模型和修复好的纹理，不重新计算纹理。此种更新方法很好地补全了原始模型中缺少的

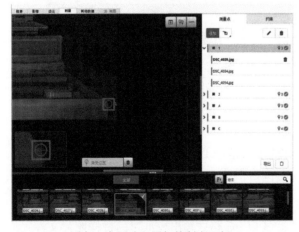

图九　在照片上添加控制点坐标

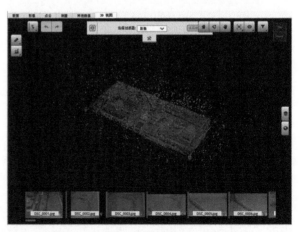

图一〇　摄影测量加密计算生成的点云

部分。⑤输出烫样的彩色纹理模型及其正射影像图。结合配套软件的使用，ContextCapture 可以高效输出烫样模型在任意方向的正射影像图（图一三），这为数据的后期应用提供了极大便利。

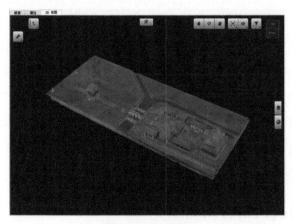

图一一　彩色纹理模型

图一二　局部加工前后对比

图一三　正射影像图

四、结　语

经过前期的烫样数字化采集测试，以及在本项目中的进一步研究与实践，我们对烫样数据采集所用手持式三维扫描仪的建议性技术指标确定为：扫描精度应优于 0.05 毫米；因为采集过程中不能与文物有直接接触，所以要使用自动无标记点拼接或者非接触标记点拼接的方式；鉴于手持式三维扫描仪获取纹理的色彩准确性不高，因此设备可以不具备纹理的采集能力；在满足上述指标的基础上，设备最好具有尽可能大的扫描幅面和景深，以提升扫描效率和数据完整性，尤其是景深范围大可以更好地获得烫样中易被遮挡的狭小空间内数据。同时，对烫样摄影测量照片的采集要求确定为：原始照片的分辨率应不低于 300DPI；需使用稳定光源，并拍摄色卡，对照片进行色彩管理以确保色彩的准确性；要多视角拍摄，尽可能获取到烫样的完整数据。

烫样数据处理工作的关键在于其彩色纹理模型的制作，大体流程可总结为：当原始数据采集完毕后，首先要对拍摄的高清照片进行校准；将校准好的照片添加到摄影测量软件中，并把从点云中获取的控制点坐标加入到该软件中一起进行摄影测量加密计算；随后进行下一步的彩色三角网模型计算；在数字雕刻等软件中进行遵从原样的模型局部加工；完成后再将局部模型导回到摄影测量软件中更新，即可形成烫样最终的整体纹理模型。

当然，烫样的数字化成果最终还是要为应用服务，因此我们专门针对成果可能的应用方式做了尝试。比如：①在文物展示方面，彩色纹理模型可以方便人们对烫样做任意角度的仔细观察。②我们将加工完成的烫样彩色模型放入到该建筑的遗址现状模型当中，试图以此种方式为古建筑的虚拟复原工作提供参考。③为协助相关古建筑研究，我们将烫样的正射影像图与该建筑的设计图纸及实景照片进行了比较，并对三者的共同点和差异点做了初步分析。

今后，伴随着软、硬件技术的不断发展，在烫样的数字化过程中，我们也会应用更新的采集设备和数据处理软件。届时，我们将在已有经验的基础上进一步优化技术路线，争取让最真实、完整的烫样原状得到直观展现，以方便相关专业人员对其进行深入地分析、研究与合理利用。

Study on Digitization of Paper Models

WANG Mo

（The Palace Museum, Beijing, 100009）

Abstract: Through the practice of data acquisition and processing, the recommended technical indexes of handheld 3D scanner for Paper Models data acquisition and the acquisition requirements of Paper Models photogrammetry photos are determined, and this paper summarized the key technology of Paper Models data processing, that is, the production process of color texture model.

Key words: Paper Models, 3D laser scanning, photogrammetry, color texture model

上海沙船航运遗产现状调查与保护策略探讨

李　弥

（上海市文物保护研究中心，上海，200031）

摘　要： 沙船航运业是上海开埠前的支柱型产业，对上海城市发展和风貌塑造起到了重要的推进作用。本文调查了与上海沙船航运业相关的码头、行政建筑、会馆、寺庙、民居等遗产点的分布情况和保护利用情况，针对保存状况不佳、价值研究不足、阐释手段单一的情况，提出从政策层面加强本体保护、从系列遗产的视角丰富价值研究、从文物主题游径的角度拓展阐释方式等策略，以期更好地发挥航运遗产在城市文脉传承及城市形象构建中的重要作用。

关键词： 沙船；航运遗产；保护策略

上海位于长江三角洲冲积平原前缘，东濒东海，北界长江，南临杭州，西接江苏、浙江两省，这一襟江带海的优越地理位置，使其成为联结南北、交通中外的重要枢纽。沙船运输自元代兴起，在开埠前后已形成一个规模巨大、资金雄厚、影响广泛的行业，不但承担了南漕北运的繁重任务，也带来了源源不断的贸易往来，促进了上海资本主义的萌芽，奠定了上海"以港兴市、港城共荣"的发展格局。

1900年沙船被评为上海市标的组成部分，足以说明其重要的历史文化价值。沙船业带动了码头、货栈等航运设施的建造，催生了会馆公所、宗教建筑的出现，这些航运相关的场所设施至今仍有部分遗存。这些航运遗产作为城市历史的象征，是建构与传承江南文化、海派文化的重要载体，也是上海城市发展的见证，对于维系城市文化认同和城市居民归属感有着重要的意义。同时，伴随着上海"长江口二号"古船的出水并被基本认定为古代沙船的唯一实证，对于沙船及其背后上海的沙船航运叙事的构建显得更为重要。然而，当前的沙船航运遗产因年代久远、存世较少、受关注度较低而缺乏梳理，其保护状况也有待改善，亟待社会各界加以重视。因此，本文对现有的沙船遗产进行梳理，基于它们的保护利用现状提出提升策略，以期更好地阐释遗产价值，发挥当代功用。

一、上海沙船航运业的发展概况及其影响下的城市面貌

上海沙船航运业因元代"海运漕粮"之制开始兴盛。明代初年，上海开辟以黄浦江为主、吴淞江为辅的新上海水系，上海港口得以长期稳定发展。明末清初实施海禁，海禁解除后恢复北洋贸易与北洋航线，于康熙二十四年至二十六年（1685~1687年）设江海关于上海。乾隆年间，上海港已相当繁华，沙船皆于城东门外聚集，嘉庆中更可达"约三千五、六百号"，"闽、广、辽、沈之货，鳞萃羽集，远及西洋暹罗之舟，岁亦间至，地大物博，号称繁剧，诚江海之通津、东南之都会也"①。

---

① （清）王大同等编：《嘉庆上海县志》，上海书画出版社，2018年。

道光年间，沙船用于漕粮运输，沙船航运业更为兴盛。在此过程中，上海南门外的南码头、周家渡以及大小东门外的黄浦江沿岸已形成颇具规模的港区码头，并建有大量仓库和船坞。十六铺一带遍开沙船商号，先有"朱和盛""王利川""沈生义""郁森盛"四大家，后又有"王永盛""王公和""李久大""经正记""萧星记"等兴起；为便于航运管理和关税征收，江海关、分巡苏松太兵备道（又称上海道）等航运管理机构接连设立；同业和同乡会馆公所数量急剧增加，除了沙船各帮船商集资建造的商船会馆外，各地海商或海运业者，又以同籍为范围设立地域性会馆，包括山东会馆、祝其公所、浙宁会馆、泉漳会馆等。在南北从业者的交流和融合中，天后、龙王、金龙四大王、晏公等保佑航运平安的信仰传播开来，使得上海出现了大量供奉这些神灵的宗教建筑。这些设施、场所、建筑塑造着上海县城及黄浦江沿岸地区的肌理和风貌，其中有部分保存至今，成为珍贵的文化遗产。

二、上海沙船航运遗产现状调查

（一）沙船航运遗产的分布情况

历经百年来的城市化建设，沙船航运遗产大多泯灭，仅余部分码头设施、航运管理机构、会馆公所、宗教建筑、名人故居记录了沙船业曾经辉煌的历史。经梳理，目前上海共有 13 处沙船航运遗产（表一），大部分位于黄浦区（原上海县城及黄浦江沿岸地区）（图一），是明清上海因港而兴的历史见证。静安区、虹口区、浦东新区、崇明区等地也有零星分布，大多靠近历史时期航道所在地（松江天妃宫为异地保护工程，故不符合此情况）（图二）。

表一 上海沙船航运遗产名录

序号	名称	地址	保护身份	现使用功能	与沙船航运相关的人物及事件
1	金利源码头旧址	黄浦区中山东二路（新开河到东门路）一带	黄浦区文物保护点	码头、商业复合体	由沙船主郭振斋建，是上海第一批沙船驳运码头码头之一
2	董家渡码头遗址	黄浦区外马路 737 号	黄浦区文物保护点	轮渡口	起初为来往浦江两岸的渡口，后为重要沙船驳运码头，沙船从业者聚集处
3	江海南关旧址	黄浦区外马路 348 号	优秀历史建筑	民居	清政府设立的航运管理机构，管理国内船舶税收
4	上海道台衙门遗址	黄浦区金坛路 47 号	黄浦区文物保护点	石库门里弄	因沙船贸易移驻上海的行政机构，兼理海关之职，管理海口，监收江海关税钞
5	商船会馆	黄浦区会馆街 38 号	上海市文物保护单位	作为展示馆开放参观	由沙船业主共同建立的同业公会，敦乡谊、祀神明，对内实施同业管理，对外调节官商关系
6	书隐楼	黄浦区天灯弄 77 号	上海市文物保护单位	空关	原为陆秉笏于清乾隆年间在"日涉园"内增建的传经书屋，后由郭万丰船号主事收购
7	郁松年旧居	黄浦区乔家路 77 号	黄浦区文物保护点	空关	郁森盛船号主事住宅
8	花衣街 116 号沈氏住宅	黄浦区花衣街 116 号	黄浦区文物保护点	作为业主会所，不定期使用	沈义生船号主事住宅、后售予严同春船号主事
9	天后宫戏台	静安区苏河湾万象天地	静安区文物保护单位	作为展示馆，不定期开放参观	原河南北路天后宫内戏台，是供奉天后、为祈福出海平安之处
10	下海庙	虹口区昆明路 73 号	虹口区文物保护点	寺庙、开放参观	供奉海神、天后、释迦牟尼等，为祈福出海平安之处
11	天妃宫	松江区方塔园内	松江区文物保护单位	寺庙、开放参观	原河南北路天后宫内大殿，供奉天后，为祈福出海平安之处

续表

序号	名称	地址	保护身份	现使用功能	与沙船航运相关的人物及事件
12	崇明天后宫	崇明区城桥镇老效港渔村施翘河 562 号	崇明区文物保护点	寺庙、开放参观	供奉天后，为祈福出海平安之处
13	永乐御碑	浦东新区高桥镇季景北路 859 高桥中学内	浦东新区文物保护单位	学校内部参观，不对外开放	御碑原址老宝山城为吴淞江入海口的海船往来航标

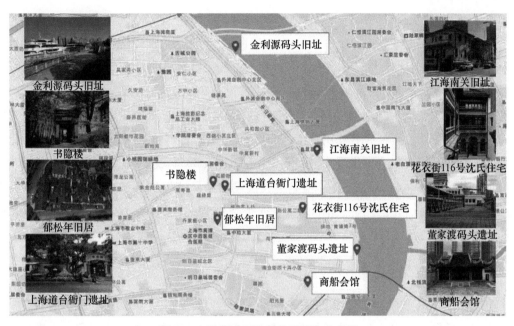

图一　上海黄浦区沙船航运遗产分布图

（二）沙船航运遗产的保护利用情况

上述遗产涵盖多种遗产类型，包括古建筑、近现代代表性建筑、碑刻、遗址等。它们的保护利用现状基本呈现为以下四类形式。第一类为已完成功能改造，创新利用方式的遗产点，例如商船会馆修缮后作为绿地外滩中心的口袋公园，一周有四天向公众开放，同时不定期举办内部活动向特定人群开放；天后宫戏台落架迁移至苏河湾万象天地内原样重建，作为公众艺术文化场所不定期向市民开放；花衣街 116 号沈氏住宅移入绿城黄浦湾住宅区作为业主会所使用。第二类为经过修缮更新，延续原有使用功能的遗产点，例如金利源码头与时俱进地进行着功能性提升改造，在充当码头角色的同时增加了商业功能；下海庙、天妃宫、天后宫等进行日常维护保养，依旧作为宗教场所对公众开放。第三类为收储中的空置建筑，尚未确定保护

图二　上海黄浦区之外沙船航运遗产分布图

利用方向，主要是郁松年旧居和书隐楼两处名人旧居。两处住宅皆位于老城厢地块，2020 年被征收后长期处于封闭状态，预计修缮后统一规划，打造文化商业设施，向公众开放。第四类为原建筑已不存的纪念性点位，例如上海道台衙门遗址所在地为里弄住宅和商铺，董家渡码头遗址所在地为翻新的董家渡渡口，且尚未树立文物保护标志牌。

（三）存在问题

1. 保存状况有待提升

以上四类保护利用现状中，第一类已完成修缮和功能改造的遗产点普遍保存状况较好，但只有商船会馆基本做到了日常开放，天后宫戏台和花衣街 116 号沈氏住宅虽有定期的保养维护，但因修缮出资及日常管理方为私人业主，缺乏日常开放的鼓励机制，使用频率低，活化利用程度并不高。第二类经修缮更新，延续原有使用功能的遗产点因日常有人使用，保存情况较好，但由于长期随着社会生产活动进行改建，历史要素渐趋丧失，原真性不足。第三类处于空关状态的文物保存状况岌岌可危，仅有低频次的文物安全巡检避免大规模的结构性损坏，却没有资金进行日常保养维护，无法阻挡文物建筑劣化的趋势。第四类遗址实物不存且未曾树立保护标志，不利于遗产的纪念及公众宣传。

2. 价值研究有待深入

这些遗产点因使用功能、建筑形态各不相同而在历史上扮演着不同角色。在当前研究中大多按照使用功能归类后简述历史概况，或者作为个案在经济史、城市史、航运史的研究中进行探讨。例如，航运史领域的研究阐述了相关码头、机构、货栈、商号的历史概况[1]，城市史领域的研究以商船会馆为例探讨了商品贸易影响下老城厢、南市地区的形态演变[2]，经济史研究在分析清朝至近现代上海的商业发展时对代表性商号如"朱王沈郁"四家开展了专题研究，其中涉及这些船商的住宅对城市风貌的影响[3]。然而，这些遗产点虽都因沙船而生，却鲜有研究从整体角度探讨并展现这些遗产的关联性以及它们共同塑造出的意义，使得沙船航运遗产在价值研究上仍有缺失。

3. 阐释展示手段有待丰富

价值研究上的缺失也造成了价值阐释内容的单薄和展示手段的单一。上述遗产点除了商船会馆内开设展览，以图文展板和实物展示讲述上海"以船兴市"的商业传奇，其他基本只能在外部扫码阅读遗产的历史简况。出自同源的天后宫戏台和松江天妃宫见证了因沙船贸易而产生的文化信仰碰撞，见证了民国时局的纷乱，其保护过程历经曲折，具有很多可挖掘的素材，但尚未串联起来进行

---

① 上海港志编委会：《上海港志》，上海社会科学院出版社，2001 年；上海沿海运输志编纂委员会：《上海沿海运输志》，上海社会科学院出版社，1999 年；茅伯科：《上海港史·古、近代部分》，人民交通出版社，1990 年。

② 苏智良主编：《上海城区史》，学林出版社，2019 年；黄中浩《上海老城厢百年 1843～1947》，同济大学出版社，2020 年；等。

③ 潘君祥：《上海沙船与商船会馆》，《航海》2015 年第 2 期；马学强：《从"商船会馆"透视清代中后期上海港口及周边街区的变迁》，《史林》2022 年第 6 期；范金民、陈昱希：《清代前期沙船业的沿海贸易活动——以上海商船会馆为中心的考察》，《海交史研究》2021 年第 1 期。

深入阐释。花衣街 116 号沈氏住宅虽然得到了保护修缮，但因功能和性质发生了较大改变，且内部的陈设并没有体现与沙船的关系，实际上只作为一栋外观精致的历史建筑使用，价值难以辨认。整体来说，这些遗产点现有的阐释内容和阐释方式对历史挖掘不深，对遗产价值认识不足，局限于遗产点个体的展示形式也无法全面阐释沙船航运与上海城市的关系，尚有较大的提升空间。

三、沙船航运遗产的保护利用策略

上海的沙船航运遗产是历史的遗珠，每个个体都因独特的历史文化价值具有成为片区文化地标的潜力，从整体来说，这些遗产又可因"事"成线，作为共同诉说上海的航运发展和城市变迁。在坚持"保护第一、加强管理、挖掘价值、有效利用、让文物活起来"的新时代文物工作方针下，沙船航运遗产应当在保护的基础上进一步有效利用，与当地景观建设相结合，深入群众文化建设，满足群众日益增长的精神需求。具体有以下三方面的对策建议：

1. 加强保护措施，落实政策扶植

针对部分航运遗产原真性不足、长期空关影响文物安全、开放利用程度低的现状，政府应出台相应的政策措施，包括加强对文物保护工程全流程的监管，对修缮设计方案严格审核把控，保证修缮方案在充分论证的基础上进行，以保护遗产的原真性和完整性；加强对空关文物的主动作为，加大日常巡检和文物安全检查的频次。同时也可推出一定的经费补助、税收优惠政策，在鼓励企业等社会力量参与修缮工程之后持续对文物实行开放利用，让遗产进一步地"活起来"。

2. 丰富价值研究，深挖遗产内涵

遗产的保护利用与价值研究密不可分。对上海沙船航运遗产的研究应当在继续挖掘每个遗产单体的历史、文化、科学等价值特征的基础上，对它们进行归类和价值梳理。鉴于这些遗产地理位置分散，但存在文化、社会和功能性的相互联系，并在空间演变上存在一定关联，可以引入"系列遗产"的概念解读其整体"突出而普遍"的价值（表二）。在系列遗产的框架中，江海南关旧址、上海道台衙门遗址和商船会馆是沙船航运业不同层面的管理机构，展现了促成上海沙船贸易体系的关键制度因素；金利源码头旧址、董家渡码头遗址和永乐御碑是上海港具有代表性的码头遗存以及长江入海口的航标纪念物，实证了沙船航运的水上交通网络；书隐楼、郁松年旧居和沈义生宅反映出因沙船贸易兴盛而出现的财富转移和价值转化；天后宫戏台、下海庙、天妃宫、崇明天后宫体现了因沙船贸易而出现的文化传播和信仰碰撞。这些遗产点共同展现了上海在开埠前成为连接中国南北方，以及中国与东亚的海上贸易枢纽背后的行政、交通、商业和社会文化因素，表明了沙船航运业对上海经济发展、城市面貌、文化塑造的贡献。虽然沙船贸易自开埠后衰落，与其相关的制度保障、交通网络、社会阶层、文化信仰已不复历史旧貌，但因沙船贸易而发展出的城市空间格局和街巷格局仍影响着城市未来的建设，因沙船贸易而汇聚的多个社会阶层共同迸发出的勇于冒险、共享繁荣的发展理念塑造了当今上海开放包容的城市品格和海纳百川的城市精神。航运遗产也因作为承载这些历史经验和人文精神的物质载体而具有了时代价值。为了更好地阐释这些价值，可以建立涵盖海洋、船舶、历史、遗产保护等多领域的协同研究机制，以开阔的视野挖掘航运遗产背后的文化内涵，充分展现出遗产所代表的发展智慧和对当代社会的积极作用。

表二　沙船航运遗产价值分析

文物名称	单体价值	作为沙船航运系列遗产组成部分而具有的价值	沙船航运系列遗产的整体价值
江海南关旧址	作为上海近代海关制度的代表性实物而具有历史价值；是具有意大利别墅风格特征的花园洋房，具有一定的艺术价值	是沙船航运业不同层面的管理机构，从政府和民间两方面为上海沙船业的发展提供了制度保障，展现了促成上海沙船贸易体系的关键制度因素	由行政建筑、宗教建筑、名人旧居、码头和航标纪念碑组成的沙船航运系列遗产，一定程度上展现了上海在开埠前成为连接中国南北方的海上贸易枢纽背后的行政、交通、交易和社会文化因素，是促进上海从海边小镇发展为东亚贸易中心的基础。表明了沙船航运业对上海城市发展、城市面貌、城市肌理、文脉塑造的贡献
上海道台衙门遗址	清代上海最高行政机关的纪念性地标		
商船会馆	作为上海会馆制度的代表性实物，见证了上海沙船贸易的发展		
金利源码头旧址	曾是上海地区最大的客货运码头，见证了上海港的发展历程	上海港具有代表性的码头遗存以及长江入海口的航标纪念物，实证了沙船航运而构建的水上交通运输网络	
董家渡码头遗址	作为上海港发展的纪念性地标而具有历史价值		
永乐御碑	是国内迄今发现的唯一由皇帝撰文的航海碑，是中国东南沿海第一座航标		
书隐楼	是上海地区存世较少的清乾隆年间建筑群，具有较高的历史和艺术价值	这些宅邸均为当时规模宏大、品质上乘的名宅，显示出了沙船号商非凡的财力。他们购地置业的行为，改变了上海老城厢的空间格局，塑造了老城厢的肌理，反映出因沙船贸易兴盛而出现财富转移和价值转化	
郁松年旧居	是清中期上海地区规模较大的"三进九庭心"民居，具有一定的历史和艺术价值		
花衣街 116 号沈氏住宅	是上海保存较为完整的中西合璧住宅建筑，具有一定的历史和艺术价值		
天后宫戏台	是清代上海妈祖信仰的代表性实物，具有历史和文化价值；戏台的旋转斗栱穹窿藻井和二龙戏珠砖雕制作精美，具有艺术价值	这些宗教建筑实证了因沙船航运而兴盛的宗教信仰和文化传统，体现了因沙船贸易而出现的文化传播和多元信仰在上海地区的碰撞	
下海庙	是清代上海海神和妈祖信仰的历史见证，具有历史和文化价值		
天妃宫	是清代上海妈祖信仰的代表性实物，具有历史和文化价值		
崇明天后宫	是清代上海妈祖信仰的历史见证，具有历史和文化价值		

3. 拓展展示手段，提高传播能力

价值挖掘的下一步是创新展示手段，通过互动性和体验感强的方式将把文化遗产厚重、丰富的内涵全面、准确、生动地展示给观众。就遗产单体来说，最基本的是通过声、电、光、影及互动元素等多种展陈手段丰富现场的参观体验。比如可以在金利源码头旧址所在的商业空间和董家渡码头遗址所在地块内开辟小型文化展示空间，数字化复原昔日码头胜景，为体验浦江游览的游客带来更丰富的感官体验；可在商船会馆和天后宫戏台内增加文物修缮的非遗技艺体验，让前来参观的游客加深对古建筑传统营造方式的了解。就系列遗产的角度来说，可以与当前国家文物局、文化和旅游部、国家发展改革委共同倡导的"文物主题游径"相结合，打造以沙船航运为主线，"有机关联、

串珠成链，集中展示专题历史文化的文化遗产旅游线路"①。这些游径可以按照区域制定，例如在遗产点集中的老城厢和十六铺、董家渡地区，可将所有点位串起，全面展示上海沙船贸易史；将黄浦江沿岸现有的码头遗产串联，展现上海港的发展变迁；也可按照主题划分，比如将名人故居抽出，讲述旧上海"第一批富起来的人"的发家故事，或将重点放在商船会馆、天后宫戏台等通过保护性修缮重获新生的案例上，展示上海在城市更新过程中对文物保护方式的探索；几处天后宫遗产也可联动开展展览、社教活动，共同讲述天后宫与上海沙船贸易、城市发展和民俗信仰的关系。此外，这些遗产点还可与景观地标进行互动联合。举例来说，古城公园内的"丹凤楼遗址"景观示意的是明万历年间建于万军台上的丹凤楼（图三），可溯源至南宋起即有的天后信仰崇拜；大田路500-6号的"大王庙"门头及彩绘（图四）示意的是清代新闸地区的金龙四大王庙，缘起自船民对金龙四大王的崇拜，将这些反映沙船航运文化的景观标识补充进"航运主题"游径可以进一步丰富航运文化叙事。在拓展展示手段后，还可在区、市层面通过长图文、短视频、宣传片、纪录片等多种媒介进行宣传，提高传播覆盖率，讲好航运故事、上海故事。

图三　大王庙景观标识

图四　丹凤楼遗址景观标识

四、结　　语

上海"以港兴市"，是航运业的发展推动了上海从一个海滨城镇成长为国际化大都市。沙船航运业作为上海航运业的源头及重要组成部分，曾是促进上海城市经济和港口发展的第一号支柱产业，也是昔日上海城市发展的重要标志，上海今日"航运中心""贸易中心"的地位即来源于此。对于沙船航运历史的研究及相关遗产的保护，有助于保存文化根基，传承历史文脉。本研究从系列遗产的视角出发，对上海沙船航运业的史迹遗存进行了梳理，并基于保存现状提出了进一步的发展建议，以期在城市更新的背景下更好地保护、活用和阐释航运遗产，发挥文化遗产对于创造宜居城市空间，提升文化软实力的重要作用。

---

① 中华人民共和国国家文物局文物古迹司（世界文化遗产司）：《国家文物局 文化和旅游部 国家发展改革委〈关于开展中国文物主题游径建设工作的通知〉》（文物保发〔2023〕10号），2023年5月4日。http://www.ncha.gov.cn/art/2023/5/6/art_2318_46105.html.

Investigation on the Current Status and Conservation Strategies of Junk Shipping Heritage in Shanghai

LI Mi

(Shanghai Cultural Heritage Conservation and Research Center, Shanghai, 200031)

Abstract: Junk shipping was a pillar industry before the opening of Shanghai port, playing an important role in urban development of Shanghai. This article investigates current statuses of heritage sites related to Shanghai's junk shipping industry, including docks, administrative building, guild building, temples, and residential buildings. In response to their poor preservation status, insufficient value research, and monotonous interpretation, this article suggests to strengthen heritage protection through policy support, enrich value research from the perspective series heritage, and expand utilization methods from the perspective of cultural heritage-themed relics tourism routes. It is hoped that junk shipping heritage can play better role in urban cultural heritage inheritance and urban image construction.

Key words: junk, shipping heritage, conservation strategies

安阳小南海洞穴遗址的病害勘察及预防性保护设计

姬瑜甫[1]　闫海涛[2]　马清文[1]

（1.郑州大学水利与交通学院，郑州，450001；2.河南省文物考古研究院，郑州，450000）

摘　要：安阳市小南海洞穴遗址作为中国旧石器时期遗址的典型代表，具备着极高的学术价值。随着时间的推移，遗址及其赋存载体出现了水侵蚀、裂隙发育、岩体失稳等病害，亟待修复。为有效治理病害、排除安全隐患，本文以小南海洞穴遗址及其赋存岩土体为研究对象，通过文献调研及现场勘察等手段，系统地梳理了病害的类型和分布特点。在遵循文物建筑保护设计相关原则的前提下，提出了针对性的病害治理方针，采用了排水防渗、危岩加固等预防性保护修缮措施对其进行治理，为小南海洞穴遗址及相关文物的保护提供了科学依据和技术支撑。

关键词：小南海洞穴遗址；现场勘察；预防性保护

一、小南海洞穴遗址概况

小南海洞穴遗址（以下简称洞穴遗址）位于安阳市龙安区善应镇昆玉山山腰，昆玉山现为开放自然景区。洞穴遗址平面不规则，近似长条形，洞顶及侧壁为石灰岩，地面文化堆积层由外向内逐渐增高，洞口空间较大，洞宽2.5～5.6、深8.8、高2.4米，洞内空间逐渐减小，内部最深处洞仅高0.6米（图一）。洞穴遗址洞口朝向东侧，北侧为沟谷，南侧为河道，整体呈西高东低，地势起伏较大，周边以斜坡地貌为主，遗址南侧约500米处为小南海水库及其河道（图二）。

图一　小南海洞穴遗址入口　　　　　图二　小南海洞穴遗址区位图

洞穴遗址处于中奥陶系灰岩地层，根据岩性不同可分为七层，遗址区位于第五层。遗址地层以蓝灰色中到厚层花斑状灰岩为主，下部花斑较多，中夹两层白云质灰岩。局部可见泥质灰岩或角砾状灰岩，夹层厚度不稳定，部分可达1～2米，但延长不远，即行尖灭。地层上部为厚约10米的薄层状泥质灰岩，分布普遍，地层内含珠角石化石。

遗址所在区域海拔为200米，属暖温带半湿润大陆季风气候，具有豫北平原向山西高原过渡的地方性气候特征，四季分明，光照充足。

二、小南海洞穴遗址的价值评估

1. 历史价值

小南海洞穴遗址为河南发现最早的一处旧石器时代晚期洞穴遗址,其堆积层次、文化遗物和动物化石,反映了当时人类生活状况及自然环境面貌。发掘出土的石器具有一定的文化特点,是我国中石器和新石器的先驱,填补了考古学上的缺环,对于研究华北东部地区旧石器时代晚期文化的性质、内涵及向新石器时代文化的过渡等问题具有重要的学术价值,被命名为"小南海文化"。

2. 艺术价值

小南海洞穴遗址试掘范围内,出土砍砸器、尖状器、刮削器及石核、装饰品近八千件,石质以燧石为主,石英次之,其中绝大部分为人工打下的石片,部分经过第二步加工,个别经过精致加工,甚至发现一件带孔石饰品,具有一定的艺术价值。

3. 社会价值

小南海洞穴遗址对研究旧石器时代各文化类型的面貌及其相互发展关系,提供了一定线索和重要资料,对我国考古学研究具有重大意义。当其试掘材料公布后,立即引起国内外考古界、学术界各界人士的极大关注,并在学术界广泛应用。著名考古学家郭沫若在《中国史稿》第一册,对小南海文化作了详细论述。对洞穴遗址的探索,为探究我国旧石器过渡到新石器的发展规律及研究人类早期文明史,做出了卓越贡献。

三、小南海洞穴遗址的历史沿革

1949 年以后,我国考古学者对小南海洞穴遗址开展了一系列考古发掘与文物保护工作,主要包括以下几个方面:① 1960 年,安阳人民修筑小南海水库,洪河屯营地放炮采石,揭露出小南海熔岩洞穴;同年,中国科学院考古研究所安志敏等专家,在洞口外对小南海洞穴遗址组织第一次试掘。② 1963 年,河南省人民委员会,豫文字第 833 号,关于公布"河南省第一批文物保护名单"的通知,公布其为河南省第一批文物保护单位。③ 1964 年,安阳县人民委员会修筑了钢筋水泥门框,支撑洞门,并在门楣刻制了文物标志。④ 1965 年,《考古学报》第 1 期发表中国科学院考古研究所安志敏编写的《河南安阳小南海旧石器时代洞穴堆积的试掘》和中国科学院考古研究所周本雄撰写的《河南安阳小南海旧石器时代洞穴遗址脊椎动物化石的研究》。⑤ 1973 年《考古》第 1 期发表《放射性碳素测定年代报告(四)》,测定了安阳市小南海山洞遗址(东经 114°,北纬 36°)第四纪晚期洞穴堆积中出土动物骨化石的年代。⑥ 1978 年,中国社会科学院考古研究所专家安志敏,在洞口内组织了第二次试掘,收获材料相当丰富,但尚未发表。⑦ 1979 年,分两期工程,对小南海洞穴遗址进行了维修加固。第一期工程在第二次试掘面洞顶修筑了五道钢筋混凝土拱梁做支撑,同时保护第二次试掘的剖面断层，以供研究。第二期工程修筑平台，垒砌石岸，并在北楼顶及山洞顶修筑了两道防洪沟，一道长 19、宽 0.8、高 0.8 米，另一道长 16、宽 0.5、高 0.5 米，洞口安装 2 米×2 米的铁栅门。

四、小南海洞穴遗址的现状勘察及分析

洞穴遗址在历史修缮后得到了一定程度的加固，但随着时间推移，受到遗址周边环境变化以及人为因素的影响，历史修复措施未达到预期效果，且新出现的病害也在不断发展。主要病害类型可分为渗漏水、岩体失稳以及现有钢混支撑结构破损。

1. 渗漏水

洞穴遗址内渗漏水以裂隙水为主，且洞穴遗址顶部存在积水坑，山体主要接受近端大气降水补给（图三），呈间歇式渗水特征，渗漏滞后时间短，出水点较多，渗流量较大，遗址文化层土体呈近饱和状态，内部淤积岩土体约 7.8 立方米（图四～图六）。

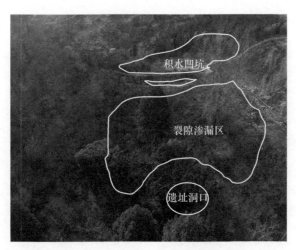

图三　遗址区水害分布图

图四　顶部裂隙渗漏水

图五　灰岩溶沟渗水

图六 文化堆积层被雨水冲刷

2. 岩体失稳

洞穴遗址内岩体受裂隙切割作用，危岩发育数量多，但规模小，洞穴内主要以坠落式危岩为主，洞口处主要以倾倒式危岩为主。在裂隙水的作用下，围岩结构面充填物逐渐被冲刷带走，胶结程度变差，结构面强度降低，最终发生破坏。洞穴内裂隙总长度达到 12.7 米，裂隙最宽处达 67 毫米，裂隙最深处达 73.5 毫米（图七、图八）。

图七 洞口拱梁危岩

图八 洞穴内部坠落危岩

3. 现有钢混支撑结构破损

　　洞穴遗址内现有6根钢筋混凝土梁，均为后人加筑用于支撑上部岩体，保护试掘区域的断层，便于后续研究。但加筑施工距今已有40余年，现钢混支撑结构均出现了不同程度的破损，主要病害为钢筋保护层脱落、表面开裂和钢筋外露锈蚀等（图九、图一〇）。

　　在现场勘察过程中，使用混凝土回弹仪对现存钢混结构梁进行测量（图一一），结合混凝土回弹仪强度换算表将回弹仪数值换算为钢混结构梁的强度（表一）。

图九　支撑结构钢筋保护层脱落

图一〇　大范围空鼓及结构破损

图一一　混凝土回弹仪检测强度

表一 现存钢混结构强度

钢混结构名称	强度（MPa）
洞口平梁	39.0
洞口第一根拱梁	41.1
洞口第二根拱梁	38.4
洞口第三根拱梁	38.7
洞口第四根拱梁	40.3
洞口第五根拱梁	41.8

4. 病害原因分析及结论

小南海洞穴遗址面临的病害原因复杂多元化，可主要概括为三个方面：

（1）环境因素：地理位置特殊，其上部赋存岩土体为雨水的富集提供了条件，且遗址区紧邻河道，使得渗漏水成为危害遗址安全的首要原因。

（2）本体缺陷：遗址所处岩层复杂，且分布不均一，易受到地层应力作用，且受到表层风化的影响，极易出现失稳现象。

（3）人为因素：遗址处于昆玉山开放自然景区，人流量大，人为因素对遗址的存续也有一定影响。

综上所述，小南海洞穴遗址面临的病害复杂，遗址本体及周边环境存在较大的隐患，亟待修复。

五、小南海洞穴遗址的保护设计

因小南海洞穴遗址内部岩土体水侵蚀破坏严重，且现有支护钢混结构出现大面积残损，如不加干预或控制，病害可能进一步发育扩散，影响洞穴遗址的整体安全问题。对病害的主导因素进行控制以及对现有支撑结构进行改善加固，是洞穴遗址保护工作的重点所在[1]。

1. 排水设计

小南海洞穴遗址所在山体上部截水沟失去截水功能，需进行整修。由于坡面地形西高东低，降雨径流向东汇集，沿坡面形成面流排泄，沿途遇到构造及卸荷裂隙发生垂直方向入渗。因此，修建截水沟可以控制降雨沿西山坡面向洞穴入渗，是控制水害的一个重要措施。截水沟修建时，截排水沟沟底坡度顺坡就势、依据地形特征设置。在截排水沟开凿范围内必然会揭露众多裂隙，裂隙会形成向下导水的通道，导致裂隙含水，进而对洞穴的渗水形成补给来源，所以截水沟开挖后需首先进行清理并在沟底进行裂隙灌浆封堵工作，而后进行沟底及沟壁的砌筑。

为减少山坡面洞穴范围内径流及渗水量，根据区域内地表径流及渗水机理分析可知，平台西侧坡脚附近截水沟主要拦截、疏导平台西侧坡面的地表径流水，平台东侧崖头附近截水沟主要拦截疏

---

① 闫海涛、杨朔、陈家昌等：《丝绸之路——崤函古道石壕段石材本体保护研究》，《草原文物》2023 年第 1 期；马俊才、闫海涛、王凤剑等：《河南南阳市黄山新石器时代遗址》，《考古》2022 年第 10 期。

导平台范围内的降水。此外平台西侧局部坡面沿冲沟及裂隙发育部位需修建东西向排水沟疏导排放坡面流水。

2. 防渗设计

大气降水会通过小南海洞穴遗址上部裂隙渗漏区渗漏进洞穴内部，造成洞穴顶部有渗漏水，需对洞穴遗址上部裂隙渗漏区用石灰等材料进行裂隙重填，防止大气降水由此渗漏进洞穴内部。洞穴内表面也应进行注浆防渗或用其他防渗材料处理，其中注浆材料选择目前应用丰富、工艺较为成熟的偏高岭土系列无机复合改性灌浆材料[①]。

防渗材料具体配方及性能要求如下：超细矿渣粉质量占比25%，偏高岭土质量占比5%，水泥质量占比70%。防渗材料现场施工的性能要求如下：流动度为180～210毫米，析水率为5%～7%，养护28d的抗折强度为5～7MPa，养护28d的抗折强度为35～40MPa。

3. 危岩治理

小南海洞穴遗址内部存在坠落式危岩且顶部岩石有大量裂缝，存在较大隐患。进行病害治理时，需先对脱落岩石进行回填加固，然后通过采用粉煤灰无机复合改性材料对岩石裂缝进行灌浆[②]，用以封堵裂隙避免雨水侵蚀，同时提高岩体之间黏结力，增加洞穴内部岩体的整体稳定性。

裂隙封堵灌浆材料具体配方及性能要求如下：粉煤灰质量占比20%，偏高岭土质量占比4%，水泥质量占比76%。灌浆材料现场施工的性能要求如下：流动度为215～240毫米，析水率为4%～5%，养护28d的抗折强度为7～9MPa，养护28d的抗压强度为32.5～37MPa。

4. 拱梁加固

小南海洞穴遗址现存钢筋混凝土梁对上部岩体起到较好的支撑作用，但结构出现破损，需进行加固治理。首先需将拱梁表面空鼓及风化水泥层敲除，用水泥修补裂隙，然后采用混凝土重新填充和粉刷，最后用碳纤维布包裹拱梁表面。

在碳纤维布加固施工过程中，需先对加固部位进行除尘、干燥处理，采用树脂对结构破损区域进行底层加固及找平，找平时对于梁的转角处应进行倒角处理并打磨成圆弧状，在找平树脂干燥后及时对碳纤维布进行粘贴，碳纤维布的纤维方向应与加固区受拉方向一致，粘贴过程中应注意相互搭接以保证强度[③]。

---

① 宋银星、马芹永：《超细矿渣粉——偏高岭土–水泥注浆材料性能试验与分析》，《中国科技论文》2020年第3期；严绍军、皮雷、方云等：《龙门石窟偏高岭土–超细水泥复合灌浆材料研究》，《石窟寺研究》（第4辑），北京：文物出版社，2013年，第393～404页。

② 汪宏伟、徐辉东、马芹永：《粉煤灰——偏高岭土水泥基复合材料性能研究》，《中国科技论文》2019年第4期。

③ 杨婷：《麦积山石窟防渗防潮技术研究》，兰州大学硕士学位论文，2011年；王旭东：《潮湿环境土遗址保护理念探索与保护技术展望》，《敦煌研究》2013年第1期；彭艳丽、蒋建洪、袁俊等：《潮湿地区土遗址保护关键技术》，《建筑施工》2021年第11期。

六、结　语

　　经过对小南海洞穴遗址的现场勘察可知，遗址及附属载体受到环境因素和人为因素的影响，出现了较为严重的病害，包括洞穴内部的渗漏水、岩体失稳以及钢混支撑结构破损等。通过对病害成因的分析，本文提出了具有针对性的保护修缮措施，采用修建截水沟等工程措施对遗址区域内的水环境进行控制，同时结合无机复合材料灌浆加固的方式对失稳岩石、裂隙发育等病害进行修复加固，为日后小南海洞穴遗址的保护研究工作提供了科学的数据资料和技术支撑，也为类似的岩土质遗址保护工程提供了一定的参考。

　　附记：感谢河南裕达古建园林有限公司杨增福老师对于安阳小南海洞穴遗址勘察项目的支持以及对相关预防性保护设计所提出的建议；感谢郑州大学水利与交通学院查明明、张健及郑晓文同学对于安阳小南海洞穴遗址相关病害的统计及勘察工作的支持。

Disease Survey and Preventive Conservation Design for the Xiaonanhai Cave Site in Anyang

JI Yufu[1], YAN Haitao[2], MA Qingwen[1]

（ 1.School of Water Conservancy and Transportation, Zhengzhou University, Zhengzhou, 450001;

2.Henan Provincial Institute of Cultural Heritage and Archaeology, Zhengzhou, 450000 ）

Abstract: As a typical representative of Paleolithic sites in China, the Xiaonanhai cave site in Anyang is of high value, however, with the passage of time, the site and its supporting carriers have suffered from water erosion, fissure development, rock instability and other diseases, and are in urgent need of repair. In order to effectively control the disease and eliminate the security risks, this paper takes the Xiaonanhai cave site and its endowed rock and soil body as the research object, and systematically sorts out the type and distribution characteristics of the disease through literature research and on-site investigation and other means. Under the premise of following the principles related to the protection design of cultural relics, this paper puts forward a targeted approach to the management of disease, adopts the drainage and seepage control, the reinforcement of dangerous rocks and other preventive protection and repair measures for its management, which provides scientific basis and technical support for the protection of the Xiaonanhai cave site and related remains.

Key words: Xiaonanhai cave site, site survey, preventive conservation

关于构建文物规划体系的初步思考[*]

李标标[1]　李天一[2]

（1.河南省文物考古研究院，河南郑州，450000；2.陕西省文化遗产研究院，陕西西安，710075）

摘　要：我国的文物保护规划编制工作起步较晚，20世纪90年代以后，在借鉴相关学科和行业规划的基础上，我国开始编制独立体例的文物保护规划，尤其是《全国重点文物保护单位保护规划编制要求》（2004年）和《中国文物古迹保护准则》（2002年、2015年）的相继公布，逐步完善了文物保护规划的系统性和科学性。2017年国家文物局修订《全国重点文物保护单位保护规划编制要求》，且国家推进国土空间规划体系的构建，"多规合一""一张图"成为理论研究和实践工作的重点要求，为文物管理部门和文物保护规划编制带来了新的机遇和要求。本文对文物保护规划的理论研究和实践工作等方面进行思考，初步探讨现今和未来文物保护规划体系的构建与管理模式。

关键词：文化遗产；文物；文物保护规划；国土空间规划

一、引　言

近年来，我国不仅公布了第八批全国重点文物保护单位的名单，而且截至2024年已有59项遗产列入《世界遗产名录》，跃居世界前列。申报世界遗产的不断成功将各种类型的文化遗产带入了社会公众的视野，逐渐普及并深入大众的文化享受和休闲生活之中。文化遗产事业的各项优秀成果背后是我国推进文化遗产保护管理工作的努力付出，这在一定程度上也反映了我国文物保护管理工作的极大进步，关键是文物保护规划工作的研究和开展，丰硕的成果得到了国际层面的尊重和认可。

文物保护规划作为文物古迹保护、管理、研究、展示、利用的综合性工作计划，是我国文物古迹各项保护工作的基础，为文物古迹的各项工作的开展提供了规范和指导[①]。随着理论研究和实践工作的推进，文物保护规划所涵盖的范围逐渐扩大，不仅包含文物古迹的保护管理，也涉及到各项研究、城乡发展、文化共享等多个方面；故而其在功能上，既是文物古迹自身的保护管理文件，也是文物管理部门与其他部门之间协同合作的"说明书"。

总结数年来我国文物保护规划的发展情况，2018年1月，国家文物局公布了关于征求《全国重点文物保护单位保护规划编制要求（修订稿草案）》意见的函，其中重点对编制体例、保护区划与管理规定、规划衔接等方面进行调整，完善和深化了文物保护规划的系统性、科学性，也体现了"多规合一""一张图"的相关要求[②]。2021年3月8日，由自然资源部和国家文物局联合下发了《关于在国土空间规划编制和实施中加强历史文化遗产保护管理的指导意见》，文件强调了要将文物

---

* 本文为河南省属科研院所基本科研业务费项目《城市考古中古代城市遗痕分析——以邓州古城为例》阶段性成果。

① 国际古迹遗址理事会中国国家委员会：《中国文物古迹保护准则（2015）》第二十条，2015年，第15、16页。

② 《国家文物局办公室关于征求〈全国重点文物保护单位保护规划编制要求（修订稿草案）〉意见的函》（办保函〔2018〕25号），2018年；杨珂珂：《浅析〈全国重点文物保护单位保护规划编制要求（修订稿）〉的修订重点与意义》，《遗产保护与研究》2018年第4期。

保护管理纳入国土空间规划编制和实施的指示要求，将文化遗产的空间信息纳入国土空间基础信息平台，并实施严格保护和管控[1]，这意味着文物保护管理工作的重视度已经提升到了国土层次，而其中最为关键的是文物保护规划与国土空间规划之间的协调与衔接。

在这样的形势下，文物保护规划自身的发展和国土空间规划体系的构建均为文物保护规划的理论研究和实践带来了新的机遇与挑战，既要求自身规划体系的完善，也要求其与国土空间规划体系的协调融合，且具备现实的可操作性；这些都促使着规划编制机构、文物管理部门迈向新的阶段，也促使文物保护规划面向更广阔的领域，不断审视自身、思考自身、完善自身。

二、我国文物保护规划的发展概述

对比国外文化遗产的发展历史，我国文物保护工作起步较晚，中华人民共和国成立后陆续制定颁布了部分文件。1961 年 3 月 4 日，国务院发布《文物保护管理暂行条例》，正式提出全国重点文物保护单位、省（自治区、直辖市）级文物保护单位、县（市）级文物保护单位三级保护管理体制；同日，国务院公布第一批全国重点文物保护单位 180 处，奠定了我国开展文物保护工作的早期基础。自 20 世纪 90 年代，才开始逐步推进科学且系统性的文物保护工作，特别是文物保护规划工作的开展。《中华人民共和国文物保护法》《中国文物古迹保护准则》《全国重点文物保护单位保护规划编制要求》等文件的陆续颁布，促使文物保护规划工作取得了长足的进步，并成为我国文物保护工作的纲领性文件，是落实保护理念和实际工作的关键途径。

（一）发展历程概述

回顾我国文物保护工作的发展历程，并参考相关文件的制定和公布，大致能够划分为三个阶段：探索阶段（1949 年至 2004 年）、发展阶段（2004 年至 2017 年）、完善阶段（2017 年至今）[2]。

探索阶段：1949 年至 2004 年。中华人民共和国成立后我国陆续制定并颁布了《禁止珍贵文物图书出口暂行办法》《关于在基本建设工程中保护历史及革命文物的指示》等文物保护相关文件；1961 年我国提出三级保护管理体制，明确了文物工作的保护对象，各项工作均开展了不同程度的探索和尝试，制定了一系列的方针政策、指导思想和文物法令法规，初步形成了以《中华人民共和国文物保护法》为主体、以各地方、各部门颁布的行政法规为辅的中国文物保护法规体系[3]。但是对于价值内涵、保护理念、保护措施、专项规划等未形成系统有效的工作体系或模式，且由于多种原因，这一阶段历经了较长的时间。一方面，这一时期我国尚未开展体例科学的专项文物保护规划，部分保护性文件多参照城乡规划、自然保护、旅游发展等其他领域的规划体例和要求制定，甚至部分文物保护工作直接借用相关领域的工作实施[4]。另一方面，关于文物和文化遗产方面的学科教育和学术研究也未形成体系，理论层面的探讨主要集中于城乡规划和文物博物体系，在文物保护和管理

---

① 自然资源部、国家文物局：《自然资源部 国家文物局关于在国土空间规划编制和实施中加强历史文化遗产保护管理的指导意见》，2021 年 3 月 8 日。

② 梁伟：《文物保护规划的现状与发展研究》，《遗产与保护研究》2018 年第 7 期。

③ 谢辰生：《新中国文物保护工作 50 年》，《当代中国史研究》2002 年第 3 期。

④ 陈同滨、王力军：《不可移动文物保护规划十年》，《中国文化遗产》2004 年第 3 期。

实践中产生了一定的积极作用，奠定了未来研究和实践的基础。

发展阶段：2004年至2017年。这一阶段在国内外互动交流逐渐增多的基础上，我国陆续编订公布了《中国文物古迹保护准则（2002、2015）》《文物保护工程管理办法（2003）》《文物保护工程勘察设计资质管理办法（2003）》《全国重点文物保护单位保护规划编制要求（2004）》《全国重点文物保护单位保护规划编制审批办法（2004）》等文件，为开展具有独立体系的文物保护规划提供了直接的依据和规范。这一阶段中，不仅产生了一批具备文物保护规划资质的机构，也在短时间内开展并完成了多项文物保护规划的编制和审批。同时多个高校设立了文物保护或文化遗产的相关学科和课程，逐步培养具有中国特色的理论体系和人才队伍，促使学术研究和实践成果出现了质的飞跃[1]。这一阶段是承前启后的，是我国文物保护工作至关重要的发展和积累时期，形成了理论研究和实践案例融合发展的良性途径，为我国文物保护工作提供了强大动力，产生了不可估量的意义。

完善阶段：2017年至今，这一阶段也可以称为继续发展阶段。伴随着理论研究和规划实践的发展，文物保护规划的系统性和科学性日趋完善，体现在规划的原则、思想、体例、审批等方面。近年来，一方面，党和国家对文化遗产事业的重视度是前所未有的，积极推进修订《中华人民共和国文物保护法》《全国重点文物保护单位保护规划编制要求》等文件；另一方面，国家部署国土空间规划体系贯彻"多规合一""一张图"要求，在国土空间规划编制和实施中加强历史文化遗产的保护管理[2]。在这样的新背景、新机遇下，文物保护规划既需要完善自身体系，更需要融合社会发展的形势和变化，在多领域、多学科交叉中继续优化文物保护工作，进一步完善文物保护的理论研究，推进现今和未来文物保护工作的整体发展。

（二）成就与问题

在数十年的工作历程中，我国文物保护工作体系逐步成熟，管理机构和人才队伍建设、理论研究和保护实践发展迅速，成果斐然。国家陆续编制和公布了一系列的法律法规文件，逐步构建了文物工作的法规体系，为文物工作的发展提供了坚实的保障。这其中最为关键的是文物保护规划的开展和推进，作为一个融合了保护、管理、利用、研究等多方面内容为一体的综合性手段，甚至还包含土地利用协调、居民社会调控、生态环境保护、文化旅游发展等相关内容，为文物古迹的保护管理提供了关键性的法律文件，也为管理机构开展工作提供了规范和指导[3]。在现今和未来的很长时期，文物保护规划将成为文物事业不可或缺且效益显著的保护形式。

文物保护工作过程中也存在着诸多问题。笔者在接触文物保护规划工作的数年经历中发现，在文物价值、保护理念等理论探讨之外，现实工作中的文物保护规划编制、审批、实施等阶段存在着更关键的问题，直接影响着文物保护工作的现实效益。在规划编制阶段，虽然《全国重点文物保护单位保护规划编制审批办法》中已提出总体规划和专项规划的规划体系架构[4]，但目前已开展的规划多偏向于总体规划，专项规划开展较少，尚未形成总体规划与专项规划相辅相成的规划体系；而且

---

① 袁琳溪，汤羽扬：《我国文物保护规划相关研究文献综述》，《中国文化遗产》2019年第5期。
② 自然资源部、国家文物局：《自然资源部 国家文物局关于在国土空间规划编制和实施中加强历史文化遗产保护管理的指导意见》，2021年3月8日。
③ 国家文物局：《全国重点文物保护单位保护规划编制要求》第十六条，2004年。
④ 国家文物局：《全国重点文物保护单位保护规划编制审批办法》第十一条，2004年。

由于发展过快，部分文物保护规划成果的质量堪忧，规划机构、从业人员的专业能力和职业道德仍需进一步提高和规范[①]；同时由于总体规划的内容繁多、情况复杂，编制和实施所需资金量也较大，对于国家、省级和市县文物部门来说均是一个需要慎重考虑的问题。在审批阶段，全国重点文物保护单位的规划文件需层层上报和评审，整个周期较长，部分规划编制和审批通过可能历经数年。在实施阶段，由于总体规划包含内容全面，其具体落地实施以文物部门作为实施主体，并需要自然资源（国土）、城乡（住建）、旅游、文教、市政、交通等多个部门的协同[②]，又涉及实施资金、部门权责等问题，实施难度较大；且总体规划属于纲领性文件，部分实施工作未进行细化，实际操作性有限，缺乏与其他领域规划文件之间的有效衔接，落实度往往不高，部分已公布的规划甚至直接被束之高阁[③]。

在"多规合一"的新形势下，规划衔接和各管理部门之间的协同显得愈来愈重要，自身明确的定性和定位是完善自身、亮明自身的最好办法，也是以自身清晰的界限主动建构与其他部门协同合作的关键，尤其是文物保护规划的自身体系和管理机构的权责两者的定性和定位，这样才能以科学清晰的保护区划和管理职责纳入"一张图"，避免出现界限模糊、权责混乱的现象。这是一个关键的、亟待解决的问题。

三、关于文物规划体系的初步思考

在成就和问题的综合论述中，取得的成果是值得肯定的，既需要进行深入的总结，为未来的发展提供优秀经验，也需要继续砥砺前行，不断完善提升文物保护工作水平。在问题方面，辩证地看，是问题也是解决方案，需要统筹考量所有因素，深入分析问题原因，挖掘问题的本质；并结合形势的实时变化，坚持前瞻性，基于自身的专业和行业特性，借鉴相关学科和行业的优秀经验，互补提升，升华自身理论，融合理论与实践，完善规划体系，进而主动与其他领域协同发展，开放共享，互补共进，和谐共赢。

（一）文物保护总体规划相关问题的思考

我国文物保护工作起步较晚，且文物保护单位的数量巨大。近年来申报世界遗产的逐步成功和国家大力推进文物保护工作促使学术研究、实践工作的重心都致力于编制文物保护规划。从国家文物局公布的规划审批情况能够发现，现阶段主要为总体规划，较少涉及专项规划的类型或范畴。而作为总体规划，尤其是全国重点文物保护单位的总体规划，往往规划范围较大、内容繁杂、涉及领域和审批程序较多。一方面，这些要求对规划从业人员的专业能力是一种考验，毕竟专门的文物保护规划类专业较少且设立时间较短，尤其是文物（文化遗产）专业的人才参与较少，从业人员的学科背景复杂，以致编制文物保护规划的侧重点存在差异；另一方面，也正是因为这些要求导致文物

---

① 梁伟：《文物保护规划的现状与发展研究》，《遗产与保护研究》2018 年第 7 期。
② 梁伟：《文物保护规划的现状与发展研究》，《遗产与保护研究》2018 年第 7 期。
③ 梁伟：《文物保护规划的现状与发展研究》，《遗产与保护研究》2018 年第 7 期。

保护规划的编制费用往往较高，同时在编制和评审阶段就要统筹所在地的多个部门，前瞻性地考虑后期实施的相关问题，并逐级上报进行审批，进而导致规划的整体周期较长。

通过对文物保护规划这些问题的思考，能够更清晰地认知文物保护规划的定性、定位和体系。在反思近年来迅速发展的历程时，展望现今和未来的发展趋势与要求，文物保护规划不应再以总体规划为单独重心，应该考虑逐步推进总体规划下的专项规划，构建并完善"文物规划体系"。文物保护规划的规划体系在《全国重点文物保护单位保护规划编制审批办法（2004）》中已经初步涉及："第十一条 文物保护单位保护规划可根据文物保护单位的规模和复杂程度分为总体规划和专项规划。"[①]虽然强调的是依据规模和复杂程度来划分规划类型，但在层次上已经确立了"总体与专项的两级规划体系"；而且随着社会发展，每一个专项领域的工作日渐复杂，专业化、精细化、产业化等要求提高，专项工作内容必然需要具备详实和操作性的规划设计。

同时，国家陆续推进社会精神文明建设，倡导保护传承优秀中华传统文化，国家、社会、公众对文化遗产事业的关注度越来越高，这是一个机遇期，也是一个挑战期，保护、管理、利用等压力日益增加，亟需完善科学全面、体系完整、指导性强、可操行性高、具备法律效力的管理文件。虽然目前编制的文物保护总体规划数量众多，但审批通过并公布的有限，而能够落实得更少，产生的实效也有待商榷，主要原因虽然是部分总体规划的纲领性够强，但是在各个专项章节的具体实施措施方面缺乏操作性。

由此而言，文物保护规划不能仅仅依靠总体规划，需在总体规划的框架下，深化保护、管理、研究、展示、旅游、环境整治、产业发展等专项规划体系，将总体规划中各个章节制定的纲领性指导进行细化落实，明确各项工作的详细内容，增加专项规划的可操作性。专项规划内容具有针对性，编制周期较短，编制和实施所需的经费相对较少；结合实际工作特性和需求，可以在总体文物保护和利用的目标前提下，优先科学地推进管理、研究等专项规划，形成"总规—专规"的多层规划体系，切实保护文物的真实性、完整性和价值内涵，充分发挥文物的社会意义。

（二）文物规划体系对文物管理工作影响的思考

自开展文物保护工作以来，均是以各级文物行政部门为实施主体，包括文物保护规划的落地实施。结合笔者近年来的工作实践经验，虽然依据文件规定规划的责任主体是所在地政府，但在实际工作中，所在地政府多发挥的是协调各部门的作用，为文物管理工作创造良好的政策和社会环境，实施各项措施的主体和重心依然是各级文物行政部门[②]。近年来国家开始推进国土空间规划体系，在"多规合一"等新政策和要求下，自然资源、城乡住建、道路交通、农业农村、工业信息、文物、生态环境等部门开始进行协同工作，明确自身的工作界限，依法依规切实履行工作权责，统筹纳入"一张图"，强化规划衔接，实现各个部门之间的协同合作，提升工作效率，发挥社会效益[③]。这其中，文物领域最为关键的即是各级文物管理部门，纵向上需接受上级部门的部署和监管、向下级

① 国家文物局：《全国重点文物保护单位保护规划编制审批办法》第十一条，2004年。
② 国际古迹遗址理事会中国国家委员会：《中国文物古迹保护准则（2015）》，2015年，第15、16页，第二十一条。
③ 干立超、黄莉莉：《从文物保护规划编制要求修订研究"多规合一"的新趋向》，《建筑与文化》2018年第9期。

部门传达工作和管理，横向上则需和相关部门进行沟通协作。综合文物工作的履职和与相关部门的协同等各项要求，单一的文物保护总体规划的纲领性文件在编制周期、所需经费、灵活操作性等方面有待优化，亟需推进管理、保护、利用、旅游等专项规划，完善文物各类工作的规范和指导，为文物部门更好、更有效率地履行各项工作提供依据和规范，也为文物部门与其他部门进行协同工作提供法律文件的保障，切实落实"多规合一"和文物管理工作。

《关于在国土空间规划编制和实施中加强历史文化遗产保护管理的指导意见》从信息平台、保护管控、规划审批等多个层面要求加强文化遗产的保护管理，这为文物保护管理提供了难得机遇。从河南省的整体工作情况来看，各级文物部门已在逐步对接自然资源部门，但是目前多为被动地推进，再加上部分文物保护单位的文物信息、保护区划、管理规定等尚不明晰，导致文物管理与国土空间规划衔接存在较多问题，且为文物管理和未来发展预留的空间有限。有鉴于此，文物部门应把握这一机遇和主动性，可以根据各地文化遗产的特征和文物规划体系的构架，结合实际工作需求，可以尝试优先推进其中的文物管理专项规划，梳理完善文物信息和保护区划等资料，明确文物遗存范围和保护区划，在文字、技术、图纸等方面主动对接国土空间规划体系，强化规划衔接，满足文物保护管理和国土空间规划的要求；并完善保护区划的管理规定，形成有线即有管控要求，借助国土空间规划体系提升加强文物保护管理的效力，多方明确文物的各条界线和管控要求，互补共进，从根本上落实"界限"和权责。管理机构借此可以有理有据、有法可依，与其他部门沟通合作，履行自身的权利和义务，减少对象模糊、界限缺失、权责混乱等现象，提升管理效益。科学的管理专项规划能够充分发挥文物部门的作用，落实保护管理职能，开展文物宣传，创新公众参与形式，合理合法地以多种形式发展或参与文化产业，提高文物部门的自身活力，实现"让文物活起来"。

四、结　　语

我国文物保护规划的发展历程较短，却产生了一批优秀的成果，对我国文物保护工作产生了不可估量的意义。但是同时由于基础薄弱、发展态势迅速，依然存在着诸多问题有待解决和完善。故而在新时代、新背景的发展趋势下，文物保护规划也应该不断地反思自身，总结发展历史，分析现阶段的理论和实践情况，结合新形势、新要求、新理论等加强基础理论研究，形成理论与实践结合，有效互补，构建良性模式；同时推进具有文物特性和符合实际工作需求的文物规划体系建设，适时开展总体规划、专项规划、方案的编制和实施，逐步构建"总体—专项"的多级规划体系，完善文物管理工作的法规文件；进而为文物部门开展各项工作提供科学依据，保障"多规合一"和国土空间规划体系下的文物部门与相关部门之间的协调合作，提升现今和未来文物保护管理水平，发挥文物的社会价值，为我国社会精神文明建设、传承中华优秀传统文化、实现中华民族的伟大复兴提供坚实助力。

Preliminary Thoughts on the Construction of Cultural Heritage Planning System

LI Biaobiao[1], LI Tianyi[2]

（1. Henan Provincial Institute of Cultural Heritage and Archaeology, Zhengzhou, 450000;

2. Shaanxi Provincial Institute of Cultural Heritage, Xi'an, 710075）

Abstract: The preparation of cultural heritage conservation planning in China started lately. After the 1990s, based on drawing on relevant disciplines and industry plannings, cultural heritage conservation plannings began to be formulated independently. Especially with the successive publication of the *Requirements for the Preparation of National Key Cultural Relics Protection Units Conservation Plannings* (2004) and *Principles for the Conservation of Heritage Sites in China* (2002, 2015), gradually improving the systematic and scientific nature of cultural heritage conservation planning. In 2017, the State Administration of Cultural Heritage revised the *Requirements for the Compilation of Conservation Plannings for National Key Cultural Relics Protection Units*, and the country promoted the construction of the national spatial planning system, making "multi planning integration" and "one map" a key requirement for theoretical research and practical work. This has brought new opportunities and requirements for the cultural heritage management department and the formulation of cultural heritage conservation plannings. This paper reflects on the theoretical research and practical work of cultural heritage conservation plannings, and explores the construction and management models of the current and future cultural heritage conservation planning system.

Key words: cultural heritage, cultural heritage, cultural heritage conservation planning, national spatial planning

建筑考古

仰韶文化时期大河村房址功能研究

张 苹

（南京大学历史学院，南京，210046）

摘 要：大河村遗址经发掘发现了多座仰韶文化时期的房址，多数房址内部遗迹保存完好，居住面上仍保留较多的器物。本文结合大河村遗址房址之中发现的烧火台、土台、隔墙、门道等遗迹以及出土器物，分析了房址的类型及功用。遗址发现的房址多为生活居住类房址，有少数储存房址、大型公共房址。房址内部的空间经过规划和考量，生活房址内部具有烹煮、坐卧、放置器物等区域。储存房址多用作储存杂物，大型房址是群体共同议事、庆祝丰收、举行活动的场所。本文结合西南少数民族营造房址的方法，根据大河村房址的面积和功能分区探讨了不同形式房址（单间或多间）所对应的家庭模式。

关键词：仰韶文化；大河村遗址；房址功能

　　大河村遗址位于郑州市东北郊西南—东北向的土岗上，北接贾鲁河，南毗郑州市区。其文化遗存延续时间长，自仰韶文化时期一直到二里岗文化时期，其文化面貌跨度大，以仰韶文化内涵最为丰富。大河村遗址房址主要为仰韶文化第三期和第四期遗存。

　　截至 1987 年，大河村遗址共发现仰韶文化时期房址 45 座。贾峨曾探讨了大河村遗址中房基的相对年代，通过地层与剖面推断房址之间的关系，补充了关于房址年代的信息[1]。陈显泗等人由大河村残留的房基复原了原始社会房屋的建筑，主要讨论了大河村房址的建筑技术和建筑方法[2]。在最新的研究中，任洁从建筑格局和建筑技术入手，解析了大河村仰韶文化晚期的房址[3]，分析了房址地坪、烧火台、墙体的主要成分。上述研究都未曾探讨过大河村遗址的房址功能。遗址中发现了不同形式的房址，这些房址建筑面积大小不一，悬殊较大，表明房址类型存在差异。此外，房址内部营造隔墙、套间等具有空间标识的建筑，隐含着房址主人的规划行为，房址也因此分隔成不同的空间，内部的功能需要进一步探究。大河村遗址的发现为了解大河村先民乃至郑州地区的史前人类生活提供了重要的实物资料，但迄今为止相关的研究较少。

---

① 贾峨：《关于郑州大河村遗址若干房基相对年代的探讨》，《华夏考古》1987 年第 1 期。
② 陈显泗、戴可来：《从大河村房基遗址看原始社会房屋的建筑》，《郑州大学学报》1978 年第 2 期。
③ 任洁：《大河村遗址仰韶文化晚期建筑解析》，《城市住宅》2021 年第 12 期。

一、仰韶时期房址布局与分类

《郑州大河村》已经对遗址中出土的房址作了全面的分析研究[①]，因此本文将采用报告中的分期开展房址研究。仰韶文化第二期只发现一座房址，编号为F22。仰韶文化第三期的房址发现于第10层、第11层，共揭露房址17座。房址集中分布在房址发掘区的西南面、东北面、南面，南面一组为F29、F30～F32、F33，西南面一组为F1～F4、F16、F23、F46，东北面一组为F17～F18、F19～F20，只有F35在房址区中部。大河村仰韶文化第四期共发现房址27座，发掘地层为第6层～第9层。同第三期一样，第四期房址分布范围也较为集中，且同第三期房址距离较近。西南面分布有F5、F6～F9、F10、F36～F37、F38～F39、F40、F41、F42、F43、F44、F45，南面一组有F26、F27、F28、F34，东面一组有F11、F12、F13、F14、F15、F21，仅有F47分布在中部（图一）。

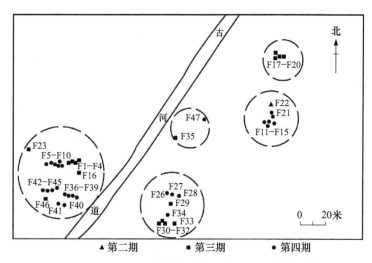

图一　大河村遗址房址分区示意图

大河村发现的房址存在叠压现象，且非单例，多是同时期的叠压。第三期的F19最早的一层地坪压在F18的地坪上，只叠压一部分，位于南部的F30叠压F33。第四期房址叠压关系清楚，地坪的重合率较高，东部F11叠压F12，F12叠压F13，F14叠压F15。

根据房址的形式可以将这批房址分为单间房址、双间房址、三间房址以及四间房址共四个类型。单间房址是独立的一间房址，不与其他房址相连，这类房址在大河村中发现最多，共有26座，其中保存较好的有18座，分别是F22、F16、F23、F29、F46、F5、F10、F11、F12、F13、F14、F15、F21、F26、F34、F40、F43、F47。双间房址由两个单间房址构成，大河村共发现4座，分别是F17～F18、F19～F20、F36～F37、F38～F39。三间房址由三个单间房址组成，大河村仅发现1例，为F30～F32。四间房址是四间相连的房址，大河村共发现2座，分别是F1～F4、F6～F9。

---

① 郑州市文物考古研究所：《郑州大河村》，科学出版社，2001年。

二、房址结构与器物组合

（一）单间房址

大河村遗址发现的单间房址共有 26 间，其中第二期 1 间、第三期 6 间、第四期 19 间。受房址保存状态的影响，发掘面积大多数在 4～36 平方米之间，只有 F15 清理面积达 122.2 平方米。单间房址平面多呈方形，仅 F23 呈圆形。房址内部结构大致相同，拥有烧火台、土台等生活设施。

第二期发现的单间房址 F22 不完整，出土的器物有鼎、罐、盆、钵、甑，都是日用生活陶器。

第三期共有 6 间单间房屋，其中发现烧火台的只有 F16，烧火台靠 F16 东墙分布。F46 西南部被灰坑和汉墓打破，推测烧火台也被一并打破。F23、F29 只揭露房址的一角，由于保存状态的原因，房址内部没有发现烧火台。土台在第三期仅发现一例，建在 F16 的西北角。第三期单间房址中发现的器物组合同第二期基本一致，都是鼎、罐、钵、盆。在 F29 中发现了缸。

第四期共发现 19 座单间房屋，其中 7 座房址中发现了烧火台。F10、F12、F13、F14、F15、F21 共 6 间房址的烧火台分布在房址的中部，F5 的烧火台分布在房屋的西北角。第四期也只发现一座土台，位于 F10 内西墙靠北。

共 9 座第四期单间房址内部发现了器物。器物种类相较于第三期更加丰富，新出现了豆、壶、瓮、器盖、碗。鼎作为炊具广泛发现于房址内部，除鼎之外，还发现了钵、豆等食器，罐、缸、瓮、盆等储藏器。

F12 和 F13 各发现火池、烧火台一座，房址内部没有发现鼎，但出土了钵、碗、豆等食器以及罐、瓮等储藏。F11、F34、F40 内部未发现烧火台，但这几座房址内部都发现了用于炊煮食物的鼎，还有罐、缸等储藏器以及碗、豆、钵等食器，F11 中发现的壶可用作小型的水器，盆也是房址中用于盛水的器物。F42 发掘不完整，房址内部未发现烧火台，但发现了鼎、罐、缸、瓮等器物。F21 内部未发现器物，但揭露了火池。F15 内部发现烧火台但无出土器物，值得注意的是，该房址面积是一般单间房址的 4～5 倍，结构同一般单间房址相差不大。F26 全貌不详，内部未发现烧火台和器物，清理的房基上发现了两个柱础坑，房址地坪中发现一个婴儿的瓮棺葬。

（二）双间房址

大河村遗址发现的双间房址共有 4 座，可分为两类：一类中间有门道相通，从整体上看，这类房址是一体的，内部的空间共享，两间房址内仅发现一座烧火台；另一类中间没有门道相通，不共享房址内部的空间，只是在建造房址时共用一墙，两间房址各有一个烧火台。

F17～F18、F36～F37 两座房址中间有门道相通，呈一大一小相连。F18 面积较大，西南部被 F19 打破，房址内部没有发现烧火台，推测烧火台也被 F19 一同打破了。在 F17～F18 中发现了缸、白衣彩陶钵、折腹盆、罐等生活用具。双间房址 F36～F37 保存较好，F37 面积较大，中心发现了一座烧火台，是主要的活动空间；F36 面积较小，未发现烧火台（图二）。在 F37 中发现鼎、罐、钵、盆等器物的碎片，F36 中出土了钵、碗、盆等生活用具以及石斧、石凿、石纺轮等生产工具，没有发现炊具。

F19～F20、F38～F39 内部没有门道相通。F19、F20 各自拥有一座烧火台（图三），F19 的烧火台位于房址的西北部，F20 的烧火台位于房址中心偏东北处，出土鼎、罐、钵、盆、碗、豆、瓮、甑、杯、壶等器物。房址内部发现的器物多在烧火台周围，有的直接放在烧火台上。例如在 F20 中，2 个鼎、1 个壶放在烧火台上烧火台周围，F19 的烧火台上存放着 1 个鼎、1 个钵，烧火台周围还放有 1 个罐、1 个鼎。F38～F39 被严重打破，没有发现烧火台和器物。

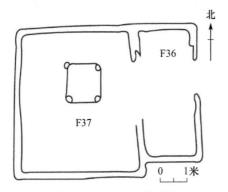

图二　F36～F37 平面图
（改绘自郑州市文物考古研究所：《郑州大河村》（上），
第 257 页，图一四四）

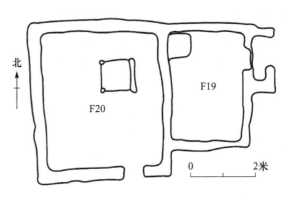

图三　F19～F20 平面图
（改绘自郑州市文物考古研究所：《郑州大河村》（上），
第 173 页，图九四）

（三）三间房址

大河村遗址中仅发现一座三间房址，为 F30～F32，是仰韶文化第三期的遗存。三间房址面积为 9～32.25 平方米。F30 与 F32 中间有门道相通，F31 与 F32 和 F30 共用一墙，中部的隔墙没有门道相通（图四）。F32 面积最小，内部发现一座烧火台，紧靠着 F32 的东西墙和北墙。其他两座房址内没有发现烧火台或土台等设施。白衣彩陶钵、白衣彩陶背壶等器物也仅在 F32 中被发现，且多集中在烧火台上。房址内部没有发现炊器，只有食器和水器。

（四）四间房址

大河村遗址中揭露了两座四间相连的组合房址，第三期发现的是 F1～F4；第四期发现的是 F6～F9。房址面积在 1.04～20.8 平方米之间。

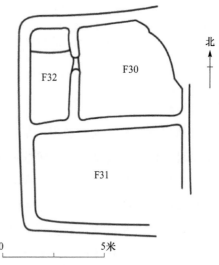

图四　F30～F32 平面图
（改绘自郑州市文物考古研究所：《郑州大河村》（上），第 178 页，图九八）

F1～F4 房址结构简单，为东西并列的排房，四间并列的房址各有各的房门（图五）。从时间上考察 F1～F4，发现 F1 和 F2 是同时建造的两个房间，后 F1 中用隔墙将房址分成了套间和外间。此外又在 F1 的东侧加盖 F3，利用 F3 的东墙加盖 F4，加盖的 F4 面积狭小。F3 还未建烧火台之前与 F1 有门道相通，后 F3 在北墙上另开一门，还将烧火台建在了与 F1 相连的门道上，该门道遂被废弃。F1共发现两座烧火台、一座火池，F2中发现两座烧火台、一座土台，F3中发现一座烧火台。这三间房址烧火台分布规律同第三期单间房址一致，都是靠墙分布。器物集中发现于F1～F3中，器形有鼎、罐、钵、壶、双连壶、甑，F4中未发现器物，只在地坪上清理出大量木炭。F1～F3发现的器物同其他形式的房址一样，都是用于日常生活的炊器、食器、水器、储藏器等。

F6～F9没有发现烧火台和器物，较大的房址F8～F9被灰坑打破，推测烧火台和器物也已经被房址南部的灰坑打破。F6～F9与F1～F4房址结构不同，F1～F4为东西并列的排房，F6～F9结构比F1～F4要复杂许多。F6～F9中所有的房址都通过F8～F9北面的门进出，内部结构迂回环绕，F8、F9构成东西结构的大间，中间有隔墙相隔。F6利用F8的东墙建造，房址中的隔墙将房址隔成了南北结构，F7建造在F6的西南角以及F8的东南角处（图六）。

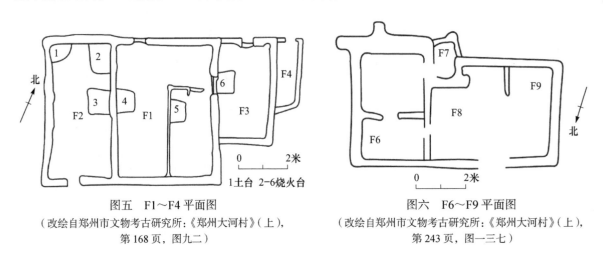

图五　F1～F4平面图　　　　　　　　　　　　图六　F6～F9平面图
（改绘自郑州市文物考古研究所：《郑州大河村》（上），　　（改绘自郑州市文物考古研究所：《郑州大河村》（上），
第168页，图九二）　　　　　　　　　　　　　第243页，图一三七）

三、房址功能探讨

从房址结构、遗迹及出土器物推测，第二期F22、第三期的F16、F23、F29、F46为日常生活房址。内部发现烧火台的房址在室内炊煮，房址内部烧火台所在的区域用于烹煮食物，烧火台周围空闲的区域用于坐卧。炊煮活动由室外移至室内并延续至今，在云南少数民族的房屋中也能发现屋内炊煮的痕迹，比如纳西族通常在屋中设火塘，立三脚，煮饭烧水[1]。在佤族人的日常生活中，烧火台上是放炊具和吃饭的地方，下方则是家庭其他成员的睡处[2]。由此推测，大河村第四期F5、F10、F14、F12、F13、F21是生活房址，人们在房址内部烹煮食物、围坐在烧火台周围就餐、坐卧、取暖等。F11、F34、F40发现面积相对完整，但室内未发现烧火台，由于无法获得室外地层的证据，只能推测这几座房址沿袭了室外烹煮的习俗。F42、F47内部发现能复原的鼎、缸、瓮、罐等生活用具，鼎作为重要的炊器出现于房址中，据此推测F42、F47也是日常生活所用房址。

房址F15这类"大房子"的建造需要消耗较大的人力、物力，故F15可能由多个家庭所建，为公共建筑。房址内部只发现烧火台未发现器物，烧火台位置与第四期单间房址的位置一致。该处房

① 云南省编辑组：《云南方志民族民俗资料琐编》，民族出版社，1986年，第190页。
② 云南省编辑组：《云南方志民族民俗资料琐编》，第159页。

址的烧火台不仅具有实用性的功能，在进行仪式、庆祝、议事等活动时更起到一种精神上的作用。侗族常在鼓楼内部中心设一处火塘，族中举行重要会议时，人们都围坐在火塘边，讲一年的收成、计划，大丰收时还会举行庆祝活动[1]，以此增加群体的凝聚力。因此推测，F15 这种大型房址通常具有议事、举行仪式、活动的功能。

单间房址 F26 从房址内部结构推测该房址应该有其他特殊的功能。其他单间房址过于残破，多数只保留房址的一角，无法识别其功能。

F17～F18、F36～F37 双间房址中发掘的器物都为日常生活使用，且房址内部发现了炊煮设施——烧火台。从房址的结构和器物组合来看，这类双间房址也是供人们居住的生活房址。F38～F39 内部没有发现器物，但 F38～F39 房址结构与 F19～F20 相同，推测 F38～F39 也是日常所用生活房址。大河村中出现两种不同结构的双间房址，可能与房址主人的关系亲疏有关。在基诺语的语言体系中，一个火塘同一个个体家庭的发音相同，都发为"究"[2]。从房址内部烧火台数量推测，内部有门道相通的双间房址中居住的人，关系更加亲密，居住的可能是一个个体家庭。没有门道相通的双间房址的居住的可能同属一个家庭的不同分支，每间房址各居住一个个体家庭。

三间房址 F30～F32 也是用于日常生活的房址，其内部空间根据功能划分的痕迹明显。在这座三间房址中，烧火台在 F32 内部，但其面积狭小，无法容纳多人同时就餐，所以推测就餐的区域应位于 F32 旁的 F30。F32 在功能上与现代意义上的"厨房"更为相似。这座三间房址最大的特点就是单独划分了烹煮的区域，烧火台占据了房址内部约 1/4 的面积，整个 F32 为烹煮的特定房址。从房址平面上看，三座房址紧紧相连，关系密切。从房址的总面积来看，这三间房址中居住着一个大家庭，或者说一个扩展家庭。

四间房址 F1～F4 具有多重功能，F1～F3 为日常生活房址，狭窄的 F4 为储藏房址。房址内部的功能相似，有放置器物、烹煮和坐卧的功能区。F6～F9 也是用于日常生活的组合房址，F7 是组合房址中的储存房址，平时用于储存杂物等。功能上，这两座四间房址都属于日常生活所用的房址组合，四间房址中在日常居住用的生活房址以外，都有一个较小的储物间。这类储物间不足以容纳人的活动，且通常附庸于其他房址，房址建造非常草率，内部地坪非常粗糙，因此推断它们是用于储藏的库房。两座四间房址都有逐间加盖的迹象，民族学的资料显示，独龙族子女结婚以后，不另起房屋，而是在父母原有的房屋的两侧逐间加盖[3]。四间房址的加盖现象，表现了一个核心家庭逐步壮大为一个扩展家庭的过程，随着家庭人口的增多，房址内部的人通过增加隔间或在房址两侧加盖房址来减少单间房址居住的人口。德昂族的家庭中，已经娶妻生子但没有条件同父母分居的男子，可以在屋内设一个新火塘[4]。随着房址内拥有自给自足能力的男子增加，房址主人又在 F1 的周围加盖了 F3，F3 之前与 F1 相连，但后续 F3 又将房址烧火台建在与 F1 相通的门道上，房址的隔绝类似于"分家"的行为。F6～F9 是环绕加盖，新加盖的房址与原来的房址仍然相连，房址内部的人

① 甘桂遥：《浅谈侗族的火塘文化》，《柳州师专学报》2010 年第 3 期。
② 罗汉田：《火塘——家代昌盛的象征——南方少数民族民居文化研究之一》，《广西民族研究》2000 年第 4 期。
③ 罗汉田：《火塘——家代昌盛的象征——南方少数民族民居文化研究之一》，《广西民族研究》2000 年第 4 期。原文引自云南省民族研究所编印：《独龙族社会历史综合考察报告专刊》第一集，1983 年。
④ 杨敏悦：《西南少数民族的拜火习俗和火神话》，《中央民族学院学报》1998 年第 1 期。

共享整个组合的空间，大的家庭没有分散。

综上，大河村遗址揭露的房址以日常生活房址居多，此外少数房址用于储藏、议事。日常生活房址内部有两个主要的功能：烹煮和坐卧。除了这两大功能之外，房址还包含了一些其他功能，例如取暖、放置器物和工具等。储藏房址的主要功能是存储物品，大型房址则主要用于议事、庆祝、举办活动。根据已发掘的房址进行统计，除去残破和不可识别的房址，单间生活房址占比自第三期至第四期出现增加的趋势，第三期单间生活房址占比约为 27%，第四期单间生活房址占比约为 55%。仰韶文化后期发生了巨大的变化，在统一性方面有所削弱，出现了明显的分化[①]，家庭之中的分化表现为大的家庭分化成小的家庭。相对应的，房址的形态也随之改变，大河村发现的房址，到第四期以核心家庭为主要消费单位的房子几乎成为主流。

四、结　语

房址遗存与人类行为密切相关，史前时期遗留下来的房址隐含了当时人类活动的重要信息。从整体上看，大河村揭露的仰韶文化时期房址都有一定的分布范围，且位置相对集中。纵观整个遗址，房址呈现出成团分布的特点，在南面、西面、东面都发现了成团的房址，每个成团的房址距离 20～100 米不等。无论是第三期还是第四期，同时期房址都存在叠压现象，可见大河村先民建造房址的范围较为集中，且可能在同一个位置上重建。大河村先民在营造房址时可能经过考量，遗址内房址布局具有整体性和规划性。

大河村发现的房址以生活房址居多，除生活房址外，四间组合房址各发现一座储藏房址，用来储存杂物。仰韶文化第四期还发现了一座大型房址，这类大型房屋主要用于举办重要的会议、仪式、活动。生活房址内部通过隔墙、烧火台、土台等设施细分烹煮、坐卧等不同的功能区域。从少数民族的房屋营造规律看，单间房址内部居住一个核心家庭，多间房址主要供一个扩展家庭居住。且第三期房址以两间或两间以上相连的房址为主，第四期则以单间房址为主，由此可见，随着文化的不断发展，大河村先民更偏向于以核心家庭为主的家庭模式。

参 考 书 目

[1] 郭维德：《郑州大河村仰韶文化的房址遗存》，《考古》1973 年第 6 期。

[2] 郑州市博物馆：《大河村遗址发掘报告》，《考古学报》1979 年第 3 期。

[3] 郑州市文物工作队、郑州市大河村遗址博物馆：《郑州大河村遗址 1983、1987 年仰韶文化遗存发掘报告》，《考古》1995 年第 6 期。

[4] 郑州市大河村遗址博物馆等：《郑州大河村遗址 2014～2015 年发掘简报》，《华夏考古》2016 年第 3 期。

[5] 郑州市大河村遗址博物馆等：《郑州市大河村遗址 2010～2011 年考古发掘简报》，《华夏考古》2019 年第 6 期。

[6] 〔澳〕刘莉著，陈星灿等译：《中国新石器时代——迈向早期国家之路》，文物出版社，2007 年。

[7] 汪宁生：《中国考古发现中的 "大房子"》，《考古学报》1983 年第 3 期。

[8] 黄崇岳：《从少数民族的火塘分居制看仰韶文化早期半坡类型的社会性质》，《中原文物》1983 年第 4 期。

[9] Sharon R. Steadman, Recent Research in the Archaeology of Architecture: Beyond the Foundation, *Journal of*

---

① 张忠培：《中国新石器时代考古的 20 世纪的历程》，《故宫学刊》2004 年第 1 期。

Archaeology Research, Vol.4 no.1 (1996), pp.51-59.

[10] 毕硕本、裴安平、闾国年:《基于空间分析方法的姜寨史前聚落考古研究》,《考古与文物》2008 年第 1 期。

[11] Thomas J. Pluckhahn, Household Archaeology in the Southeastern United States: History, Trends, and Challenges, *Journal of Archaeological Research*, Vol.18 no.4 (2010), pp.331-385.

[12] David M. Carballo, Advance in the Household Archaeology of Highland Mesoamerica, *Journal of Archaeological Research*, Vol.19 no.2 (2011), pp.133-189.

[13] Bruce Routledge, Household Archaeology in the Levant, *Bulletin of the American Schools of Oriental Research*, Vol.370 (2013) pp.207-219.

[14] 靳松安、张建:《从郑州地区仰韶文化聚落看中国早期城市起源》,《郑州大学学报(哲学社会科学版)》2015 年第 2 期。

[15] 杨谦:《西方家户考古的理论与实践》,《江汉考古》2016 年第 1 期。

[16] 林壹:《尉迟寺大汶口晚期聚落内部的社会结构——以遗存的空间分布为视角》,《南方文物》2016 年第 4 期。

[17] 姜仕炜:《雕龙碑第三期聚落家户研究》,《江汉考古》2018 年第 4 期。

[18] 崔兴天:《考古学空间性研究:从文化史到聚落形态的多重空间构建》,《南方文物》2018 年第 4 期。

[19] 姜仕炜:《安徽尉迟寺遗址大汶口文化晚期家户研究》,《东南文化》2018 年第 5 期。

[20] 陈胜前:《考古学如何重建过去的思考》,《南方文物》2020 年第 6 期。

[21] 王红博、陈胜前:《史前家户考古的操作模式研究》,《东南文化》2021 年第 1 期。

[22] 王懿卉、史宝琳、朱永刚:《先秦时期房址的空间分析初探——以白金宝遗址 F3004 为例》,《北方文物》2021 年第 3 期。

[23] 孙延忠:《大河村遗址仰韶文化房基保护加固修复》,《中国文化遗产》2022 年第 2 期。

[24] 刘云秀:《东北地区新石器时代大型房址建筑技术和功能研究》,山东大学硕士学位论文,2020 年。

Research on the Function of Dahecun House Site in the Yangshao Period

ZHANG Ping

(School of History, Nanjing University, Nanjing, 210046)

Abstract: Many houses in Yangshao culture period were discovered after excavation in Dahecun site. Most of the houses are well preserved, and there are still many artifacts on the living surface. In this paper, the types and functions of Dahecun site are analyzed based on the remains such as firing place, mound, wall, doorway and unearthed artifacts. Most of the houses found in the site are residential houses, with a few storage houses and a large house. There are cooking, sitting and lying areas, utensils and other areas inside the living room, and the space inside the living room has been planned and considered. Storage houses are mostly used as rooms for storing sundries, and large-scale house are places for groups to discuss together, celebrate harvest and hold activities. Combined with the methods of building houses by ethnic minorities in Southwest China, this paper discusses the family patterns corresponding to different forms of houses (single room or multiple rooms) according to the area and functional zones of houses.

Key words: Yangshao culture, Dahecun site, house function

时庄遗址粮仓建筑遗存复原初探

杨晨雨[1]　曹艳朋[2]　周学鹰[3]

（1. 南京百会装饰工程有限公司，南京，210000；2. 河南省文物考古研究院，郑州，450000；

3. 南京大学历史学院，南京，210046）

摘　要：时庄遗址位于河南省周口市淮阳区四通镇时庄村，考古工作者在遗址南部一处人工垫筑台地上，清理出多座集中分布的夏代早期粮仓建筑遗存。这些粮仓建筑遗存布局清晰、功能性突出。本文结合时庄遗址考古发掘资料，通过梳理考古发掘的粮仓遗迹、历史上的粮仓遗存，借助文献资料、相关粮仓图像，并参照民族学资料中的仓储建筑造型、功能等，探讨分析时庄遗址仓储遗存可能的建筑形制及其建材、功能、使用等，对典型遗存进行初步复原。

关键词：夏文化；时庄遗址；粮仓建筑；遗址复原；建筑考古

新石器时代，随着粮食生产有了剩余，仓储建筑开始出现。原始先民们先是利用陶罐等器皿进行少量粮食存储[1]，而后随着生产力发展，粮食产量增加，人们开始修建粮仓来存储剩余粮食，且根据仓储物和使用情况不同来存粮，满足不同时期所需。

时庄遗址是我国目前发现的年代最早的粮仓仓城，在遗址南部的人工垫筑台地上，出土多座形制特殊的古代建筑遗迹，这些建筑遗存底部均检测出粟、黍类作物的颖壳和用于铺垫或芦苇类植物编织物的植硅体，土壤中也检测出黍素的成分。结合仓储遗迹的建筑形制，判断其性质为粮仓[2]。

本文通过对粮仓建筑形制和功能性特征等多方面分析，依据考古学成果，结合民俗学材料等，尝试对时庄遗址粮仓建筑遗存进行建筑复原。

一、我国传统粮仓功能及形制

我国粮仓建筑起源，与农业发展息息相关。目前考古已发掘出大量粮仓建筑遗存，根据仓储方式不同，大致分为窖穴存储和仓房存储。窖穴存储是指向地面以下挖掘窖穴存储粮食，多为地穴式或半地穴式构造。仓房存储则是在地面上修建房式仓一类的建筑用于存粮。

仓房存储建筑据形制不同，又可分两种：地面式和地上干栏式。地面式即在地面上直接垒砌墙体修建房屋。干栏式即用土墩、柱子、圈足等将粮仓地面架高，再修建仓房。本文主要针对时庄遗址发掘出土的、形制较特殊的干栏式粮仓，进行针对性复原研究。

复原时庄遗址粮仓，需充分参考各种粮仓建筑的特点，考虑到其存储功能和实际需要，并对仓储粮食的化学性质、粮堆的力学性质以及仓储调节功能有所了解；要保障粮仓建筑结构稳定、仓内温度合理，避免屋漏、地潮、渗水等情况；还要考虑门窗设置和建筑材质的使用，既要隔热防火、

---

① 王秋玲、杜灵芝、余扶危：《我国新石器时代早期储粮史研究》，《洛阳理工学院学报（社会科学版）》2011 年第 6 期。

② 相关考古学资料、图片均由河南省文物考古研究院、北京大学考古文博学院、周口市文物考古所提供。

避免鸟雀虫鼠侵扰、防虫防霉，同时方便使用者活动、作业、进出等。

1. 粮仓考古遗存

　　我国粮仓修建历史久远且连续，从新石器时代直至明清，由官方修建的官仓到地方修建的储粮建筑，类型众多，分布十分广泛。其建筑形制并未受到南北地区建筑特点的影响，干栏式、地面式和窖穴式这三种形式在南北均有分布。

　　嘉兴仙坛庙遗址第 52 号墓葬出土的泥质黑皮陶陶器盖上，描绘了一干栏式粮仓建筑形象的刻画符号[1]（图一）。该建筑平地起 6 根柱子，上面用木板搭建出一个平台，平台上修建粮仓，仓顶出檐，为四面坡屋顶。根据图案上的竖线推测，屋顶可能是用茅草或稻草等材质绑扎而成。符号整体刻画比较简单，但已可见此时建筑大致构造。

　　下王岗仰韶三期遗迹中发现一座多达 32 开间的长屋，紧靠长屋西端有一遗迹 F11，F11 有 19 个柱洞，围绕成一个圆圈，圆圈直径 4.36 米，无居住面也无墙壁，推测可能为一干栏式粮仓，应是长屋居民的公共粮仓[2]（图二）。

图一　陶器盖上刻画的粮仓建筑
（采自王依依、王宁远：《仙坛庙干栏式建筑图案试析》，《东方博物》2005 年第 3 期，图四）

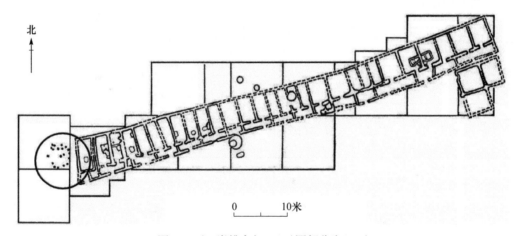

图二　下王岗排房与 F11（圈部分为 F11）
（采自王小溪、张弛：《喜读〈淅川下王岗〉推定之"土仓"
与"高仓"续论——汉水中游史前地面式粮仓类建筑的进一步确认》，《考古与文物》2018 年第 2 期，图九）

　　宋代《天圣令·仓库令》中，对于粮仓窖穴防潮设施已有详细规定："诸窖底皆铺稾，厚五尺。次铺大稕，两重，又周回着稕。凡用大稕，皆以小稕揜缝。着稕讫，并加苫覆，然后贮粟。……其麦窖用稾及籧篨。"[3]

---

　　① 王依依、王宁远：《仙坛庙干栏式建筑图案试析》，《东方博物》2005 年第 3 期。
　　② 严文明：《喜读〈淅川下王岗〉》，《华夏考古》1900 年第 4 期。
　　③ 天一阁博物馆、中国社科院历史研究所天圣令整理课题组校证：《天一阁藏明钞本天圣令校证》，中华书局，2006 年，第 543 页。

河北省深县清光绪年间修建的深州盈亿义仓作为一座民间公共粮仓，防潮设施十分完善，与《天圣令·仓库令》所载较相似：修建较高的台基，既有利于隔绝地下水，也能保证粮仓内的通风；地面与台基之间有 60 厘米的空间，在墙基下部周围设置通风孔，防潮防湿，也能防虫鼠；台基底部地面上铺设厚 20 厘米的三合土，土夯实后铺地砖；粮仓地面为松木地板，地板上再铺青砖。此外，该粮仓除一般门窗外，还在屋顶安装了百叶窗，更利于室内通风，且很好地隔绝雨水和鸟雀①。

2. 粮仓类建筑明器

建筑明器是制作的建筑模型，可运用多种材料，是古代先民日常生活及有关建筑形象的反映。粮仓类建筑明器作为人们生前财富、权力和衣食无忧生活的象征，出土数量十分可观②。这些粮仓建筑模型，更加具体和直观反映了粮仓特征，对研究历史时期粮仓的发展演变、分析其功能等，均具有重大的借鉴意义（表一）。

表一 我国出土仓储建筑明器举要

遗址	形制	门窗	其他设施	时代	参考文献
八里岗遗址	地面式圆形陶仓，伞形屋顶	无	仓壁有小孔	仰韶时期	北京大学考古文博院、南阳地区文物研究所：《河南邓州八里岗遗址 1998 年度发掘简报》，《文物》2000 年第 11 期
龙山早期墓葬遗址	圆形陶仓，圆顶	三面开门	无	龙山时期	王振江：《考古发掘中彩绘器物的清理和起取》，《考古》1979 年第 5 期
陕西凤翔高庄遗址	干栏式有足仓，伞形屋顶	方形小窗，靠上	无	秦代	张颖岚：《秦墓出土陶囷模型及相关问题研究》，《秦文化论丛》第七辑，西北大学出版社，1999 年
江陵凤凰山西汉墓	干栏式圈足仓，伞形屋顶	二层有一方窗	下部有排水沟	西汉	纪南城凤凰山汉墓发掘整理组：《湖北江陵凤凰山一六八号汉墓发掘简报》，《文物》1975 年第 7 期
河南南阳杨官寺	二层陶仓楼	上下均门，无窗	无	西汉	河南省文化局文物工作队：《河南南阳杨官寺汉画像石墓发掘报告》，《考古学报》1963 年第 1 期
陕西潼关吊桥	干栏式四足陶仓，悬山顶、庑殿顶	一门三窗	可拆卸门板	东汉	陕西省文物管理委员会：《潼关吊桥杨氏墓群发掘简记》，《文物》1961 年第 1 期
合浦县黄泥岗 1 号墓	干栏式青铜仓，悬山顶	正面一单门	无	东汉	蒋廷瑜：《汉代錾刻花纹铜器研究》，《考古学报》2002 年第 3 期
西安龙首原汉墓	干栏式圈足仓，庑殿顶	4～5 个仓门	有梯子和通风口	东汉	西安市文物保护考古所：《西安龙首原汉墓》，西北大学出版社，1999 年
长安汉墓	干栏式圆仓，伞形屋顶	无	仓顶有小盖，底部为取粮仓孔	汉代	西安市文物保护考古所、郑州大学考古专业：《长安汉墓》，陕西人民出版社，2004 年
河南淮阳北关一号汉墓	二层陶仓楼，庑殿顶	无门有窗	气窗，有梯子，二层有前廊	汉代	周口地区文物工作队：《河南淮阳北关一号汉墓发掘简报》，《文物》1991 年第 4 期

汉代墓葬出土有许多四足干栏式仓楼。如 1990 年在广西壮族自治区合浦县黄泥岗 1 号墓出土一件东汉时期的干栏式錾刻纹青铜仓（图三），仓房下部为四根圆柱，将底部架空，仓房为长方形，

---

① 沈明杰：《河北深县清代建筑深州盈亿义仓考——简述我国历代仓储之概况》，《古建园林技术》1994 年第 3 期。
② 周学鹰：《楚国墓葬建筑考——中国汉代楚（彭城）国墓葬及相关问题研究》，南京大学出版社，2019 年，第 458～555 页。

仓顶为悬山顶，正面有一单扇仓门，上有门环，正门及四面墙体阴刻兽面、门吏、人物、龙凤等纹饰①。

陕西潼关吊桥出土一件长方形有足仓（图四），该仓为插板式门，有五块可拆卸门板，最上面一块板中间有圆锥形手柄，随着粮食不断填装，依次安装门板；取粮时，再依次拆除门板，这样可避免仓门过大导致仓内粮食溢出，以及填满粮食后仓门无法打开的情况，实现仓储空间最大化利用②。

这种四足干栏式陶仓楼在河南、陕西等中原地区大量出土，可见在相对较干燥的北方地区，也有大量干栏式粮仓。即使在同一地区，粮仓门窗设置也各不相同，这种差异可能由于粮食存取方式和仓储物不同。

图三　广西合浦县东汉干栏式錾刻纹青铜仓
（采自广西合浦汉代文化博物馆网站）

出土的一件西周时期泥质灰陶明器粮仓，粮仓地面抬高，为干栏式粮仓，仓身有一口，下为高足，仓盖为伞形，造型较古朴③（图五）。

3. 粮仓图像

在考古学和文献学资料中，粮仓图像众多。根据载体不同，有画像砖、画像石、壁画、帛画、漆棺画，此外还有一些绘制于陶瓷器、建筑、崖面等材质上的图画。图像中的建筑是二维图像，更扁平化，偏艺术性，建筑材质也无法准确表达。但相对建筑模型和考古遗迹来说，图像中建筑细节刻画更为细致。因此，无论粮仓图像是否有夸大嫌疑，它们本质上都是对现实和客观世界反映，要正确看待和分析，通过这些图像合理地了解和认识古代存在的粮仓。

图四　潼关吊桥出土陶仓
（采自陕西省文物管理委员会：《潼关吊桥汉代杨氏墓群发掘简记》，《文物》1961年第1期）

四川彭县太平乡出土舂碓入仓画像砖④，画面后方有一地上干栏式粮仓，地面立四柱，上搭木板，木板上修建仓身，仓身为方形，正中开一门（图六）。

山东长清大街东汉晚期画像石墓，墓中门楣除有一仓廪图画像石（图七），上还刻有一排圆形干栏式粮仓⑤。这些仓房为有足仓，底部架空，仓身圆形，正面可见一小窗，上部有伞状仓顶，有出檐。

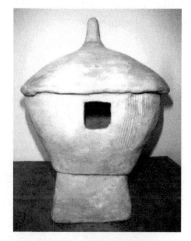

图五　西周明器粮仓
（采自陈小平：《中国古代粮仓史话（二）
——先秦粮仓》，《粮油仓储科技通讯》
2017年第2期）

---

① 蒋廷瑜：《汉代錾刻花纹铜器研究》，《考古学报》2002年第3期。
② 陕西省文物管理委员会：《潼关吊桥汉代杨氏墓群发掘简记》，《文物》1961年第1期。
③ 陈小平：《中国古代粮仓史话（二）——先秦粮仓》，《粮油仓储科技通讯》2017年第2期。
④ 中国画像石全集编辑委员会：《中国画像石全集》第七卷《四川汉画像石》，山东美术出版社，2000年，第535页。
⑤ 山东省博物馆、山东省文物考古研究所：《山东汉画像石选集》，齐鲁书社，1982年，第197页。

图六 四川彭县太平乡春碓入仓画像砖拓片
（采自邵帅：《汉代画像中仓储建筑图像研究》，
山东大学硕士学位论文，2019 年，图二十六）

图七 山东济南长清大街汉墓仓廪图画像石（局部）
（采自邵帅：《汉代画像中仓储建筑图像研究》，山东大学硕士学位论文，
2019 年，图十四）

4. 民族志中的粮仓

图八 贵州都匀瑶山古寨仓房
（安顺市平坝区文化馆王斌供图）

西南地区传统房屋不少采用干栏式，一般分上、中、下三层，其中上层为仓储区，堆放谷物和一些农具等。除这种服务于小家庭、规模较小的仓储区域外，大多数还会在村落附近修建集中、大型粮仓，如苗族（图八）、瑶族（图九）、侗族（图一〇）、布依族（图一一）等少数民族至今仍有干栏式粮仓遗留。

这些粮仓多建在村边依山傍水之处，仓的墙体材质以草、木为主，有方有圆；建筑下部架空，立木柱，木柱上垫木板，板上搭建仓房；仓身开小门，仅供出入；仓顶多用茅草，根据仓身形状不同，而捆扎成不同形状，多"金"字形或圆锥形顶；仓顶出檐较多，利于挡雨。

图九 瑶族粮仓建筑
（采自付从稳：《白裤瑶粮食储藏与加工方式变迁——以
广西南丹县里湖瑶族乡怀里村蛮降屯为例》，广西民族
大学硕士学位论文，2013 年）

图一〇 侗族粮仓建筑
（采自姜丽：《生产性景观中农业建筑的当代传承与应用
研究——以黔东南黄岗侗寨粮仓为例》，四川美术学院
硕士学位论文，2019 年）

海南省黎族聚居区现今仍保留干栏式建筑搭建技艺，具有古越族干栏式建筑特色。在黎族传统村落中，也会搭建专门的粮仓（图一二）。其搭建方式与居住型房屋较相似：先在建房地址上立块石为基，横放圆木，其上铺设木板，然后将上、下横梁连接，安装金字形斜梁及横梁，搭建出基

本房屋框架；用竹子搭构好屋顶框架后，将编好的茅草，一片片覆盖到上房顶，一般覆2～3层厚度；按柱和梁所开有的槽子，把一块块木板拼成一体；安装门叶后，以泥土（后用水泥）为材料制作平面和地板①。海南粮仓搭建方式，为我们复原时庄遗址的地上干栏式粮仓建筑提供了一定参考。

图一一　布依族圆堡粮仓
（望谟县文体广电旅游局，https://news.sohu.com/a/538283623_121106902）

5. 地上干栏式粮仓建筑特点

作为功能性建筑，地上干栏式粮仓特征明显。

粮仓选址要选取地势较高处，在修建时也要充分考虑到地下毛细水返潮。上述考古和民族学资料中发现的粮仓大多架空设置地板，现在一些少数民族还大量使用这种粮仓，这些都是较常见的防潮措施（图一三）。

在新石器时代的粮食窖穴中，曾发现一些鼠穴遗迹和鼠骨遗存。因此，粮仓防鼠十分重要。瑶族粮仓会使用专门烧制的陶罐，放置于粮仓底部与仓下立柱之间。此外大多数粮仓建筑都会使用防鼠板、垫木墩、土墩，甚至是石片等设施（图一四），用以防鼠、防虫。这些结构在陶仓、仓储图像上都还清晰可见，可见防鼠功能设置十分重要。

图一二　海南黎族粮仓建筑
（本文作者之一周学鹰摄）

图一三　瑶族禾仓底部木板
（采自曹大志：《干栏式粮仓二题》，《考古与文物》2021年第5期，图四）

粮仓仓顶当考虑防雨、防鸟雀、通风透气等问题，并采用较轻便、防雨防水的材质。观察出土的大量陶仓和仓储建筑图像，屋顶大多有出檐，可防止雨水从仓壁渗入（图一五）。

早期粮仓有的无门窗，有些规模较大的粮仓为通风散热，会设置一些小窗，门窗较小或较高（图一六），或如陕西潼关吊桥出土的长方形有足仓，使用可拆卸门板。

此外，粮仓作为功能性建筑，还要考虑使用便利性。在粮食入库出仓时，必然需要人工作

---

① 海南省旅游和文化广电体育厅编：《海南省非物质文化遗产图典》，海南出版社，2023年，第170～173页。

图一四 西班牙粮仓建筑垫筑的用来防鼠的石片
（采自网络《Camino 路上的加利西亚粮仓 Hórreo》）

图一五 海南初保村黎族粮仓建筑的巨大出檐
（采自海南省旅游和文化广电体育厅编：《海南省非物质
文化遗产图典》，海南出版社，2023 年，第 170 页）

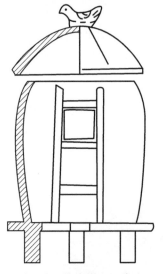

图一六 湖南资兴汉陶仓
（采自李桂阁：《试论汉代的仓困
明器与储量技术》，《华夏考古》
2005 年第 2 期）

业，管理人员也需要定期查看粮食保存状况，因此门窗、梯子、仓底等要考虑到实际操作简便的需求。

在仓储粮食过程中，由于外界温度变化，仓内温度也会发生变化。在河南地区夏季强烈日照下，屋顶和仓壁受热后，仓内温度也会随之升高，这也加大了粮仓失火风险。同时，仓房这种相对密闭环境，容易与室外产生温度差，在一些情况下会产生水蒸气凝结，也有使粮食受潮可能。所以粮仓屋顶和仓壁设置也要考虑到温度变化情况，要选择不容易吸热、保护性强的材质[1]。

二、时庄遗址粮仓遗存复原

时庄遗址粮仓复原，需要考虑到时庄遗址作为夏代遗址，其建筑有一定原始性。这种原始性可能体现在建材使用和结构形式较简单，但其功能性特征不应忽略。时庄仓城是一个使用时间较长的大型仓城遗址，其修建者们有足够智慧，充分考虑到粮仓功能性需求，并在修建中不断完善。

由于目前史前粮仓建筑遗存大多仅剩平面遗迹，上面建筑主体基本无存，因此在材质运用上可以在一定程度上参考同期的居住性房屋，或目前尚存的储粮设施民俗学资料。

本文根据时庄遗址考古发掘资料和目前我国考古发掘出土的粮仓遗迹，参照仓储建筑特点和仓储功能所需，对时庄遗址出土的地上干栏式粮仓进行针对性复原和研究。

1. 复原基础

时庄遗址出土粮仓形制特殊，整体类似于干栏建筑或"吊脚楼"造型。建筑平面均为圆形或近圆形，由多个直径 0.5～0.8 米的圆形土坯柱围合成一个圆形基础，有的柱子之间用土坯墙连接。土

---

① 陆永年：《试谈我国粮仓建筑设计》，《郑州粮食学院学报》1981 年第 1 期。

坏柱和墙体均由土坯砖叠砌而成，多数还在外侧涂抹细泥。土坯柱子大多高出地面，底部深浅不一。有的土坯柱中间有木板痕迹。土坯柱和土坯墙外侧都有明显的抹泥。

这些建筑遗迹形制不一，有的由一组土坯柱围合而成，有的为两到三组土坯柱构成的同心圆围合而成，有的由一组土坯柱加中心一土坯柱组成。

根据粮仓遗迹大小，将时庄遗址中发现的干栏式粮仓分为三种：第一种是较大型的粮仓遗址，内部面积大于 20 平方米，有两圈土墩，在中心还有一个土坯柱，以 F5 为例（图一七）；第二种是中型粮仓遗址，面积大多为大于 10 平方米小于 20 平方米，以一圈土坯柱为主，也有的有两圈土坯柱，以 F15 为例（图一八）；第三种是较小型的粮仓建筑遗迹，内部面积小于 10 平方米，由一圈土坯柱构成，以 F3 为例（图一九）①。

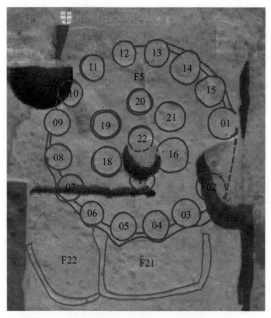

图一七　时庄遗址干栏地上式大型粮仓建筑
遗迹 F5 平面图
（河南省文物考古研究院供图）

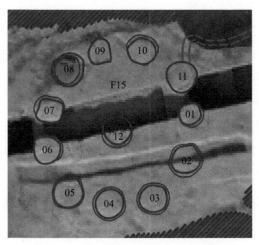

图一八　时庄遗址干栏地上式大型粮仓
建筑遗迹 F15 平面图
（河南省文物考古研究院供图）

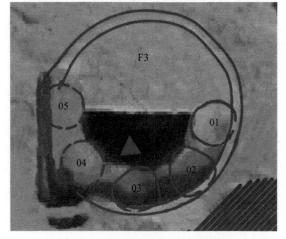

图一九　时庄遗址干栏地上式大型粮仓
建筑遗迹 F3 平面图
（河南省文物考古研究院供图）

这些建筑虽然大小形制略有差异，但基本可分为土坯柱、仓内地面、仓身、屋顶、门窗这几大部分，在构成上具有相似性。

（1）土坯柱

时庄干栏式粮仓立柱均为土坯砖建造，外侧涂抹细泥（图二〇），稳定性好，不容易松散，有利于维持上部建筑稳定。

---

① 河南省文物考古研究院：《河南淮阳时庄遗址考古新发现与初步认识》，2020 年 12 月 "河南淮阳时庄遗址考古新发现与初步认识" 会议报告。

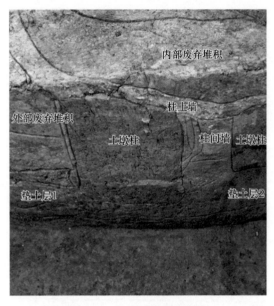

图二〇 土坯柱结构剖面图
（河南省文物考古研究院供图）

高出地面的圆形土坯柱能防鼠。外侧抹泥能阻止毛细水，并保护柱子不被侵蚀。有些建筑最外围土坯柱之间还有土坯墙，增加柱子和粮仓底部的稳定性。多个土坯柱围合成一个圆，1～2 圈土坯柱组合成一组同心圆，以此来支撑不同大小的粮仓。

在上文提到的瑶族粮仓中，架空仓底的木架与仓底之间会放置陶罐，用以防潮、防鼠，在其他考古发现中，部分粮仓底部立柱之上也能发现类似的功能性构件，有石片、木板、土坯等多种材质。因此推测，时庄遗址土坯柱上应有用土坯制作的垫圈或垫板，位于土坯柱和木板之间，既可加强土坯柱承受力，加大仓内地板承载，保障结构稳定性；另一方面还能加强土坯柱承受力和结构稳定，也有一定防潮、防鼠作用。

考古发掘中，外部土坯柱下部深浅不一，可能是前期垫土地面夯实不够平整所致。土坯柱外侧泥也没有涂抹到底，所以，应当是用土坯砖叠砌成圆形柱体后，再夯实地面，保证柱子稳定后再在外部抹泥。

时庄遗址目前已发掘的多座干栏式粮仓遗迹，根据平面情况，可大致分为三类：第一类无柱间墙；第二类外圈有柱间墙，但中心柱略有偏移，且不在外圈土坯柱所围成圆圈的圆心位置；第三类外圈土坯柱之间有柱间墙连接，但面积大多小于 10 平方米。

第一类粮仓大多仅有一圈土坯柱，围绕成圆形，面积略小。土坯柱上搭建木板作为仓底。

第二类粮仓中心柱有可能为后期加筑。在第一次修建时，这些粮仓建筑可能仅有一圈土坯柱，在进一步搭建或使用过程中，由于木板跨度太大，土坯柱上木板平台可能发生塌陷。因此为稳定粮仓，又在塌陷位置增加一个土坯柱，这也证明土坯柱主要作用就是架空仓底并保证粮仓底部的稳定性。

第三类的一些粮仓最外圈土坯柱之间还修建柱间墙，厚约 0.3 米，用以增强土坯柱之间的稳定性。柱间墙高度可能略低于土坯柱，上部留少许空隙，便于仓底通风，也能防鼠。

（2）仓内地面

考古人员在时庄遗址出土的部分干栏式粮仓剖面发现木板朽痕，这些应当是作为仓底的木板废弃后坍塌腐朽的痕迹。参考大量考古学和民族学资料，用木板做仓底是最便捷实用的方式。

河姆渡遗址第一期考古发掘中发现大量木板，长约 80～100 厘米，走向规律，还发现一些一头或两头都砍凿有一周凹槽的半圆木，研究者认为可能是和扎结有关的附属构件[1]。

汉代华仓遗址即京师仓[2] 和内蒙古沙梁子村西汉粮仓[3] 中，也搭建木地板来防潮。汉代出土的大量陶仓，也可见木板搭建的平台。这种用木构件搭建地板龙骨和架空地面地板的建筑工艺已十分

① 浙江省文物管理委员会、浙江省博物馆：《河姆渡遗址第一期发掘报告》，《考古学报》1978 年第 1 期。
② 陕西省考古研究所：《西汉京师仓》，文物出版社，1990 年，第 10 页。
③ 彭源：《内蒙古发现约 2000 年前疑似大型粮仓建筑基址》，新华社，2020 年 11 月 9 日，https://www.chinanews.com/tp/hd2011/2020/11-09/960306.shtml。

成熟，在粮仓明器中也有表现，如广西出土的石囷，就是一种圆形谷仓明器（图二一）。

前文所述的民族学粮仓资料中，许多粮仓还能见到这样的地板支撑结构。

因此，时庄粮仓也有可能在土坯柱上搭建相应仓底支撑，形成地面龙骨，再在上面搭建木板，保证粮仓板面稳定。

新石器时代的河南淮阳地区虽没有南方地区和河道周边地下水丰富，但粮仓修建者十分注意防潮防水问题，在粮仓修建之前已垫高地面，并在土坯柱上搭建木

图二一　广西壮族自治区博物馆藏石囷局部
（广西梧州博物馆藏）

板有效抬高仓体板面。时庄遗址在修建时，可能是将一层甚至多层干燥木板搭建于修好的土坯柱基础上，还可以用细泥填充木板缝隙，并用泥土涂抹木板表面，保证仓底平整，便于防潮、隔热、防鼠、防虫。

（3）仓身

时庄遗址考古发掘尚未找到更加切实的仓身材质和形制信息。根据历史遗存及民族学资料，较常见的是用质量较轻的草拌泥或草、藤条等植物茎秆编制围绕而成的圆形仓身。

在 F16 和 F18 中，可看到土坯墙高于土坯柱，这在一定程度上表明了时庄遗址的粮仓有可能用土坯砖叠砌墙体，再在墙外抹泥。

在我国西南地区的少数民族聚居地，现在还有大量干栏式粮仓存在。这些建筑有的采用编织好的草席围成墙体，也有的用较大的木材搭建井干式墙体，还有一些用薄木板搭建墙体，这几种材质的仓身墙体也都是有可能的。

（4）仓顶

粮仓屋顶容易损坏，很难保存下来，时庄遗址仓顶设置，需要参考其他考古信息来进行确认。仓顶设置，对于粮仓是否能够防雨、防水和防鸟雀起着重要作用，且对仓内温度也有重要影响。

从考古学和民俗学资料看，时庄遗址粮仓仓顶可能为伞状屋顶，也可能用草拌泥等材质修建圆拱形顶。如四川巴蜀的土圆仓修建的拱形仓顶，在顶上再搭建一层茅草等防雨材料。这种屋顶能够很好防止鸟雀，但容易坍塌，且修建较为麻烦，对底部土坯柱子的稳定性要求较高。还有一种屋顶搭建方式是用树枝搭建伞形屋架，再在屋架上铺设稻草等用来防雨。海南黎族、鄂温克族、瑶族等都有这种形制的粮仓屋架，搭建简单快捷，能满足时庄遗址粮仓需求。

屋顶当有出檐，这样能够保护粮食和仓壁不受雨水侵蚀。屋架上搭防雨覆盖物，一般用草、芦苇、树皮等植物编织而成。这些植物材质的屋顶搭建简单快捷，材料易得，且能较好阻挡雨水渗入。根据民族学资料，各地粮食仓储会做多重防雨设施，那么，在时庄遗址粮仓中，当粮食入仓堆积满后，可能在谷堆上铺设草席，避免屋顶漏水侵蚀粮食。

（5）门窗和其他设施

粮仓门窗在考古发掘中几乎无存，所以其复原要参考粮仓类建筑明器、粮仓图像和现存粮仓的民俗学资料等。

　　根据粮食仓储需要，粮仓通风十分重要，合理的门窗设置能够在防雨防潮、防鸟兽的同时保证很好的通风。因此时庄遗址粮仓的仓壁上可能设置通风孔，且开设一些小的门窗，用以通风。

　　在民族学的粮食建筑图像和考古出土的建筑明器中，大多数干栏式粮仓底部支撑立柱是围合成一个长方形或近方形的结构，而时庄遗址的粮仓建筑底部土坯柱围合为圆形。因此推测，与上文中可参考的方形或近方形仓底平台不同，时庄遗址粮仓建筑的平台可在仓门前略微伸出一块，一来方便人们站立和工作，二来更方便木板搭放搁置，利于仓底板稳定。该突出平台前可搭放梯子，梯子用完后应及时撤走，防止鼠兽顺着梯子爬入粮仓。

　　仓门应是可拆卸的门板，在装粒状谷物时，能保证谷物不会从仓门处流出。如上文提到的陕西潼关出土的陶仓楼的仓门。由于时庄遗址是大规模仓储型遗址，可能不会有频繁取粮的情况，门的设置就并非必须。考古出土的陶仓等建筑明器，早期大多形制简单，素面无窗，且门较高，贴地门后期才陆续出现。

　　时庄遗址还有一些平面较小的干栏式粮仓，由于体积较小，高度也相对比较低，因此可能仅设置便于通风和观察仓内谷物情况的小窗或小口，位置较高。然后在仓壁靠下的位置设置出粮小门，入粮后封好，再从顶部存入粮食将粮仓完全填满，再铺上防雨草席，搭建上部仓顶。等需要取出粮食时，只需打开下部仓门出粮，就可取出粮食。

2. 初步复原

　　通过对粮仓结构、构造、用材等的拆解，依据上文提到的两种不同形式，对时庄遗址的地上干栏式建筑进行初步复原。

　　（1）有足仓式

　　复原形制参考汉代出土较多的三足、四足陶囷（图二二），即在底部立柱上搭建木板，构成一个仓底平台，在平台上修建仓壁。

　　考虑到木板平台受力和稳定性，仓壁材料可能为重量较轻的草拌泥或用草、藤条等植物茎秆编制围绕而成。用植物茎秆编制而成的简易粮仓在河南农村地区现在依然可见，但大多为临时性囤粮设施，防水性差，容易损坏，使用寿命较短。木骨泥墙在史前建筑中多有使用，这种墙体材料易得、制作方便，使用十分广泛，且能够达到防水防潮要求，稳定性较强，不易坍塌，因此作为时庄粮仓仓壁的可能性较大。

　　根据上述情况，对 F5 与 F15 进行复原。

　　F5 为面积最大的一个干栏式粮仓，直径约 5 米，有两圈土坯柱加一个中心柱。土坯柱的直径为 0.6～0.9 米，最外圈的土坯柱之间修建柱间墙，增强土坯柱之间的稳定性。下部残存的柱间墙厚约 0.3 米，柱间墙的高度可能略低于土坯柱，上部留少许空隙，便于仓底通风，也能够防鼠。

　　修建好土坯柱和柱间墙后，再在土坯柱上用木板搭建平台，

图二二　东汉时期陶囷
（采自广州博物馆官网，https://www.
guangzhoumuseum.cn/website_cn/Web/
MainPage/Index.aspx）

作为仓底板，仓底板平台的平面直径大于土坯柱最外圈平面直径，木板升出一定距离，可防鼠，也是人们搬运粮食时的工作平台。

仓底采用在龙骨上平铺木板的方式，周边留一定宽度，便于人们在上面站立和工作。

修建好稳定仓底板平台后，再在平台上用土坯砖搭建仓壁。仓壁过薄稳定性较差，容易损坏，仓壁过厚则可能会使仓内温度过高，导致粮食发霉甚至自燃，因此仓壁厚度应当适宜。在河南、山西等地，现在农村地区依然有使用夯土墙、土坯墙。据当地工匠经验，一般墙体至少要有 0.3 米的厚度才能保证稳定，并达到保温隔热的效果。

根据时庄遗址测量数据，干栏式粮仓和地面式粮仓残留墙体宽度为 0.24～0.35 米，考虑到修筑技艺和后期损坏情况，推测墙厚为 0.3 米。

参考出土陶仓和民族学粮仓资料，粮仓屋顶可能用多根树枝搭建，再用草绳绑扎成伞形屋面；屋顶出檐，上铺设草席和稻草。杨鸿勋在对仰韶文化居住建筑进行复原时，参考《考工记》的"葺屋三分，瓦屋四分"，推测茅草铺设屋顶坡度为 1：3[1]。F5 平面直径为 5 米，那么屋顶约高 1.6 米。

F5 粮仓面积较大，储粮量也大，在粮食搬运时，需要足够宽敞的仓门才能方便粮食出入。参考出土的陶仓，早期粮仓门大多离地，尺寸设置也不易过大，但至少能让一个成年男性出入，并方便搬运粮食，因此选取门高 1.7～2、宽约 0.7 米。

根据上文，时庄遗址 F5 建筑复原如下（图二三～图二八）：

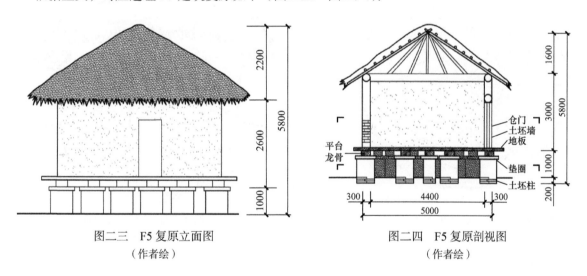

图二三　F5 复原立面图　　　　　　　　　　图二四　F5 复原剖视图
（作者绘）　　　　　　　　　　　　　　　（作者绘）

其他无柱间墙干栏式粮仓如 F15，形制应当与上述 F5 复原情况相似。F15 平地起立柱，立柱上用木板搭建平台，再在平台上叠砌土坯墙修建仓壁，最后搭建仓顶。仓顶与木板平台的搭建方式与上述大型干栏式粮仓的搭建方式相同。因面积较小，土坯柱间不需要修砌土坯墙来进行稳固。

（2）圈足仓式

参考汉代出土的圈足陶困复原（图二九），可能在底部修建好土坯柱后再修建土坯墙，通过用土坯墙连接土坯柱的形式，形成类似圈足底部，而仓壁与圈足形仓底连成一体，圈足部分可能会开一些小口，用以通风。

----

① 杨鸿勋：《仰韶文化居住建筑发展问题的探讨》，《考古学报》1975 年第 1 期。

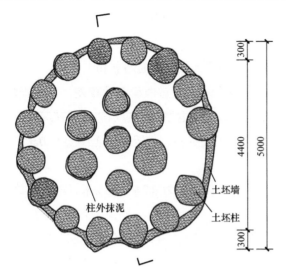

图二五 F5 复原平面图（距地面约 0.4 米处截取）
（作者绘）

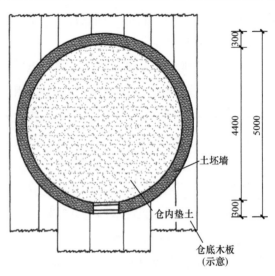

图二六 F5 仓身复原平面图（距地面约 1.5 米处截取，
仓内铺设草席，上垫筑细沙土）
（作者绘）

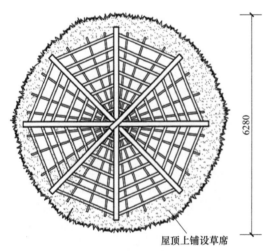

图二七 F5 仓顶复原仰视图（上铺设草席，
草席上铺设稻草并抹泥）
（作者绘）

图二八 时庄遗址 F5 建筑复原透视图
（作者绘，张智改绘）

图二九 汉代圈足陶囷
（采自西安市文物保护考古所：《西安
龙首原汉墓》，西北大学出版社，
1999 年，第 179 页）

时庄遗址发掘的粮仓遗存中，有许多平面面积均小于 10 平方米的小型干栏式粮仓。这些粮仓只有一圈土坯柱，根据土坯墙与土坯柱之间的关系，可分为三类：第一类柱间墙将土坯柱包于墙内；第二类无柱间墙；第三类土坯墙的高度高于土坯柱。

这几座小型干栏式粮仓土坯墙与土坯柱之间的关系与大、中型干栏式粮仓有所区别，猜测有可能其外形类似地面式圆囷或圈足囷的粮仓（图三〇）。

这种形制的粮仓在修建时，先在平地起土坯柱；然后修建土坯墙，用以连接土坯柱，使粮仓下部构成一个类似于圈足的封闭性空间；修建好圈足状仓足后，在上面依次修建仓底板和仓壁，仓壁与圈足外部连成一体，形成类似于圈足陶囷形制的粮仓；仓内地面靠土坯柱抬高，仓底木板不伸出墙面。

这种方案与考古发掘情况较吻合，连接土坯柱的土坯墙既可以保证柱子的稳定性，也能够对上部仓壁和木地板起到很好的支撑作用。但粮仓底部如何通风防潮，以及墙体连接处的防鼠设施如何设置都存有疑问。

此种粮仓墙体则可有更多选择，木骨泥墙、草拌泥墙都是史前房屋建筑较为常用的墙体，防水性、稳定性都能满足粮仓需求。考虑到仓壁与下部土坯墙连接，所以时庄干栏式粮仓上部仓壁可能与下部材质和搭建方式相同，即用土坯砖叠砌墙体，然后在外部抹泥修建土坯墙。这种墙体既能较好地防雨，也有良好的通风性和隔热性，能够防止仓内温度过高、水蒸气聚集等导致的粮食发霉、自燃等情况的发生。

图三〇　江陵凤凰山 167 号
汉墓陶囷模型
（采自曹大志：《干栏式粮仓二题》，《考古与文物》2021 年第 5 期，图一二）

此粮仓修建步骤大致是：先修建土坯柱，再在最外圈柱子之间修建土坯墙，形成支撑的圈足状底部；土坯柱上搭建木板作为仓底板，木板上可能抹泥、垫土并铺设草席，有效防止粮食漏出和粮仓返潮；在圈足上修建仓壁，与仓足土坯墙相连接，外部形成一个整体，能够很好地防止雨水侵入。根据上述情况，对 F4 进行复原。

依据考古资料，F4 土坯柱直径 0.5～0.75 米，残高 0.87 米，土坯墙厚约 0.3 米。平面直径为 3.5 米，按坡度 1∶3 推测屋顶高度为 1.2 米。由于这种方案为平地起土坯墙，因此土坯墙整体高度为 3 米。

搭建时，先在夯筑好的台地上叠砌土坯柱，土坯柱上放置木板作为仓底板，然后平地起土坯墙，将土坯柱和仓底都包裹在墙内形成仓身。这种粮仓体积较小，无仓门，有可能是从上部入粮，在仓身下部仅设置小的出粮口，需要取粮时，打开出粮口粮食就可以流出。

时庄遗址 F4 复原如下图（图三一～图三六）。

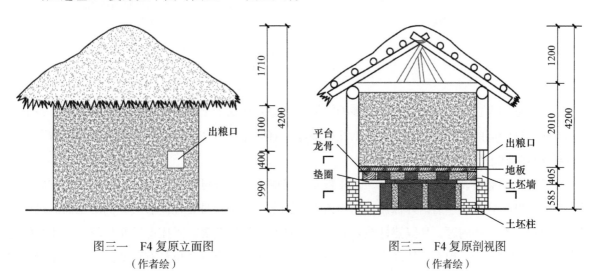

图三一　F4 复原立面图
（作者绘）

图三二　F4 复原剖视图
（作者绘）

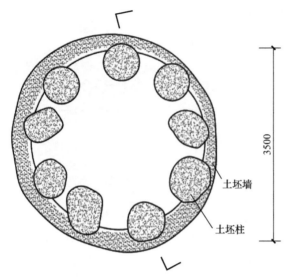

图三三　F4 复原平面图（距地面约 0.5 米处截取，
上部补充三根土坯柱）
（作者绘）

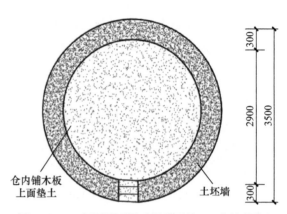

图三四　F4 复原平面图（距地面约 1.2 米处截取）
（作者绘）

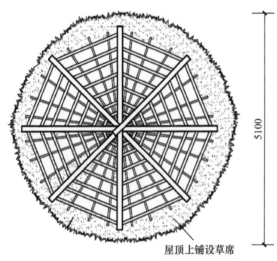

图三五　F4 复原屋顶仰视图
（作者绘）

图三六　F4 粮仓复原剖透视图
（宣小雷建模）

三、结　语

　　时庄遗址的干栏式粮仓遗迹存在着多种类型，主要差异在于土坯柱与墙体的关系。由于各个遗迹土坯柱与柱间墙的关系不一样，有的土坯柱漏出，有的完全包在下部墙体内，根据不同情况，采取不同方案尝试进行针对性复原。

　　参考现存的储粮设施民俗学资料，时庄粮仓建筑的仓身还有可能采用一种更加轻便的材质，如用草席围成圆形仓身，然后内外抹泥或用木条加以固定。这种仓身更轻便透气，同时也能满足内部存粮。但也存在一些问题，如隔热性能较弱，稳定性和保护性差等。时庄遗址年代较早，此时的仓储建筑有一定原始性，粮仓功能和性能不够完善，因此这种仓身材质也是有可能的。且时庄遗址中发现了植物茎秆的痕迹和植硅石，或可能就是用作修建仓壁的材料。这种材质仓身的粮仓与上述土坯砖仓身的粮仓建筑形制基本一样，仅仓身墙壁有所不同，此不赘述。

时庄遗址粮仓还有可能采用木井干式仓壁，或木板材质的仓壁。门窗、屋顶设置同样还有多种可能，还需要更多粮仓遗址考古材料和民俗学资料来进一步探究。不同形制的粮仓建筑的主要用途，以及仓储物是否不同，也需要进一步论证。

此外，时庄遗址的发现，对研究我国城市聚落发展初期的政治、经济、生产生活都有重要的意义，而这些也需要日后进一步的思考和探讨。可以想见，随着未来考古资料的不断丰富，以及发掘研究的持续进行，时庄遗址建筑遗存的全面复原、先秦时期粮食仓储方式，甚至是大型聚落的发展等研究定会不断深入。

参 考 书 目

（清）徐松：《宋会要辑稿》，中华书局，1957年。

Preliminary Study on the Restoration of the Granary Remains in the Shizhuang Site

YANG Chenyu[1], CAO Yanpeng[2], ZHOU Xueying[3]

(1.Nanjing Baihui Decoration Engineering Co., Ltd. Nanjing 210000;

2. Henan Provincial Institute of Cultural Heritage and Archaeology, Zhengzhou, 450000;

3. School of History, Nanjing University, Nanjing, 210046)

Abstract: The Shizhuang Site is located in Shizhuang Village of Huaiyang District, Zhoukou, Henan Province. Archaeologists have found a number of granary buildings of the early Xia Dynasty on an artificial platform in the south of the site. The layout of these granary buildings is clear and functional. Based on the archaeological excavation data of Shizhuang Site, this paper combs the granary remains excavated by archaeology and the granary remains in history, referring to literature, relevant granary images, and referencing shape and function of storage buildings in ethnological materials, discusses and analyses the possible architectural forms, building materials, functions and uses of the storage remains of Shizhuang Site, and preliminarily restores these typical sites.

Key words: Xia culture, Shizhuang site, granary building, site restoration, architectural archaeology

湖北京山苏家垄遗址城邑选址、布局与演变探究

席奇峰[1]　潘　欢[2]

（1.湖北省文物考古研究院，湖北武汉，430077；2.中国地质大学，湖北武汉，430074）

摘　要：通过多年来对苏家垄遗址群中的苏家垄墓群和罗兴居住、矿冶遗址点的考古发掘与研究证实，苏家垄遗址群是一处春秋时期的曾国大型封君城邑。该城邑的选址既有东周时期城市选址的共同因素，也有自身的特殊考量。该城邑遗存丰富，内部布局规范、功能分区明确，基本具备了东周诸侯国封邑构成的各项要素。其自两周之际始直至战国早中期之际，延续的时间长达近四百年，经历了初创、发展、繁荣、衰退的复杂演变过程，也是目前曾国城市考古工作开展最充分的一处城址，为曾国城市考古的发现与研究提供了丰富且珍贵的基础资料。

关键词：苏家垄遗址；选址；布局；演变

苏家垄遗址群在 20 世纪 60 年代水利建设工程中被发现，最初因发现诸多青铜器被认为可能是一处窖藏。后随着工作的开展，被认为应为一处东周曾国墓群。2015～2017 年湖北省文物考古研究院对墓群进行了全面的发掘，同时在周边进行区域系统调查，发现了与墓群大体同时期的罗兴居住、矿冶遗址点（以下简称"罗兴遗址点"）。2018 年以来对遗址点进行了多次发掘，发现了丰富的文化遗存。目前学术界普遍认为该遗址点连同已发掘和探明的墓群应为一整体，是一处东周时期曾国大型城址。然而更多研究与关注集中在墓群和发现的青铜器，对这处城址的城市考古研究较少，本文将结合已公布的材料和罗兴遗址点的发掘新收获对相关问题进行探究。

一、遗址概况与性质

苏家垄遗址位于湖北省荆门市京山市坪坝镇苏家垄村，地处荆门、随州、孝感三地交界处（图一）。该遗址是包括苏家垄、石家垄、方家垄墓群以及罗兴、范家湾遗址点等在内的大型遗址群，包含有新石器时代遗存和两周时期遗存，总面积达 231 万平方米[1]。

1966 年在苏家垄墓群发现 97 件青铜器，时代属于两周之际[2]，之后针对墓群和周边进行了多次调查。2008 年又抢救性发掘墓葬一座，清理出土青铜器 7 件[3]。2014、2015 年对墓群进行了调查、勘探，在周边新发现 5 处遗址点。2015～2017 年对苏家垄墓群进行发掘，同时对罗兴遗址点进行试掘。后对遗址点及周边进行了区域系统调查勘探，确定罗兴遗址点的主体面积近 75 万平方米，

---

① 方勤：《曾国历史与文化——从"左右文武"到"左右楚王"》，上海古籍出版社，2019 年，第 61 页。

② 湖北省博物馆：《湖北京山发现曾国青铜器》，《文物》1972 年第 2 期。

③ 湖北省文物考古研究所：《湖北京山苏家垄墓地 M2 发掘简报》，《江汉考古》2011 年第 2 期。

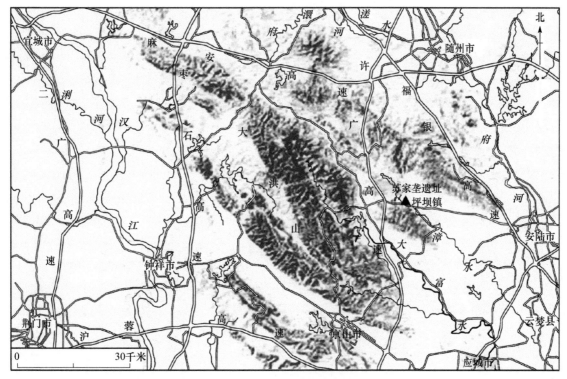

图一　苏家垄遗址位置图

其中保存状况较好的区域面积近 14 万平方米 [①]。

2018 年后考古工作的重心转向罗兴遗址点，至 2023 年共对遗址点进行六次发掘，面积 4600 平方米（图二）。先后揭露居住点、冶炼点、制陶作坊等，除了年代大体与苏家垄墓群同期的春秋早、中期遗存外，还新发现明确的春秋晚至战国早期遗存、汉代遗存等。考古发现进一步揭示了遗址点的性质、布局、年代、文化内涵等，也为研讨和确定苏家垄遗址群的城址性质及相关内容提供了可靠的材料。

从目前的认识来看，将苏家垄遗址群定性为一处包括城址和附属墓葬区在内的曾国的大型城邑应该是没有问题的。而关于城邑的具体性质，却有不同的观点：以墓群发掘者为代表一方，其认识经历了由大型城邑到最终定性为曾国都邑的转变 [②]；另外一方认为苏家垄一带为曾侯所封"曾伯""曾子"的治理中心，不应作为政治中心来看 [③]。笔者通过对苏家垄墓群墓葬规格，青铜器铭文，罗兴遗址点的规模、布局、文化遗存状况，曾国其他类似城址、墓地的对比等因素的分析，也认为苏家垄遗址群当为曾侯分封子弟的大型封邑。

①　湖北省文物考古研究院：《湖北京山市苏家垄遗址及周边考古调查简报》，《江汉考古》2023 年第 1 期。
②　方勤：《曾国历史与文化——从"左右文武"到"左右楚王"（增订本）》，上海古籍出版社，2019 年，第 110 页；方勤、胡长春、席奇峰等：《湖北京山苏家垄遗址考古收获》，《江汉考古》2017 年第 6 期。
③　黄凤春：《关于曾国的政治中心及其变迁问题》，《中原文化研究》2018 年第 4 期；蔡靖泉：《曾国考古发现与增随历史问题》，《湖北社会科学》2018 年第 9 期。

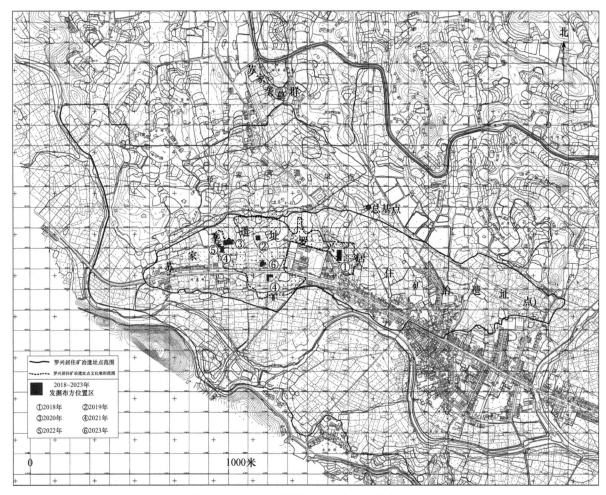

图二　罗兴遗址点范围和历年布方发掘位置图

二、城邑的选址

　　古代城邑的选址是一项重要的工程。两周时期出现了两次城市建设的高潮，一次为周初分封诸侯王，另外一次是东周时期，周王室衰落，战争频繁，各诸侯纷纷建筑以自卫[1]。东周时期城市营建进入繁荣时期，城市的选址也形成了完备的思想体系，可归纳为"择中""形胜"、因地制宜的实用思想[2] 等几个方面，这其中又以《管子》中记载的相关内容最具有代表性。古代城市选址涉及自然、政治、经济、军事、文化、技术等因素。可以总结为自然因素和社会因素两大类，其中自然因素是先决条件，社会因素是不可或缺的部分[3]。苏家垄城址作为一处曾国的大型封邑，既有同时期城市选址宏观和总体上的共性，又有微观和局部的特殊性（图三）。

　　① 邓莉：《楚国城市的性能与层级探讨》，华中师范大学硕士学位论文，2018 年。

　　② 赵立瀛、赵安君：《简述先秦城市选址及规划思想》，《城市规划》1997 年第 5 期。

　　③ 胡智行、吴晓、刘佳：《区位择优律之中国古代都城选址特征浅析》，《2015 中国城市规划年会论文集》（03 城市规划历史与理论），中国建筑工业出版社，2015 年。

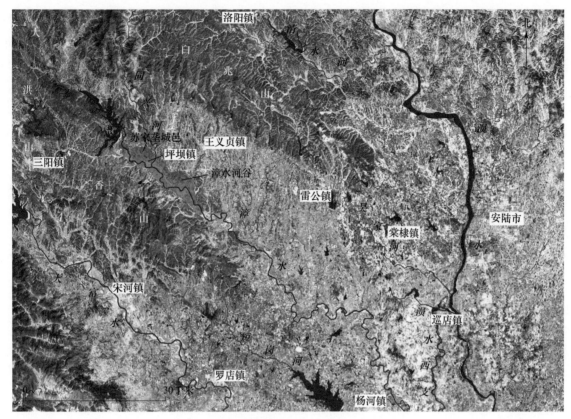

图三　苏家垄城邑周边地形、地貌水系分布图

1. 自然因素

（1）地形地貌

东周时期的城址大多依山傍水，处于地势平整开阔的位置。在外部山势的选择上，呈现出了明显的倾向：南麓成为选址的热门所在，东麓次之①。苏家垄城址从宏观的地形来看遵从上述特征：位于大洪山之东麓、面向长江的支流涢水；地势西高东低，处于山地向平原的过渡地带，地貌丰富，包括山地、丘陵、岗地、河谷等。苏家垄城址处于山前水侧的河谷之中，布局在河流旁的二级台地上，整体地势平坦。从微观上看城址的位置又比较特殊，处于大洪山两条支脉白兆山和香山围成的口袋形山谷之中。山谷西北端分布着南北纵横的丘陵，东南端则为起伏不大的岗地，出山谷则为涢水冲击形成的平原。城址位于山谷西北端偏南的漳水河谷之中，其南部紧靠香山，西部毗邻丘陵与山地，北、东为绵长的山前丘陵，东南部仅有狭窄的河谷出口与外界相通，呈一狭长的盆地，为一处相对封闭的地理单元。

（2）水源

水源丰富是中国城市选址的基本原则之一，位于河流沿岸，是中国城市城址选择的普遍规律②。东周时期各国都城和各国封君、各级政治中心也基本依赖河流而建。苏家垄城址同样临河而建，且处于两条河流环绕交汇处。上述山谷中沿香山北部流淌的漳水为涢水的一条重要支流，其间还有发

---

① 张国禹：《先秦城市方位观念初探》，河北工业大学硕士学位论文，2022年。
② 马正林：《中国城市的选址与河流》，《陕西师范大学学报（哲学社会科学版）》1999年第4期。

源于山谷北部白兆山的多条溪流，自北向南注入漳水，其中最大的一条为同兴河。漳水自西北向东南，遇香山后转而东流再与同兴河交汇，整体呈"U"形。苏家垄城址即位于"U"形区域南部的二级台地上。整个城址高出河流 5～10 米，西、南、东部邻水，北部为低矮的丘陵。整体北高南低、西高东低，既便于取水用水，又利于防洪和排水。

2. 社会因素

（1）经济

进入东周时期，经济因素在城市建造中的比重愈来愈高。城邑的建立聚集大量的人口，必然要消耗大量的物资。且东周时期交通设施并不发达，长距离运送不可能成为常态，就近解决所需成为必然。周边的土地是否肥饶、宽广，粮产、林木供应充足成为城邑选址建设与维持的物质基础。苏家垄城址不仅所在山谷东部有宽阔的冲积平原，而且山谷内漳水流经的河谷之地也有良好的农业条件，适宜发展稻作。此外，从对苏家垄近些年发掘的植物遗存的考古研究来看，旱地作物小麦是春秋时期又一主要粮食种类，山谷内城址东、北部广泛分布丘陵、浅岗，这样的地形条件更适宜种植旱地作物。城址周边山地丘陵纵横，林木茂盛，更有石材、铜矿等，不仅有良好的自然环境，更可提供丰富的各类资源。

（2）交通

古代城市皆位于交通便利之地，只有交通便利才能保证物资运输、往来出行、信息传递等，才能够充分发挥城市的各项职能。交通条件有陆路和水路之分，而河流及其沿岸往往二者兼得[1]。苏家垄城址处在漳水、同兴河两条河流之间，水路交通优势非常明显，顺漳水往东最近处可达距涢水 6 千米处，于此处通过陆路进入涢水逆流北上可直抵随枣腹地的曾国中心区域。继续南下可直接进入涢水，顺流可进入长江、沟通汉水，到达江汉平原。此外，漳水所在的河谷地势较为低平，沿河谷之陆路也可进出白兆山、香山环抱的山谷，与涢水西侧的平原交流。向南、向北也可抵达上述涢水水路可达的区域。

（3）政治

春秋时期相对于同级别的郡县邑和其他类型城邑而言，封邑受政治因素的影响更为明显。这一时期继续沿用西周的分封制、宗法制。诸侯分封的大夫封邑更为普遍，且大多以公族为大夫[2]。就曾国的情况看，在两周之际至春秋早期，占据着随枣走廊一带广袤的区域。曾侯为了巩固新增国土的统治，便将子弟分封于疆土东南部的苏家垄一带，并择要地营建城邑，以达到镇抚一方、统辖地方、御下属民的政治目的。且苏家垄一带处于随枣走廊的东南端，属于曾随的东南门户，战略位置尤为重要，亦可以起到"以藩屏曾"的重要作用。

（4）军事

军事防御是古代城市的一项重要职能，甚至有学者认为中国早期的城市建设主要目的是防御，而交通、经济区位优势，只是城市选址时的非必要条件而已[3]。城市周围有山川险阻作为屏障，有利

① 马正林：《中国城市的选址与河流》，《陕西师范大学学报（哲学社会科学版）》1999 年第 4 期。

② 顾德融、朱顺龙：《春秋史》，上海人民出版社，2003 年，第 287 页。

③ 张晓虹：《古都与城市》，上海人民出版社，2011 年，第 14 页。

于军事防卫，是城市建立和长期发展的必要外部保障。苏家垄城址周边"山水相连，封闭内向"的地形地貌是一种优越的军事地理环境。从外至内有三重天然防卫圈层：第一层有大洪山支脉白兆山、香山环抱，涢水从大洪山北麓紧贴山脚南流，涢水西侧自南向北有清水河、吴家河、大富水、小富水等多条河流阻隔；第二层为白兆山南部丘陵与香山及山前的少量丘陵环绕，内为低平的漳水河谷，东南部出口处宽不足 600 米；第三层由漳水、同兴河，以及北部的两河之间的小范围丘陵构成。这样的地形优势，其军事防御性能非常突出，在同时期其他城址中也非常罕见，所谓"被山带河、负阴抱阳"，"形胜"之势强于雄兵。

三、城邑的规模等级与空间布局

城邑包括城址区和墓葬区两大部分，城址区位于南部，墓葬区分为三块，位于城址北部，分布在东西长 2100、南北宽 1400 米的范围内（图四）。城址呈东西向的不规则长条形，总面积约 75 万平方米。需要指出的是城址面积是通过调查所发现的陶片等遗物的分布来计算的，这是目前区域系统调查普遍采用的方法。但是遗址并不等于实际存在过的聚落，地表散布陶片等遗物的范围并不一

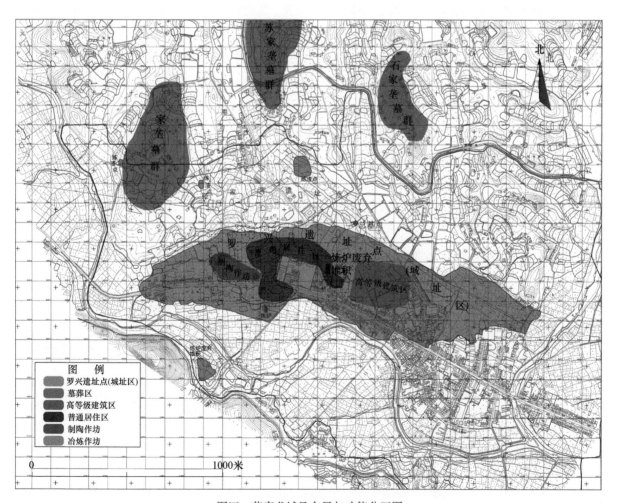

图四　苏家垄城邑布局与功能分区图

定能直接反映聚落本来的规模,存在着间接性和局限性[①]。笔者认为城址的实际面积应比公布的数据要小，推测为 50 万～60 万平方米。

东周时期各个诸侯国的城邑不仅有都城，还有大型封邑、军事城堡、县邑等各种不同的类型，从不足 1 万平方米到 1000 万平方米以上均有出现[②]。也有学者将春秋时期江汉地区的楚邑按面积分为四个类型，其中 20 万～60 万平方米为第三类型，为小型楚县或其他城邑[③]，这一类型与楚国的封君邑等级相称。与苏家垄城址大体同一时期的曾国城邑还有枣阳周台遗址、忠义寨遗城址。发掘者认为郭家庙墓地、周台遗址、忠义寨城址三者构成了两周之际的曾国墓葬与居址的完整布局[④]，是曾国的政治中心都邑[⑤]，笔者认同这一观点。从公布的资料来看其面积在 90 万～100 万平方米之间，与两周之际前后中型诸侯国的都邑面积相称。其规模和等级显然高于苏家垄城址，两者关系应是同期大型封邑与都邑间的隶属关系。

近些年来对苏家垄城址的各项工作逐步开展，形成了对城址内外布局和构成等方面的基本认识，总结如下：

（1）城垣与城壕

迄今为止苏家垄城址并未发现城垣与壕沟。在城市考古的一般认识中，经常把外围是否有城垣（壕）作为判断城址的标志，认为"无邑不城"[⑥]。其实，城址的定性牵涉多种因素，城墙并非不可或缺的一个因素。早已有学者指出有无防御性的围墙，并非城市的根本标志[⑦]。更有学者认为：夏商西周三代王朝都城和方国都城中，城垣的筑建并不是一种普遍的现象；判断城市与否的决定性标志是其内涵而非外在形式[⑧]。苏家垄城址受封建城于两周之际至春秋早期，不构筑城垣当是受西周传统的影响。此外城墙的作用一方面是军事防御，从前文可知苏家垄周围的地貌条件足以胜任军事防御的作用，再构筑城墙多此一举。另一方面，有学者认为南方地区建造的城墙坡度较缓，军事防御能力差，加之南方地区水系发达，城墙的主要功能应是防洪，其次才是军事防御[⑨]。苏家垄城址居于河流旁的台地，整体地势极利于排水，且漳水的径流量不大，周围两条大洪山支脉山体暴发洪水的概率也小，故构筑城墙用于堤防显然也没有必要。

（2）高等级建筑区

苏家垄城址中部区域曾发现大面积的文化堆积，文化层厚达 1.5 米，出土大量筒瓦、板瓦。当时将其定名为秦家湾遗址，面积约 3000 平方米。采集陶片的陶系、器类、器型均与苏家垄制陶作坊区出土的陶器特征相同，应该属于城址不同的功能分区。我们在前期调查走访时也证实，中部区域原地表较现在高 2 米左右，在城址所在的二级台地中属最高的区域。从大量的建筑材料堆积、原地貌特征推断该区域当为高等级建筑区所在。20 世纪 90 年代进行了大面积的土地平整，其南部也

① 中国社会科学院考古研究所二里头工作队：《河南洛阳盆地 2001～2003 年考古调查简报》，《考古》2005 年第 5 期。
② 程旗帅：《两周城邑形态布局与演进原因分析》，东北师范大学博士学位论文，2020 年。
③ 王琢玺：《周代江汉地区城邑地理研究》，武汉大学博士学位论文，2019 年。
④ 方勤：《曾国历史与文化——从"左右文武"到"左右楚王"（增订本）》，上海古籍出版社，2019 年，第 110 页。
⑤ 方勤：《郭家庙曾国墓地的性质》，《江汉考古》2016 年第 5 期。
⑥ 刘庆柱：《中国古代都城考古学史述论》，《考古学辑刊》（第 16 集），科学出版社，2006 年。
⑦ 俞伟超：《中国古代城规划的发展阶段性——为中国考古学会第五次年会而作》，《文物》1985 年第 2 期。
⑧ 许宏：《先秦城市考古学研究》，北京燕山出版社，2000 年，第 82 页。
⑨ 缪小荣：《中国早期城址城墙研究》，郑州大学博士学位论文，2019 年。

逐渐为民居取代。2019 年调查时仅发现有少量陶片，个别断面残存浅薄的文化堆积。苏家垄城址高等级建筑区居于中部最高处的特点是先秦时期居中、择高立宫的观念的体现，这种布置有诸多方面的合理性与必要性。此外，从 20 世纪 90 年代的卫星地图可见，高等级建筑区西侧有一条南北向的溪水将其与普通居住区、作坊区分隔开来。这种以河流作为城内功能区的划分界线的营城理念在东周时期的城址中也多有体现。

（3）制陶作坊

制陶作坊较为集中的分布在城址西端，东距高等级建筑区 600~800 米，保存情况较好。通过连续发掘，基本弄清其分布、年代、规模。从发现的众多水井、陶窑、灰坑（沟），大量的废弃陶片和深厚的木炭、草木灰堆积等，可见规模很大。发现众多的陶、石制陶工具，尤其是使用铜、铁制工具，加之铜兵器残片、铜带钩、铜簪、漆木器、残玉器等，也可见其规格较高，应能是隶属于苏家垄城址的官营作坊。推测所生产的陶器除了满足本城址居民使用，也极有可能通过邻近河流对外交流输出。此外，制陶生产也存在内部变换，靠西北的区域最初是作为取水、取土区和废料堆积区使用的，陶器烧制主要在偏东南的区域。后烧陶区因故废弃后，又在原西北部的废料堆积上建窑烧陶。

（4）冶炼作坊

冶炼作坊主要分布在城址西部及外围部分区域，截至目前共发现有炼炉一座、炼炉废弃堆积两处、炼渣集中分布地点三处。冶金遗物主要见有炉渣、残炉壁块、粗铜（红铜）片、铜铁合金器、范等。

冶铜炉（L1）位于城址西南部边缘，南距漳河河道约 100 米，分布面积 5~6 平方米。炼炉位于中心位置，有附属的操作坑。周边发现四处柱洞，应为炼炉闲置时遮挡风雨的支撑工棚。冶炉废弃堆积共发现两处。第一处位于坪坝镇中心小学以东约 120 米处的灌溉渠边。散布有密集的炉渣、炉壁残块等。面积约 40 平方米，分南北两块密集分布，推测原先应为两处炼炉，后被破坏严重，在原址附近形成层状堆积，已不见炉缸、风沟、操作面等结构。第二处位于漳水南岸的二级台地上，距漳水仅 30 米，北距冶铜炉（L1）约 300 米。发现有大量的炉壁块，散落面积约 4 平方米，应该属于一处炼炉的倒塌或二次搬运废弃堆积。炉渣集中分布点发现有三处，均位于城址外围的西北部和北部。第一处面积约 600 平方米。见有较多的碎小炉渣，残存有明显的东周时期文化层。第二处面积约 2000 平方米，仅见有散碎炼渣。第三处面积约有 300 平方米，也仅见有炼渣。这三处位置距离较远，可能是初始时炼铜就分为几个区域进行[①]。冶炼作坊分散布局在城址西南部边缘甚至于外围，一方面应是尽可能减少对城内居住、生活环境的影响，另一方面更靠近河流和林地，方便原料、燃料的运输和取用。

（5）普通居民区

高等级建筑区与西部作坊区之间的大片范围应为普通居住区。与高等级建筑区相近的 2018 年发掘区发现有房址、灶、水井等生活设施；靠近西部制陶作坊区的 2019 年发掘区也发现有房址、水井等生活设施，而少见制陶相关的遗存。以上两个发掘区之间的区域经过钻探也发现有与居住、

---

① 方勤：《曾国历史与文化——从"左右文武"到"左右楚王"》，上海古籍出版社，2019 年，第 61 页。

生活相关的文化遗存。高等级建筑区的东部由于受晚期破坏严重，目前暂没有相关发现。需要特别指出的是，普通居民区与作坊区之间并没有严格的界线，在一定的范围内往往又是交错分布的。其实在商、西周时期，除宫城大致居于中心区外，其他功能区的布置较为无序。而进入东周时期随着各诸侯国城市的繁荣发展，城内各功能分区呈现由分散到集中的明显趋势。笔者认为苏家垄城址建城及初步发展在两周之际至春秋早期，高等级建筑区之外的普通居民、作坊区确实存在一定的交错无序的状态，但在宏观上又集中分布在一定的区块，呈现出明显的过渡时期特征。

（6）墓葬区

墓葬区位于苏家垄城址北部 600~800 米处的低矮丘陵区，东西分布约 2000 米，自西向东分布着方家垄、苏家垄、石家垄三处墓区。其中，苏家垄墓群已进行过系统的考古发掘，其分布、结构、年代、性质明确。东侧的石家垄墓群，早年经过勘探发现墓葬的分布范围、数量、规格远不及苏家垄墓群，年代也为春秋时期。笔者认为该墓群可能为与苏家垄墓群同时期的普通居民和其他低等级贵族或官员的墓葬区。西侧的方家垄墓群，2022 年也进行了局部勘探，墓葬的分布更为分散，且规格普遍不高。2019 年因被盗掘抢救性发掘了其中一座，出土陶器年代均为战国时期。推测这一墓群应为战国早、中期的墓群，且为普通居民墓葬区。

四、城址的发展与演变

从 2018 年的考古发现看，苏家垄城址主要年代为春秋中期或前后，部分遗迹遗物的年代可能早至春秋早期，晚至春秋中期以后[1]。结合苏家垄墓群和近几年城址区的新发现，其延续时间为两周之际至战国早中期之际。其性质也并非一成不变，规模、地位、发展状况等也经历了较为复杂的过程。笔者认为其发展与演变大体经历了四个阶段：

第一阶段 建立期，两周之际至春秋早期。苏家垄城址的出现，显示出突发性特征，笔者认为是曾侯政治分封的结果。这一时期苏家垄墓群发现了出土有具铭铜器"曾仲斿父壶"的 M1 与"曾伯桼"墓 M79，发掘者认为墓主是国君等级，当为两代曾侯[2]。笔者并不认同将两墓定性为曾侯墓，墓主应为苏家垄一带的两代曾国封君，由此也可见城址建立时的等级与性质。然而从近些年对城址区的考古发现来看，这一时期的文化遗存较为贫乏，笔者认为当与城址初建时的背景与功用相关。西周晚期曾国的疆域得以扩大，两周之际至春秋早期是其畛域最大之时，西北可至河南新野一带，东南到京山东北部、广水大部、安陆北部[3]。从墓葬规模、出土青铜器等级等不难看出曾国具有强盛的国力。曾国的强大与楚国的东扩产生了激烈的矛盾，楚武王时三次伐曾，曾国总体处于劣势。在这样的背景下苏家垄城址的建立从根本上说是政治上的必须，最主要的目的是对楚国的军事防守。那么建立之初的很长一段时间，城址高等级建筑区的曾国贵族、官员和驻守的军卒应该是城内主要人员，普通居民数量必然不多。总的来看这一阶段城址的等级虽然较高，但其范围和规模不大，人

---

① 湖北省文物考古研究所、北京大学考古文博学院、荆门市博物馆等：《湖北京山苏家垄遗址 2018 年考古发掘简报》，《江汉考古》2019 年第 6 期。

② 方勤：《曾国历史与文化——从"左右文武"到"左右楚王"（增订本）》，上海古籍出版社，2019 年，第 105 页；方勤：《曾国世系及相关问题研究》，《江汉考古》2021 年第 6 期。

③ 黄凤春：《关于曾国的政治中心及其变迁问题》，《中原文化研究》2018 年第 4 期。

口也偏少，应仅局限于城址中部及周边较小的范围，文化遗存发现得少也不足为奇。

第二阶段　发展期，春秋中期。这一时期曾国的实力衰退，疆域变小，开始沦为楚国的附属国。文化面貌上也以这一时期为节点开始与楚文化面貌相一致[①]。楚殇王五年（前670年），熊恽离楚奔曾避难，后曾侯联合楚权臣助其归国，并拥立熊恽，是为成王。曾于楚成王有收留之恩、拥立之功，此后曾楚关系稳定近三十年。成王后期，曾以汉东诸侯叛楚，楚迫以伐曾，最终"取成而还"，达成了盟约。总体上来看，这一阶段曾国的内外政治、军事环境趋于稳定，苏家垄城址"以藩屏曾"的政治价值和防御楚荆的军事作用逐渐变小。从苏家垄墓群的发现看，不见大型的封君墓，但仍有一定数量的低等级贵族墓，可延续至春秋中期的早晚段之际或略晚[②]。由此可见，曾国封君势力已大多退出，仅余一定数量的低等级贵族留守。城址也由大型封邑转变为其他类型城邑，相当于同时期楚国的大型县邑。笔者认为虽然地位与重要性大为缩水，但得益于曾国稳定的内外环境，苏家垄城邑发展并没有停滞不前，相反，其范围逐步由中部向四周扩充，考古发现的文化遗存也较上一阶段更为丰富，整体处于稳步发展时期。

第三阶段　繁盛期，春秋晚期至战国早期。春秋晚期前段，曾国疆域与地位基本上等同于春秋中期。春秋晚期后段，吴、楚两国发生战争，楚国战败，昭王被曾国所救，最终在曾国的帮助下得以复国。于是曾楚重新订立盟约，恢复旧疆。从擂鼓墩曾侯乙墓和二号墓的规模与随葬品丰富程度来看，战国早期曾国仍具有相当的政治与经济实力，而曾侯乙编钟中楚惠王熊章送给曾侯乙镈钟的铭文也从侧面反映出与楚国的良好关系[③]。这一阶段曾国虽然开始"左右楚王"，彻底臣服于楚国，但也借此与楚国保持了亲密的关系，不再可能"叛楚"而爆发战争。曾国的地位也因为重定盟约而有所回升，得以恢复旧疆，国内繁荣、稳定。苏家垄城址也因此迅速发展，发现的文化遗存在这一阶段最为丰富，制陶、矿冶等手工业蓬勃发展，分布的范围也达到了最大。城址的性质与上一阶段相同，不失为曾国的大型城邑，成为曾国东南部的区域中心，发展进入繁盛期。

第四阶段　衰退期，战国早、中期之际以后。战国中期，七强并立，兼并与战争愈发频繁。楚国在战国早中期之际进行了吴起变法，一系列的措施使楚国强盛起来的同时旧贵族的势力与利益也受到前所未有的打压与损害，曾国已成为楚国的附庸，位于楚国腹地。从部分大型墓葬的发现来看，其葬制、规格、结构、随葬品风格与楚国封君墓无异。曾国虽得以继续延续国祚、祭祀宗庙，但已彻底衰落。其国土也大多为楚吞并，仅保留了溠水下游两岸的小部分区域。苏家垄这一阶段遗存发现很少，且楚系因素显著。可见这一阶段城址已迅速衰落，曾国的势力完全退出，由大型城邑转变为更低等级的普通聚落。

五、结　语

本文在考古发掘与前人研究的基础上，结合新的考古发现，对苏家垄遗址进行城市考古研究，认为苏家垄城址在建立之初为曾国的一处大型封邑。受先秦时期城市选址各种思想的影响，苏家垄

① 张昌平：《从五十年到五年——曾国考古检讨》，《江汉考古》2017年第1期。
② 徐少华：《苏家垄M85的年代与文化特征略论》，《江汉考古》2019年第4期。
③ 方勤：《曾国历史与文化——从"左右文武"到"左右楚王"（增订本）》，上海古籍出版社，2019年，第159页。

城邑选址涉及地形、地貌、水源、经济、交通、政治、军事等因素。对比同时期列国城市的选址，其既有共同历史背景下的宏观统一性，又有由于受所处地理环境、政治与军事背景的影响所产生的微观独特性。苏家垄城邑在规模上仅次于同时期的曾国都邑，也是目前仅见的曾国封君之邑。关于其内外空间布局，尽管受晚期破坏和考古发现的限制，相关认识难以深入化和精细化，但仍能够窥见其基本框架，明确功能、区域的划分。城邑前后延续近四百年，受曾国各时期国力状况、政治环境、与楚国关系等因素的影响，经历了建立、发展、繁盛、衰退的过程，其性质也由最初的大型封邑向普通大型城邑、普通聚落转变。可以说苏家垄城址的兴衰正是两周之际以来曾国历史的一个缩影，对于更加全面了解曾国的历史文化、推进曾国城市考古的深入研究具有不可多得的重要价值。

Exploration of Urban Site Selection, Layout, and Evolution of the Sujialong Sites in Jingshan of Hubei Province

XI Qifeng[1], PAN Huan[2]

(1. Hubei Provincial Institute of Cultural Relics and Archaeology, Wuhan, 430077;

2. China University of Geosciences, Wuhan, 430074)

Abstract: Through years of archaeological excavation and research on the Sujialong sites, including the Sujialong tomb group and the Luoxing residential and metallurgical sites, it has been confirmed that the Sujialong complex is a large-scale fiefdom of the state of Zeng during the Spring and Autumn Periods. The urban site selection shared common factors with other city sites from the Eastern Zhou period, but also had its unique considerations. The urban site has rich remains with a standardized internal layout and clear functional zoning, possessing all the elements typical of a feudal urban site from the Eastern Zhou period. Spanning nearly 400 years from the Zhou Dynasty to the early to mid-Warring States period, the site underwent a complex evolution of inception, development, prosperity, and decline. It is currently the most extensively explored urban site in Zeng state archaeology, providing a wealth of valuable foundational data for the discovery and study of urban sites in the Zeng state.

Key words: the Sujialong sites, site selection, layout, evolution

河南早期城址再利用现象及原因初探

李子良

（河南省文物考古研究院，郑州，450000）

摘　要：后世在城市建设时对已废弃的早期城址遗留下的建筑设施进行再次利用的现象可称为"早期城址再利用"现象。此类现象在河南地区发现较多，主要是对城墙、城壕、夯土基址等城防设施的再利用，并形成"叠城""套城"两种形态。对早期城址的再利用，一般会考虑到其自然环境适宜、城址建筑保存较好，可以节省人力、物力筑城等多种因素。

关键词：河南；早期城址；再利用

"早期城址"是指史前至夏商时期始建的城址，"再利用现象"则是指城址废弃后城内居民对其遗留下的建筑设施进行沿用、增筑或改建的现象。再利用现象虽多为研究者所重视，但多是通过分析城市遗痕来研究唐宋之后重叠型城市的城市范围、形态演变、功能布局等问题[1]，缺少对早期城址再利用现象的表现形式及形成原因的研究。因此，笔者基于已发表的材料，梳理河南地区早期城址再利用现象的状况和地域分布，并对有关问题作探讨，希冀为探索城市发展规律提供新的角度。

一、河南早期城址再利用现象的分布

早期城址再利用现象在河南地区发现较多，分布于豫北、豫西北、豫西以及豫中地区。该现象最早见于龙山时期王城岗城址，在新砦期和二里头时期数量逐渐提升，二里岗时期规模和数量达到顶峰，殷墟时期至西周逐渐衰落，东周至秦汉数量又有所回升。秦汉以降，只有部分城址仍被再次利用，被利用年代最晚可达清代。

（一）豫北地区

豫北地区发现早期城址再利用现象的城址包括濮阳戚城城址、辉县孟庄城址。

1. 濮阳戚城城址

戚城城址位于濮阳市区古城路与京开大道交界处，是由龙山中晚期、春秋、汉代、宋代等多个时期遗迹叠压而成。春秋时期居民以废弃的龙山中晚期城墙为基础，直接将新建造的北墙外侧和西墙内侧叠压其上[2]（图一）。到了汉代、宋代又对春秋时期的北城墙进行了加筑，并以春秋时期道路

---

① 徐苹芳：《现代城市中的古代城市遗痕》，《远望集》（下），陕西人民美术出版社，1998年，第695页；宿白：《现代城市中古代城址的初步考查》，《东南文物》2016年第4期；张立东：《郑州商城城门探寻》，《江汉考古》2015年第4期；刘亦方、张东：《关于郑州商城内城布局的反思》，《中原文物》2021年第1期。

② 马学泽：《河南濮阳戚城遗址文物调查取得重要收获》，《中国文物报》2008年4月9日，第2版。

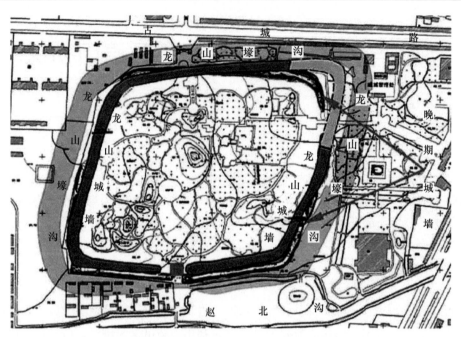

图一 戚城遗址龙山时代城址与晚期城址叠压关系图
（采自中国社会科学院考古研究所科技考古中心、戚城文物景观管理处：《地球物理勘探技术在考古勘探中的应用——
以河南省濮阳市戚城遗址为例》，《中原文物》2017 年第 2 期，第 98 页，图九）

为基础修建了由 3 条汉代道路和 4 条宋代道路构成的自下而上依次叠压的南北向集束式道路网[1]。

2. 辉县孟庄城址

辉县孟庄城址位于辉县市孟庄镇东部的一处岗地上，发现有龙山、二里头、二里岗、殷墟四个时期的城址[2]。二里头时期城墙叠压在废弃的龙山城墙之上，大部分是直接对龙山城墙进行块状修补而继续使用，如二里头时期北城墙的棕灰夯土是在ⅩⅪT183 南部龙山城墙红黄夯土上直接夯筑而成，并修筑有内护坡。东（ⅩT13）、西（ⅩⅢT148、ⅩⅢT128、ⅩⅢT109）城墙上也有类似情况[3]。到了二里岗时期，城内居民并未选择继续修补城墙，而是以早期城墙为基础建造房屋等建筑，如在城墙东北角上的ⅩⅪ区发现，二里岗时期房址ⅩⅪT163F1 修建于城墙之上，居住面由黄花土夯成，且含有较多的烧土块[4]。到了殷墟时期，城内居民继续对早期城墙进行修补，如在ⅩT15 龙山东城墙东侧发现了由内向外呈斜坡状堆积的商代增夯土，夯窝呈半圆形[5]；亦在ⅩⅢT128 发现了殷墟时期商代夯土直接叠压在二里头时期城墙夯土之上的现象（图二）[6]。

（二）豫西北地区

豫西北地区发现再利用现象的早期城址包括温县徐堡城址和焦作府城城址。

① 李一丕、魏兴涛、赵新平：《河南濮阳戚城发现龙山时代城址》，《中国文物报》2015 年 3 月 27 日，第 8 版。
② 河南省文物考古研究所：《辉县孟庄》，中州古籍出版社，2003 年，第 375～388 页。
③ 河南省文物考古研究所：《辉县孟庄》，中州古籍出版社，2003 年，第 180 页。
④ 河南省文物考古研究所：《辉县孟庄》，中州古籍出版社，2003 年，第 241 页。
⑤ 河南省文物考古研究所：《辉县孟庄》，中州古籍出版社，2003 年，第 388 页。
⑥ 河南省文物考古研究所：《辉县孟庄》，中州古籍出版社，2003 年，第 182 页。

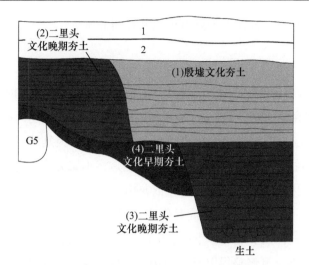

图二　辉县孟庄ⅩⅢT128 西壁地层剖面图

（改绘自河南省文物考古研究所：《辉县孟庄》，第 182 页，图一二八）

1. 农耕土　2. 淤积土　G5. 二里头文化时期灰沟

1. 温县徐堡城址

徐堡城址位于武德镇徐堡村，废弃年代不晚于龙山晚期[①]。城内发现了一些两周文化遗存，有资料表示两周时期曾对龙山西城墙进行了修补，夯层较薄[②]。因材料有限，具体情况不详。

2. 焦作府城城址

府城城址位于焦作府城村的台地上，为二里岗时期城址，废弃于白家庄期晚段。城内发现大量西周晚期遗存，发掘者判断其为周代雍国故城。在二里岗城墙夯土上的圆形夯印外侧发现有战国、汉代的平方夯印[③]，且城内有东周遗存和汉代陶窑、小砖墓，说明战国、汉代曾对二里岗时期城墙进行修葺，并继续使用该城。

（三）豫西地区

豫西地区仅在二里头遗址发现了早期城址再利用的现象。

偃师二里头遗址位于偃师西南的二里头村一带，使用年代为二里头文化一至四期。该遗址废弃后，二里岗晚期居民以二里头宫殿基址为基础建造了各类生活设施，如二里岗晚期 6 号墙在建造墙基时直接打破了二里头时期 11 号宫殿基址上部夯土[④]，11 号宫殿基址周围的 2 号、4 号、6 号基址上，也发现有大量的二里岗晚期的房址和灰坑等[⑤]。

（四）豫中地区

豫中地区发现再利用现象的早期城址有登封王城岗城址、新密古城寨城址、新密新砦城址、郑

---

① 毋建庄、邢心田、韩长松：《河南焦作徐堡发现龙山文化城址》，《中国文物报》2007 年 2 月 2 日，第 2 版。

② 李峰：《温县徐堡新石器时代及周代遗址》，《中国考古学年鉴（2009 年）》，文物出版社，2010 年，第 266、267 页。

③ 杨贵金、张立东：《焦作市府城古城遗址调查报告》，《华夏考古》1994 年第 1 期，第 11 页。

④ 中国社会科学院考古研究所：《二里头：1999～2006》，文物出版社，2014 年，第 698 页。

⑤ 中国社会科学院考古研究所：《二里头：1999～2006》，第 636、660、695 页。

州东赵城址、新郑望京楼城址、郑州大师姑城址以及郑州商城。

1. 登封王城岗城址

王城岗城址位于登封市告成镇与八方村之间的岗地上，发现有龙山时期的两座小城和一座大城，两座小城的建造和废弃年代略早于大城，东小城略早于西小城[1]。东小城废弃后，西小城利用其未损毁的西墙营造自身的东墙[2]，西小城废弃于龙山文化二期，因其后营建的大城北墙夯土中发现有龙山文化前期一段的遗物，发掘者推测大城极有可能是将小城夷为平地后再利用其夯土修建而成的[3]，大城废弃于龙山文化晚期。二里岗时期，依龙山大城北墙南侧堆积形成了一条东西走向、西低东高的斜坡状道路遗迹（W2T6566L1），应是作为登城之用[4]。春秋时期，城内居民掏挖大城北墙内侧夯土（W2T6867）修建陶窑、灶坑等生产、生活设施[5]。除此之外，龙山大城北城壕 HG1 经二里头、二里岗以及春秋时期反复修整得以延续使用，形成了龙山（HG1）、二里头（HG2）、二里岗（HG3）、春秋（HG4）多个时期叠压的大壕沟（图三）[6]。

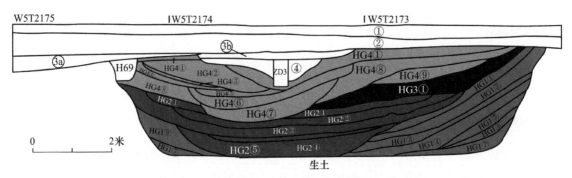

图三 王城岗 W5T2173-W5T2175 探方东壁剖面图
（改绘自北京大学考古文博学院、河南省文物考古研究所：《登封王城岗考古发现与研究（2002～2005）》，
大象出版社，2007 年，第 53 页，图一五）
HG1. 龙山时期城壕 HG2. 二里头时期壕沟 HG3. 二里岗时期壕沟 HG4. 春秋时期壕沟

2. 新密古城寨城址

古城寨城址位于曲梁乡古城寨村溱水旁的台地上，主体为龙山文化晚期[7]，其城墙保存完好，至今仍存有高出地面 10 米左右的墙体[8]，城内发现有二里头时期、二里岗时期、殷墟晚期、战国晚期前后、汉代的遗存[9]。龙山城北城门西侧顶部发现有殷墟晚期的陶鬲残片和夯层，说明殷墟时期曾经

① 河南省文物研究所、中国历史博物馆考古部：《登封王城岗与阳城》，文物出版社，1992 年，第 35 页。
② 北京大学考古文博学院、河南省文物考古研究所：《登封王城岗考古发现与研究（2002～2005）》，大象出版社，2007 年，第 35 页。
③ 北京大学考古文博学院、河南省文物考古研究所：《登封王城岗考古发现与研究（2002～2005）》，第 787、788 页。
④ 北京大学考古文博学院、河南省文物考古研究所：《登封王城岗考古发现与研究（2002～2005）》，第 274 页。
⑤ 北京大学考古文博学院、河南省文物考古研究所：《登封王城岗考古发现与研究（2002～2005）》，第 793 页。
⑥ 北京大学考古文博学院、河南省文物考古研究所：《登封王城岗考古发现与研究（2002～2005）》，第 236、264、367 页。
⑦ 河南省文物考古研究所、新密市炎黄历史文化研究会：《河南新密古城寨龙山文化城址发掘简报》，《华夏考古》2002 年第 1 期。
⑧ 河南省文物考古研究院：《河南新密古城寨城址 2016～2017 年度发掘简报》，《华夏考古》2019 年第 4 期。
⑨ 蔡全法、马俊才、郭木森：《河南省新密市发现龙山时代重要城址》，《中原文物》2000 年第 5 期。

修补过这段城墙，直至清朝仍有村民为躲避战祸，又将城寨城门、城墙加固^①。

3. 新密新砦城址

新砦城址位于新密市刘寨镇新砦、煤土沟、苏村等几个自然村之间的第四级河流阶地上，发现有龙山时期城址和新砦期城址。龙山城址废弃后，新砦期早段居民在城墙上修整夯筑形成了CT4～CT7QⅠC第①层夯土层；到了新砦期晚段，又在CT4～CT7QⅠC第①层夯土层的基础上继续向外拓展，新建了CT4～CT7QⅠA、B夯土层^②。而新砦期城壕废弃后，二里头时期又扩展其两岸，从而形成了新的壕沟（CT2GⅠ）（图四）。

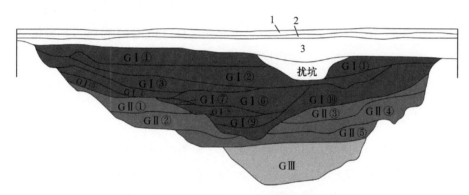

图四　新密新砦城址CT2北壁东部壕沟剖面图
（改绘自中国社会科学院考古研究所河南新砦队、郑州市文物考古研究院：《河南新密市新砦遗址东城墙发掘简报》，
《考古》2009年第2期，第17页，图二）
GⅠ. 二里头时期壕沟　GⅡ. 新砦晚期城壕　GⅢ. 新砦早期城壕

4. 郑州东赵城址

东赵城址位于郑州高新区沟赵乡东赵村，发现有大、中、小三个城址：小城始建于新砦期，废弃于二里头文化一期；中城始建于二里头文化二期，废弃于二里头文化四期；大城为战国时期^③。小城位于东赵遗址的东北部，平面基本呈方形，面积2.2万平方米；中城位于遗址中部，整体呈梯形，面积7.2万平方米；大城整体呈横长方形，面积60万平方米。三个时期的城址内外相套，早期城内遗迹被晚期城遗迹叠压打破，应是存在晚期城址沿用早期废弃城址营建新城的现象。直至东周时期，城内居民还利用二里头时期中城东墙中部偏南处东城门的空缺范围修建了路沟。

5. 新郑望京楼城址

望京楼城址位于新郑市望京楼水库东侧，发现有二里头和二里岗两个时期的城址。二里头城址始建于二里头文化第二期，废弃于二里头文化四期之末。二里岗城址始建于二里岗文化下层一期，

①　蔡全法、郝红星：《会变身的古城：河南新密古城寨龙山文化遗址》，《大众考古》2018年第4期。
②　中国社会科学院考古研究所河南新砦队、郑州市文物考古研究院：《河南新密市新砦遗址东城墙发掘简报》，《考古》2009年第2期。
③　雷兴山、张家强：《夏商周考古的又一重大收获：河南郑州东赵遗址发现大中小三座城址、二里头祭祀坑和商代大型建筑遗址》，《中国文物报》2015年2月27日，第5版。

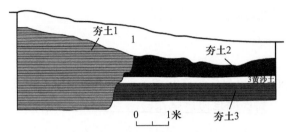

图五 望京楼ⅢT1 剖面图
（改绘自郑州市文物考古研究院：《新郑望京楼：
2010～2012年田野考古发掘报告》，科学出版社，
2016年，第82页，图五四）
1. 地层 3. 黄沙土 夯土1. 战国时期夯土
夯土2. 二里岗时期夯土 夯土3. 二里头时期夯土

废弃于白家庄期[①]。二里岗城址对二里头城址的再利用表现在四个方面：一是在二里头内城内侧建造新的城墙；二是根据二里岗城壕叠压在二里头城壕之上的遗迹关系以及二里头时期外城壕（ⅣT1G6、ⅠT2G13）中发现有二里岗时期的鬲、盆等遗物的现象可以推测[②]，二里岗时期城址沿用了二里头时期的外城壕；三是城内居民以二里头内城西南角的残存的望京楼夯土基址（夯土3）修建了新的夯土台基（夯土2）；四是以二里头四期废弃灰沟ⅢT1303G19底部为基础铺垫黄沙和小石子，形成了道路L3[③]。到了战国时期，城内居民又以二里头、二里岗时期夯土基址作为基础修建了新的夯土基址（夯土1）（图五）[④]。

6. 郑州大师姑城址

大师姑城址位于荥阳市广武镇大师姑村一带，为二里头时期城址，废弃于二里头文化四期偏晚到二里岗文化下层偏早之间。从已解剖的东、南壕沟来看，二里岗时期的壕沟外侧打破或利用二里头时期壕沟外侧，内壁则为新挖成，沟口宽13米，沟深约7.4米[⑤]。

7. 郑州商城

郑州商城位于今郑州市区偏东部，为二里岗时期城址，始建于二里岗下层一期，废弃于白家庄期。战国、秦、汉、唐、宋、明、清时期均有在早期城墙上增筑的迹象[⑥]。除此之外，战国时期利用二里岗夯土基址建造了大型夯土台基、灰坑、水井、陶窑等，建造大型夯土建筑基址74C8T43F1时，先平整二里岗时期的夯土基址，然后用周边版筑的方法夯筑台基，每层夯土厚7～10厘米，其上均可见圆口平底的夯窝，台基上有6个边长0.9、深0.8米的平底方形柱础坑，坑内填有碎陶片和料姜石[⑦]。

二、河南早期城址再利用现象的形式

目前发现的河南早期城址再利用现象主要是对城墙、城壕、夯土基址等遗迹的再利用（表一），并最终形成"叠城""套城"两种形态。

① 杜平安、郝洋彬：《简述河南新郑望京楼遗址发现的夏商古城址》，《中国古都研究》（第二十五辑），三秦出版社，2012年，第165、166页。
② 郑州市文物考古研究院：《新郑望京楼：2010～2012年田野考古发掘报告》，科学出版社，2016年，第385页。
③ 郑州市文物考古研究院：《新郑望京楼：2010～2012年田野考古发掘报告》，第420页。
④ 郑州市文物考古研究院：《新郑望京楼：2010～2012年田野考古发掘报告》，第82～88页。
⑤ 郑州市文物考古研究所：《郑州大师姑》，科学出版社，2004年，第275页。
⑥ 河南省文物考古研究所：《郑州商城：1953～1985年考古发掘报告》，文物出版社，2001年，第187～193页。
⑦ 河南省文物考古研究所：《郑州商城：1953～1985年考古发掘报告》，第956、957页。

表一 河南早期城址再利用现象的年代及部位表

分布区	城址名称	发现遗存时代	再利用部位
豫北	濮阳戚城城址	龙山文化中晚期、春秋时期以及汉代、宋代	城墙、道路
	辉县孟庄城址	龙山文化时期、二里头文化时期、二里岗文化时期、殷墟文化时期	城墙
豫西北	温县徐堡城址	龙山文化时期、两周时期	城墙
	焦作府城城址	二里岗文化时期、西周时期、战国时期、汉代	城墙
豫西	偃师二里头遗址	二里头文化时期、二里岗文化时期	夯土基址
豫中	登封王城岗城址	城址主要为龙山文化时期、二里岗文化时期，城壕为龙山文化时期、二里头文化时期、二里岗文化时期、春秋时期使用	城墙、城壕
	新密古城寨城址	主体为龙山文化晚期，城内有二里头文化时期、二里岗文化时期、殷墟文化晚期、战国晚期及汉代遗存，清代又加固城墙和城门	城墙
	新密新砦城址	龙山文化时期、新砦期、二里头文化时期	城墙、城壕
	新郑望京楼城址	二里头文化时期、二里岗文化时期	夯土基址、城壕、道路、城墙
	郑州东赵城址	新砦期、二里头文化时期、战国时期	城墙
	郑州大师姑城址	二里头文化时期	城壕
	郑州商城	主体为二里岗文化时期，战国、秦、汉、唐、宋、明、清时期均有增筑	城墙、夯土基址

（一）对城防设施的综合利用

目前发现的河南早期城址再利用现象主要是对城墙、城壕、夯土基址的再利用，最终形成"叠城""套城"两种形态。

对早期城墙的再利用现象最为普遍，主要表现为对早期城墙的增夯，在濮阳戚城、辉县孟庄、温县徐堡、焦作府城、新密古城寨、新密新砦、郑州商城等城址均有发现。增夯的方法分为两种：一是未经修整，直接在早期城墙上增夯，主要见于夏商时期，如辉县孟庄ⅩⅢT128 中殷墟时期城墙夯土直接叠压在二里头文化早、晚期城墙夯土之上；新砦城址东城墙新砦早期夯土层 CT4-CT7QⅠC 土料取自沟内淤土，呈斜坡状夯筑在龙山晚期城墙的外侧，似是简单的加高加厚城墙，看不出明显的夯窝，夯筑质量稍差，而到了新砦晚期修筑的夯土层 CT4-CT7QⅠA、QⅠB 也是直接夯筑在新砦早期城墙的外侧，未对早期城墙进行修整[1]。西城墙也是以东高西低之势直接覆盖在龙山城墙之上，只是稍微向西（外侧）拓展，就势成为墙体外坡[2]；新密古城寨城址北城墙西侧顶部的殷墟晚期夯土层之下，便是四层龙山时代的版筑墙[3]。二是将早期夯土上的风化层、冲刷层、文化层清理干净再进行夯打，位置多在城墙的一侧或是顶部，见于战国时期，如郑州战国城墙是在商代城墙的基础上夯筑而成，建造时预先用工具铲清了商代夯土城墙上的浮土，再将其清理成阶梯状，在其外侧进行增夯[4]。另外，发掘者通过王城岗小城多被大城时期灰坑打破，且大城北城墙内夯土出土了龙山小城时期的遗物推测，当时的王城岗居民是将小城夯土墙夷为平地，然后利用其夯土块建造大城城

---

① 中国社会科学院考古研究所河南新砦队、郑州市文物考古研究院：《河南新密市新砦遗址东城墙发掘简报》，《考古》2009 年第 2 期。

② 赵春青、张松林、张家强：《河南新密新砦遗址发现城墙和大型建筑》，《中国文物报》2004 年 3 月 3 日，第 2 版。

③ 蔡全法、郝红星：《会变身的古城：河南新密古城寨龙山文化遗址》，《大众考古》2018 年第 4 期。

④ 河南省文物考古研究所：《郑州商城：1953～1985 年考古发掘报告》，第 191 页。

墙[①]；除此之外，还发现直接在早期城墙上修建新的城内建筑设施的情况，如辉县孟庄城址城墙东北角ⅩⅪ区内发现，二里头城墙被二里岗时期的房屋、陶窑、灰坑等打破[②]，说明二里岗时期依托二里头城墙高耸的地势，将一些生活设施修在了其顶部，以作防洪等用。

对早期城壕的再利用主要为沿用、修整、扩建。如郑州大师姑城址考古报告中称，早商环壕"外侧或打破二里头文化护城壕沟，或利用该壕沟的外侧壕壁，内侧则为新挖"，如东部二里岗文化城壕（G1）修建之时，是将二里头文化城壕（G2）西侧全部挖掉，仅保留东侧上部部分壕壁，向下掏挖而成[③]。二里岗文化城壕形制与二里头文化城壕形制不同，口部较宽，壁较缓，下部内收后陡直，底部较平，突出了城壕的深与陡。这说明早商（二里岗）环壕是在二里头文化城壕的基础上扩充而成的。新砦遗址在二里头文化时期，东城墙外的壕沟（GI）在新砦晚期城壕（GⅡ）的基础上建造而成，这条二里头时期壕沟（GI）在新砦晚期城壕（GⅡ）的口壁向下挖掘而成，并向两边扩张，壕沟口大，两侧底较为平缓，而到了底中部向下深挖，形成一个圜底（图四）[④]。王城岗城址龙山大城北城壕HG1经二里头、二里岗以及春秋时期反复修整得以延续使用，形成了龙山（HG1）、二里头（HG2）、二里岗（HG3）、春秋（HG4）多个时期叠压的大壕沟（图三）[⑤]，如W5T0672-W5T0676内发现的HG2对HG1的修整方式是在其南侧开挖，并较平缓的从口部向下掏挖HG1，到了壕沟中部陡然向下发掘至HG1之下的生土，形成一个圜底的深坑。HG3、HG4对早期壕沟的修整也是如此，都是利用部分壕壁，从两侧向中部深挖。

对早期夯土基址的再利用主要表现为在其上建造陶窑、路面、房址、夯土墙或夯土台。如二里头遗址在二里岗时期依托二里头时期宫殿区夯土基址坚实的夯土修建了夯土墙和灰坑、房址等生活设施。新郑望京楼城址在二里岗时期未清理内城西南角的二里头夯土基址上的黄沙土淤层，而是直接在其上夯筑夯土台基；而在二里岗基址废弃后，战国时期又深挖部分二里岗和二里头夯土直至生土，将其作为夯筑夯土台基的基槽。郑州商城二里岗时期的夯土被作为战国夯土台基的内芯使用等。

（二）利用后的多种形态

"叠城"是指晚期城址在早期城址的原址上，利用其城墙、城壕等设施进行增夯、修补，形成的不同年代层层垒筑的城址。受制于城址的布局，叠城对城墙、城壕改建时不会对其位置有大的改变。这类城址发现数量最多，时空分布也最广泛，包括濮阳戚城、辉县孟庄、温县徐堡、焦作府城、新密古城寨、新密新砦、郑州商城等城址。如濮阳戚城的春秋城叠压在龙山城之上，辉县孟庄城墙上发现龙山至殷墟时期多个夯土层，温县徐堡龙山城墙上见有两周时期夯层，焦作府城城墙上有战国、汉代的夯印，新密古城寨龙山城墙上有殷墟时期夯层，新密新砦新砦期城墙叠压在龙山城墙上，郑州商城城墙上发现多个时期的夯筑痕迹。另外，偃师二里头遗址虽未发现增夯早期城墙的

① 北京大学考古文博学院、河南省文物考古研究所：《登封王城岗考古发现与研究（2002~2005）》，大象出版社，2007年，第787、788页。

② 河南省文物考古研究所：《辉县孟庄》，第246页。

③ 郑州市文物考古研究所：《郑州大师姑》，科学出版社，2004年，第28页。

④ 中国社会科学院考古研究所河南新砦队、郑州市文物考古研究院：《河南新密市新砦遗址东城墙发掘简报》，《考古》2009年第2期。

⑤ 北京大学考古文博学院、河南省文物考古研究所：《登封王城岗考古发现与研究（2002~2005）》，大象出版社，2007年，第236、264、367页。

现象，但利用了夯土基址，也可以归入"叠城"中。"叠城"仅对早期城墙和城壕进行修补，防御效果虽不如"套城"，但可以节省大量时间和人力物力资源。

"套城"是指在早期城址的基础上扩大或缩小城址范围，不同时期的城址形成多个城圈，主要表现为在早期城墙、城壕内外修建新的城墙和城壕。套城仅部分沿用建筑，主体则位于早期城址的内部或外部。这类城址发现得较少，如新郑望京楼遗址，二里岗时期的城壕沿用了二里头时期的城壕，并在其范围内修建了新的城墙[①]；东赵遗址的东周时期大城营建时二里头文化时期的中城东城墙还存于地表，以此形成多个城圈（图六）。"套城"的出现是早期城墙被破坏严重或两座城筑墙的技术不同所导致的，如望京楼二里岗城城墙在基槽建成后经过层层夯实，地表之上又用夹板夯筑，每隔一段都要重新夯筑墙垛并加筑护坡，质量远高于二里头城墙[②]。

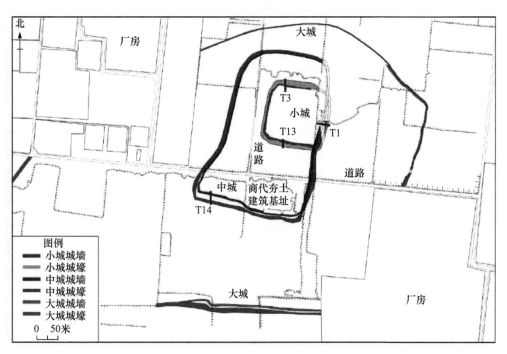

图六　东赵遗址大、中、小城分布图

（采自郑州文物考古研究院、北京大学考古文博学院：《郑州市高新区东赵遗址小城发掘简报》，
《考古》2021 年第 5 期，第 28 页，图二）

三、早期城址再利用现象的原因

通过对河南地区早期城址再利用现象的梳理可以看出，古人对早期城址的选择和再利用并不是盲目的，而是建立在对早期城址的基本情况的了解以及对新城的兴建需求的充分认识的基础上进行的。所以在研究中原早期城址再利用现象时，需要综合考虑可能的各种原因，笔者认为多为以下三点。

（1）早期城址自然环境适宜

早期城址的建造者会在城址选址时对当地的地貌条件、水文条件、生态环境等有一个全面的认

① 张国硕：《中原地区早期城市综合研究》，科学出版社，2018 年，第 25 页。
② 郑州市文物考古研究院：《新郑望京楼：2010～2012 年田野考古发掘报告》，第 718 页。

识。区位优势不会因早期城址的废弃而完全失去，再利用时也会综合考虑这些区位条件。

如新密古城寨城址地处豫中地区嵩山东麓的丘陵地带，东部即为广阔的黄淮平原。该地向西可进伊洛平原，向北可入郑州，顺溱水南下可达淮河地区，交通十分便利。古城寨城址建在溱水东岸的台地上，高于周围地面 2～5 米，东西各有溱水、无名河作为自然屏障，这既可以预防洪水冲击，又可以依靠两河防御。因其优越的自然地理环境，该城址先后被二里头文化时期、二里岗文化时期、殷墟文化时期、战国时期、汉代重新启用，甚至在清末还成为周边村民抵御土匪的寨城。

登封王城岗城址地处伊洛盆地内狭长的颍河谷地，土壤肥沃，水源充足，适宜农业发展。该地南有岐山，北有嵩山，地理位置险要，自古以来就是选址建城的理想位置。王城岗城址建在八方镇的台地上，南有颍河，东有五渡河，北有王尖岭，将其包围在一个相对闭合的自然空间内。城内发现有粟黍稻麦豆为代表的五谷作物，还有大量的栎树以作薪柴，周边山脉还能提供丰富的石料可做工具，这些丰富的自然资源吸引着二里头、二里岗以及春秋时期的居民纷纷在此处建城。

（2）早期城址保存较好

早期城址主要遗迹保存较为完好，后世才有可能对其进行再次利用。而城址能否在废弃后保留部分相对完好的建筑，受到多方面影响。

一方面，河南地区早期城址主要以黄河中下游地区的黄土建造而成，相对于南方的红土而言，黄土多孔隙、质轻、较松，干燥时较为坚硬，适合建造城墙、夯土台基等建筑。以黄土夯筑的城墙质地坚硬，不易倒塌，即使有部分损毁，较强的直壁性也能使残余的夯土长时间不倒。另一方面，到了夏商时期，河南地区的大部分城址多采用开挖基槽或者修建内外护坡的方式来防止城墙倒塌，使得城墙更能抵御洪水等自然灾害的冲击。另外，一般来说，一座城址如毁于战争，对城址的破坏应集中于城门而非城墙。因人口迁出产生的废弃，城内居民只会迁移价值高而轻便的物品但不会破坏建筑。大体上看，只有洪灾、地震或是长时间太阳辐射、降水、盐分运移才会导致城址建筑损毁，然而这种极端的自然灾害在中原地区并不常见。

考古发现所见的早期城址的保存情况与以上分析是吻合的。如焦作府城始建于二里岗时期，直至汉代还被沿用；辉县孟庄龙山城址至殷墟时期使用了千年左右；濮阳戚城春秋时期城墙仍保存至今；古城寨、郑州商城的城墙仍然高于地表数米。这些存于地表的建筑吸引了后世居民在此处继续建城。

（3）可节省人力物力

城址的建造十分复杂，首先需要考察某地自然及人文地理环境，完成城址的选址，然后是对城址功能区进行布局和规划，最终才是城址建筑的营造。仅是最后一部分城址建筑的营造中的修建城墙就需要大量的人力物力。如登封王城岗报告中对龙山大城的建造做了模拟实验，估算王城岗大城的建造需要集合颍河上游 10～20 个聚落才能完成（表二）。

表二　登封王城岗大城建造所用工、用时估算表

假定用工数	所需完成时间	假定完成时间	所需用工数
500 人	29 个月	0.5 年	2330 人
1000 人	14 个月	1 年	1160 人
1500 人	10 个月	1 年	780 人
2000 人	7 个月	2 年	580 人

该表计算了营造城墙时挖土、运土与夯筑中所需的用工量，但没有考虑实际建造过程中所需的设计、测量、管理、监督、轮值、后勤的用工量，也没有考虑食宿等所需的人力、物力。在这样的情况下，营造城市都需长时间、大量的资源建城。而后代居民若以前期废弃城址的城墙、城壕等建筑营造新城，就大大减少了所需消耗。

四、结　语

通过以上梳理和分析可知，河南地区早期城址再利用现象较为普遍，主要见于豫北、豫西北、豫西以及豫中地区。这种现象自龙山时期出现，到了新砦期开始增多，直至秦汉之后逐渐减少。晚期文化居民再利用早期城市建筑时，多选择城墙、城壕、道路、夯土基址等这类大型线型遗迹作为基础，以增筑等方式改建后再次利用。若以改建后的平面形态划分，可将其分为"叠城"和"套城"两种类型，前者突出体现建城时节省时间、人力物力的需要，后者则表示更高质量城市防御的需求。这种早期城址再利用现象的出现，与晚期文化居民发现早期城址自然环境适宜、城址保存较好以及希望节省人力物力建造城市等意图有关。通过对该问题的研究，可以更好地认识河南地区城市居民再次利用古代城市行为的规律，对于探索我国古代城市发展演变规律，以及城市发展"重叠性"等问题具有一定价值。

Preliminary Study on the Phenomenon and Causes of Urban Site Reuse in Early Henan Area

LI Ziliang

(Henan Provincial Institute of Cultural Heritage and Archaeology, Zhengzhou, 450000)

Abstract: The phenomenon of reuse of the building facilities left over from the abandoned early urban sites in later urban construction can be called "early urban site reuse" phenomenon. This phenomenon is more common in Henan area, mainly the reuse of city walls, moats, rammed earth foundation and other urban defense facilities, and the formation of "overlapping city" and "set city" two forms. The reuse of the early city site generally takes into account its suitable geographical location, better preservation of the city site buildings, and saving manpower and material resources for the construction of the city.

Key words: Henan area, early urban site, reuse

汉代三座仓储建筑遗址探析[*]

王祖远

（河南工业大学土木工程学院建筑学院，郑州，450001）

摘 要：从众多汉画像砖（石）、墓葬壁画、陶仓明器中对汉代粮仓的描绘可知，地面房式仓廪为汉代广泛采用的储粮方式之一。通过对汉代三座典型仓储建筑遗址本体特征的梳理，从柱础特征、底层架空、通风道设置、墙与门的设置、储粮规模推算等方面来阐述汉代仓储建筑的典型特征，对仓廪性质及储粮技术进行探讨，并由此推测在汉代仓廪营建或已形成了一套相对规范的规划与营造做法。

关键词：汉代粮仓；建筑形制；仓廪性质；储粮技术

"洪范八政，一曰食，二曰货"[①]，显示出粮食与各类物资在中国古代国家治理中的重要性，粮食生产与储存对王朝稳定、百姓生活安康起到最根本与最突出的作用，用于粮食贮存的粮仓则成为保障粮食安全的物质载体。粮食储藏技术是新石器时代的一项重大发明，下王岗仰韶文化二期F29"土仓"与仰韶文化三期F1"高仓"的确认，首次在汉水流域辨认出地面房式仓的存在[②]。2019年在周口淮阳时庄遗址南部发现了夏代早期粮仓城，这些分布在居址周边的多个由小圆形围合成大圆形的土体结构被确认为粮仓[③]，成为该区域聚落群中重要的生活设施组成部分之一。商周时期生产力进一步发展并促进了物质资源积累，大型仓储建筑随之出现[④]。秦大一统之后，颁布《仓律》，规范了粮食管理中的相关事宜。储粮设施作为收纳盛放粮食谷物的生活容器，至汉代地面房式仓廪已进入较完善的阶段，并在建筑形制上同汉代宫殿、坛庙、陵墓等建筑类型存在明显差异，这为判断此种建筑类型提供了重要依据。同时，大量的汉画像砖（石）、墓葬壁画、仓廪模型明器，为进一步理解汉代粮食储藏方式与仓廪建筑形式提供了辅助参考。

在中国漫长的历史长河中，形成了深厚的农耕文化，农业生产在百姓日常生活中占有重要地位，因此对仓储设施的研究不仅具有历史价值，也具有现实意义。汉代的储粮方式通常为"地面房式仓"与"地下窖穴"这两种形式，从文献记载中可知，应有仓、廪、庾、囷、京、窖、窌、窦、缸、瓮等多种形式。从考古发现中所见的各类陶仓明器、画像砖（石）、壁画中可知，采用地面房式仓屋，应是较为普遍的储粮方式。目前经考古发现的汉代中央层级仓储遗存主要有：位于陕西

---

* 本文系 2023 年河南兴文化工程文化研究专项《河南汉代粮仓艺术研究》（2023XWH050）阶段性成果。
① （汉）班固：《汉书》卷二十四上《食货志第四上》，中华书局，1962 年，第 1130 页。
② 王小溪、张弛：《喜读〈淅川下王岗〉推定之"土仓"与"高仓"续论——汉水中游史前地面式粮仓类建筑的进一步确认》，《考古与文物》2018 年第 2 期。
③ 王胜昔、张葆青：《河南淮阳"时庄遗址"疑现四千年前粮仓》，《光明日报》2019 年 12 月 3 日，第 9 版。
④ 时西奇、井中伟：《商周时期大型仓储建筑遗存刍议》，《中国国家博物馆刊》2018 年第 7 期。

华阴县硙峪乡渭河南岸的西汉京师仓遗址[①]，陕西凤翔县孙家南头西汉仓储建筑遗址[②]，河南新安县仓头乡盐东村西汉大型仓库遗址[③]，边疆地区有大方盘城[④]、土垠遗址[⑤]等。在汉代城邑遗址的居民区房屋周边，也曾经发现过一些储粮窖穴遗迹，在考古报告中多被描述为"窖穴""窖藏"之类的灰坑遗迹，按建造材料划分，有土质也有以砖砌筑的形式，其中较具代表性的为汉代河南县城东区粮仓[⑥]、洛阳西郊汉代居住遗址中的仓[⑦]、辽宁辽阳三道壕西汉村落遗址中的仓[⑧]等遗迹。这些伴随居址出现的中小型储粮窖穴，显示出仓储空间与居住生活之间的密切关系。

一、汉代地面仓储的形制特征

以下从陕西华阴市西汉京师仓遗址、陕西凤翔县孙家南头西汉仓储建筑遗址、河南新安县仓头乡盐东村西汉大型仓库遗址这三处汉代典型仓储遗址建筑本体特征的梳理出发，从柱础特征、底层架空、通风道设置、墙与门的设置、储粮规模推算等方面来阐述汉代地面仓储的建筑形制特征。

（一）遗址本体特征

京师仓（华仓）遗址位于陕西华阴市硙峪乡渭河南岸，是西汉时期较为重要的一处粮仓遗址（图一）。在瓦硞梁周边依自然地势条件，筑有长方形仓城，东西长 1120、南北宽 700、周长约 3330 米，

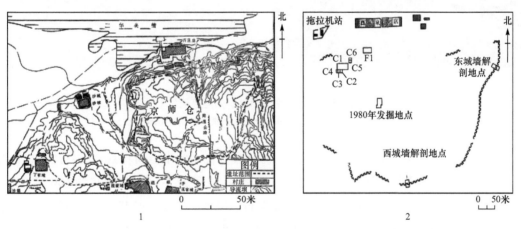

图一　陕西华阴市京师仓遗址地形图及 C1～C6 仓实测图[⑨]
1. 京师仓遗址地形图　2. 京师仓 C1～C6 仓平面图

① 陕西省考古研究所：《西汉京师仓》，文物出版社，1990 年。
② 陕西省考古研究院、宝鸡市考古研究所、凤翔县博物馆：《凤翔孙家南头周秦墓葬与西汉仓储建筑遗址发掘报告》，科学出版社，2015 年；陕西省考古研究所、宝鸡市考古工作队、凤翔县博物馆：《陕西凤期县长青西汉沂河码头仓储建筑遗址》，《考古》2005 年第 7 期。
③ 洛阳市第二文物工作队：《晋豫黄河古栈道漕运及建筑遗迹》，《1998 中国重要考古发现》，文物出版社，1999 年；洛阳市第二文物工作队：《黄河小浪底盐东村汉函谷关仓库建筑遗址发掘简报》，《文物》2000 年第 10 期。
④ 李正宇：《敦煌大方盘城及河仓城新考》，《敦煌研究》1991 年第 4 期。
⑤ 孟凡人：《罗布淖尔土垠遗址试析》，《考古学报》1990 年第 2 期。
⑥ 黄展岳：《一九五五年春洛阳汉河南县城东区发掘报告》，《考古学报》1956 年第 4 期。
⑦ 郭宝钧：《洛阳西郊汉代居住遗迹》，《考古通讯》1956 年第 1 期。
⑧ 东北博物馆：《辽阳三道壕西汉村落遗址》，《考古学报》1956 年第 1 期。
⑨ 采自陕西省考古研究所：《西汉京师仓》，文物出版社，1990 年，第 2、4 页。

面积为78.4万平方米。仓城内北部偏西处有粮仓6座（C1～C6），C2～C6仓房伴随C1环绕布置，仓房群布局规整，功能区划明晰，多组仓房大小搭配组合形成有机整体。京师仓遗址内一条东西向的沟，将遗址分割为南北两部分，周边还发现有排水管道、蓄水池、生活用窖穴、水井、烧制砖瓦的窑等遗迹[①]。

凤翔孙家南头西汉仓储建筑遗址（以下简称"孙家南头仓"），为一处西汉时期大型汧河码头仓储遗址（图二）。位于陕西省凤翔县城西南约15千米处的长青镇孙家南头村西、汧河东岸的一级台地之上，该区域地势平坦、土地肥沃、地理位置优越，是关中平原最西端。孙家南头仓储建筑遗址平面为矩形，呈正南北向布置，南北总长216、东西宽33米，总建筑面积约7200平方米。遗址由北、中、南3个单元组成，现存中部及南侧两单元保存较为完好，北侧部分已遭破坏。中部单元及南、北两道隔墙完成了考古发掘，该仓储单元南北长72米、东西宽33米。整个建筑遗址规模巨大，且营造构筑工艺复杂[②]。

1　　　　　　　　　　　　　　　　　　　　2

图二　陕西凤翔县孙家南头西汉仓储建筑遗址平面图[③]

1. 孙家南头仓遗址与汧河关系　2. 经发掘后的遗址中部单元

汉代函谷关仓库建筑遗址（以下简称"函谷关仓"）位于河南省新安县仓头乡盐东村，位于小浪底上游12千米处黄河南岸上的二级阶地之上（图三），距离黄河直线距离约600米，海拔185米。仓库建筑遗址范围内有主体建筑、附属建筑基址、墓区、烧窑区及其他附属设施。主体建筑呈规则方整的矩形，南北长179、东西宽35米，遗址由北、中、南3个单元组成，其中南部保存较好，北部破坏严重，墙宽5.6～6.3、残存高度0～2.5米。组成要素有城垣、通道、柱础石、东墙外凸出部分、路面等遗迹。函谷关仓遗址周边水域水流较为平缓，适合营建仓库与码头[④]。

从上述考古发现可见，在这些遗迹类型中多有城垣、通风道、门、柱础石等构成要素。京师仓属于营建有仓城的模式，而孙家南头仓与函谷关仓虽然保存与发掘情况各有差异，但均为北、中、

① 陕西省考古研究所：《西汉京师仓》，文物出版社，1990年。

② 陕西省考古研究院、宝鸡市考古研究所、凤翔县博物馆：《凤翔孙家南头周秦墓葬与西汉仓储建筑遗址发掘报告》，科学出版社，2015年，第294、295页。

③ 采自陕西省考古研究院、宝鸡市考古研究所、凤翔县博物馆：《凤翔孙家南头周秦墓葬与西汉仓储建筑遗址发掘报告》，科学出版社，2015年，彩版四。

④ 洛阳市第二文物工作队：《晋豫黄河古栈道漕运及建筑遗迹》，《1998中国重要考古发现》，文物出版社，1999年，第12～25页。

1   2

图三　河南新安县盐东村汉函谷关仓库遗址周边地理环境关系图 [①]
1. 函谷关仓遗址地理环境　2. 主体建筑遗址鸟瞰图

南 3 个仓储单元的平面布局模式，南北墙之间设有两道隔墙。这样将仓储单元内部进行空间划分的做法，在当代储粮设施中将其称为"廒间" [②]，可将不同类型、不同收获时间的作物分开进行贮藏。两仓均采用夯土墙做法，在每座仓单元周边墙体上开设通风道、底部设置大量分布规则的柱础石。同时在仓宽上较为接近，为 33～35 米之间；总长度上也有差异，孙家南头仓较之函谷关仓，总长度增加约 37 米，平均到每个仓储单元，在单元长度上增加约 13 米。从仓房布局角度上看，京师仓与孙家南头仓均为正南北向布置，而函谷关仓为北偏东约 35°。

（二）建筑结构分析

1. 柱网特征

中国传统木构建筑技术在秦汉时期日渐完善，抬梁式和穿斗式这两种主要结构方法都已经发展成熟 [③]。汉代建筑中斗栱的作用进一步确立，将屋顶的重量分配至各立柱之上。中国传统木构建筑屋顶、屋身、屋基的"三段式"构图中，作为承托上部屋顶结构的柱子与承托柱子的柱础，共同构成了建筑结构体系中的重要元素，并显示出建筑结构与立面构图的意义。

在上述三座地面房式仓中，京师仓的 C1 仓位于仓城内西北部（北区 81T1～T22），东西长 62.5、南北宽 26.6 米，平面为长方形，建筑面积 1662.5 平方米。中室部分有 9 个柱础（S15～S23）东西呈一排排列，柱间距 5 米，柱础利用自然大石块，不加修整，将平整面朝上放置。柱础石长 1.1、宽 0.9 米，高出室内地面 4～6 厘米 [④]。在孙家南头仓中，多处柱础石与地面上发现有被火烧过并呈木炭状的圆木，直径约 0.25、残高 0.2～0.3、最高约 0.7 米，表明础石上曾设有圆木立柱 [⑤]（图四）。在函谷关仓中，在墙垣及东墙外分布有排列整齐有序，分大、小两种规格的柱础石。形状有长方形、

---

① 采自洛阳市第二文物工作队：《黄河小浪底盐东村汉函谷关仓库建筑遗址发掘简报》，《文物》2000 年第 10 期，第 17 页，图八、图九。

② 廒间：粮食平房仓中独立的储存空间，可以根据实际储粮需要将单座仓房可作为一个独立廒间，也可分隔为多个廒间，便于粮食收储。

③ 刘敦桢：《中国古代建筑史（第二版）》，中国建筑工业出版社，1984 年，第 71 页。

④ 陕西省考古研究所：《西汉京师仓》，文物出版社，1990 年，第 10 页。

⑤ 陕西省考古研究院、宝鸡市考古研究所、凤翔县博物馆：《凤翔孙家南头周秦墓葬与西汉仓储建筑遗址发掘报告》，科学出版社，2015 年，第 294 页。

1   2

图四 孙家南头西汉仓储遗址柱础遗迹图①
1. 柱础上的立柱残迹   2. 仓储遗址柱础遗迹

近似圆形、不规则形等，大多经过修凿，有平整的表面。

    仓储建筑因其功能性特点，在长期的发展过程中保持了一种相对稳定的建筑结构模式特征，从长时段观察，地面仓储建筑的变化并不大，并呈现出前后承继的关系。一般意义上供人居住的建筑，舒适性是首要因素，而仓储建筑因其贮存对象为粮食、财宝等物资，对于储存物品的安全保障是首要任务。在日本东大寺、正仓院中的正仓，依然能够看到现存仓库建筑实物中的柱础形态（图五）。正仓为"校仓造"结构②，其底部也为设置立柱，将仓储建筑底层架空的构造做法。元代《王祯农书》中载："京，仓之方者"，"又谓四起曰京，今取其方而高大之义"③，由此看来"京"应是一种更加高大的仓房类型，曹大志将正仓院中的正仓这类地面仓房视为"京"的典型代表④。

2. 底层架空

    从出土的陶仓、汉画像砖（石）、壁画等材料中，常能观察到于仓廪顶部设置"气楼"与底部"架空处理"的方式。时至今日，在中国少数民族如贵州、广西等地区，依然可以看到底层架空的穿斗式禾仓建筑实物例证⑤。在乾隆三年（1738年）孙楷奏折《为预筹贮积由》中有对官仓储粮中"廒底必须铺板，板下洞尺余，留为气，俾其风透入，始免升上蒸谷石，始见贮"这样的营造做法记述⑥，文中所提及的"板下洞"，应为在粮仓底部架空板下的空隙，而并不是粮仓体本身预留的洞

---

　　① 采自陕西省考古研究院、宝鸡市考古研究所、凤翔县博物馆：《凤翔孙家南头周秦墓葬与西汉仓储建筑遗址发掘报告》，科学出版社，2015年，彩版四。

　　② 校仓造（Azekurazukuri｜あぜくらずくり）：日本的奈良、平安时代大多采用此法营建。将木材（一般为柏木）锯成断面呈三角形的长材，突出一侧朝外，平面向内，以井字形重叠构成建筑物气候边界的四壁。建筑物底部架空，用柱子支撑，地板较高不与地面接触。校仓造是日本建筑风格的简单木制建筑，如仓库（kura）、粮仓和其他功能性建筑物。这种风格大概可追溯至共同时代的早期世纪，如弥生时代或科藩时代。其特点是三角形横截面的连接圆木结构，通常由柏木制成。在建造方式上这些墙壁是通过角落处堆积的三角形梁而形成且无立柱。还有圆梁粮仓或矩形（板仓）。由于木材的运动，这些建筑提供了良好的保护，通过与干燥天气收缩使建筑物通风，并在潮湿天气下通过扩张来维持湿度。

　　③ （元）王祯：《王祯农书》，浙江人民美术出版社，2015年，第439页。

　　④ 曹大志：《干栏式粮仓二题》，《考古与文物》2022年第5期。

　　⑤ 董书音：《南侗地区"带禾晾禾仓"的建造技艺及其影响因素初探》，《建筑遗产》2019年第4期。

　　⑥ 台北故宫博物院：《宫中档乾隆朝奏折》（第一辑），台北故宫博物院，1982年。

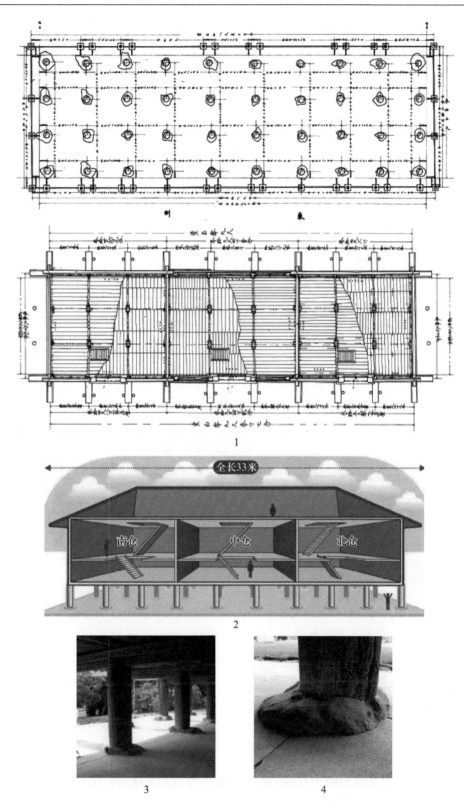

图五　日本东大寺正仓院中的正仓平面及柱础做法①
1.日本东大寺正仓院仓底柱础石与仓底木结构图　2.正仓院正仓内部廒间分割情况图解
3.柱础与上部木构搭接关系　4.柱础构造做法

①　采自日本正仓院宫内厅，https://shosoin.kunaicho.go.jp/bulletin。

口，在架空式仓廪廒间底部应均布设置。

在已发现的汉代仓廪遗址基础部分，多设有悬空地板，用以保护储藏谷物免受啮齿动物和昆虫的侵害，并提供空气流通。京师仓的 C1 仓内地板骨架孔保存较为清晰（图六），推测当时仓房内部应安装有架空木地板，地板距离室内夯土地面高 86 厘米[①]。从孙家南头仓与函谷关仓平面布局中均含有密集柱础石遗迹，可推测当时粮仓基础底面与室外地面层应是分离关系。仓房的建造过程可能为：在柱础石上设置圆形木柱，随后在圆木柱上设置纵横向相互拉接的梁或枋木，后在其上铺设架空木板形成仓储地面，木板以下的空间与四周墙壁上的通风道相联通，解决仓储地面的防潮问题。架空地面与通风孔道可将新鲜空气由粮仓底引入，木质地面的拼缝可使空气自下而上流动，将仓内高温气体向上升腾，带走湿气并引入新鲜空气。最后，通过仓廪顶部的气楼、山墙面开窗等通风设施将空气排出，确保仓内空气质量良好，达到长期贮粮而不坏之目的。

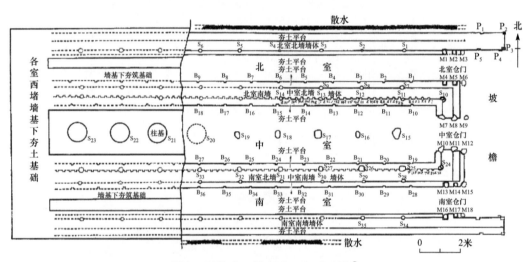

图六　汉华仓一号仓（C1）平面图[②]

3. 通风道设置

公元 1 世纪的古罗马时期，同样有关于谷仓通风孔设置的记述。维特鲁威（Marcus Vitruvius Pollio）在《建筑十书》提及"通气孔要导向空敞的地方……砖的内侧要仔细地涂抹沥青，使水分从那里受到排斥……在底部和上面的穹隆形顶棚的顶部都要设置通气孔"[③]，"谷仓要布置在楼上，朝向北方或东北方。因为这样谷物中的水分才不会迅速蒸发，通风良好，受到冷却，无论什么时候都可以供用。其他方向则产生谷虫及其他经常危害谷类的生物。"[④] 由此可见，在全球不同地域，针对粮食储藏的经验认知有着相似性，保障气流流通、防潮层的涂抹、功能性位置的经营、朝向方位的选择等因素，都被纳入仓廪营造的整体考虑之中。

早于汉代的仓储遗址如江西新干县战国粮仓遗址，考古人员认为"粮仓地面纵横开沟的目的，

① 陕西省考古研究所：《西汉京师仓》，文物出版社，1990 年，第 10～29 页。

② 采自陕西省考古研究所：《西汉京师仓》，文物出版社，1990 年，第 11 页，图七。

③〔古罗马〕维特鲁威著，高履泰译：《建筑十书》，知识产权出版社，2001 年，第 196、197 页。

④〔古罗马〕维特鲁威著，高履泰译：《建筑十书》，知识产权出版社，2001 年，第 174 页。

是为了加强室内地下空气流通，防止米谷受潮发霉，符合科学原理。"[1] 在孙家南头仓与函谷关仓中均发现设置通风道的情况（图七、图八），而在京师仓中并未有此设置。在孙家南头仓中，墙基之间的通风道各有 2 条，东西各有 7 条，共计 18 条，呈现出南北和东西对称的关系（图九）。通风道宽度与墙体同宽，各处宽度 0.7～0.8 米。每个通风道两侧各有 4 道柱础，分方形与圆形两种。通风道两端的柱槽均为方形并与墙基内外侧平齐；中部柱槽为方形或圆形，以圆形居多。柱槽宽度或直径为 0.3～0.5 米。柱槽底部均设有础石，并在北侧墙基之间的两通道内壁抹有草拌泥抹平的痕迹。所有通风道底面均有一层较厚的踩踏面，有的柱槽础石上和相对的础石之间发现有木质灰烬[2]。函谷关仓中也有类似通风道设置的情况存在。其中现存通道 25 条，东侧 10 条，西侧 11 条，南北隔墙各有 2 条。依据遗址残存情况推算，原先应有 44 条，即东西共 18 条，南北及隔墙共 4 条。通

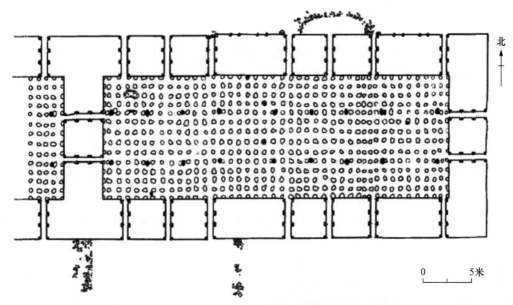

图七　陕西凤翔孙家南头西汉仓储建筑遗址平面图[3]

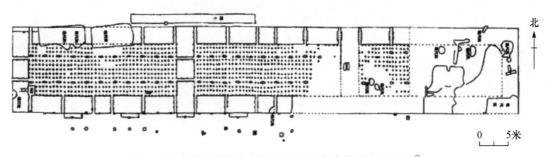

图八　河南新安县盐东村汉函谷关仓库建筑遗址平面图[4]

---

① 陈文华、胡义慈：《新干县发现战国粮仓遗址》，《文物工作资料》1976 年第 2 期。

② 陕西省考古研究院、宝鸡市考古研究所、凤翔县博物馆：《凤翔孙家南头周秦墓葬与西汉仓储建筑遗址发掘报告》，科学出版社，2015 年，第 294 页。

③ 采自陕西省考古研究院、宝鸡市考古研究所、凤翔县博物馆：《凤翔孙家南头周秦墓葬与西汉仓储建筑遗址发掘报告》，科学出版社，2015 年，第 295 页，图二六六。

④ 采自洛阳市第二文物工作队：《黄河小浪底盐东村汉函谷关仓库建筑遗址发掘简报》，《文物》2000 年第 10 期，第 14 页，图四。

1　　　　　　　　　　　　　　　　2

图九　孙家南头西汉仓储遗址通风道遗迹与柱础关系图 ①
1. 设置在夯土墙基中的通风道遗迹　2. 通风道中的柱槽与柱础

道长与墙同宽，为 0.8～1 米。通道两壁内均发现有垂直状柱槽，柱槽宽度 0.25 米左右，柱槽和凹槽底部发现朽木痕迹，通道两壁面皆有草拌泥痕迹 ②。孙家南头仓与函谷关仓的情况极为相似，东西横向仓宽度与南北向仓长度相近。从通风道分布数量及构造做法上看，均呈现出东西 18 条、南北隔墙设置 2 条的做法。同时在通风槽内均发现有柱础槽、草拌泥抹灰、底部木质灰烬等遗存现象，表明当时在仓廪营建上或已形成了一套相对规范化的营造模式与构造细节做法。

　　值得注意的是，2020 年在内蒙古呼和浩特市玉泉区沙梁子村中也发现了西汉边城疑似粮仓的建筑基址，规模巨大，是迄今发现的最大汉代单体夯土高台建筑。夯台上均匀分布有 16 条南北向的沟槽，考古人员推测该槽作用为通风防潮之用（图一〇）。遗址壁柱选用具有较好防虫、防潮效

1　　　　　　　　　　　　　　　　2

图一〇　呼和浩特市玉泉区沙梁子村西汉大型仓储建筑基址 ③
1. 沙梁子村西汉仓储遗址正投影图　2. 遗址中所见的沟槽式建筑结构

　　① 采自陕西省考古研究院、宝鸡市考古研究所、凤翔县博物馆：《凤翔孙家南头周秦墓葬与西汉仓储建筑遗址发掘报告》，科学出版社，2015 年，彩版四。

　　② 洛阳市第二文物工作队：《黄河小浪底盐东村汉函谷关仓库建筑遗址发掘简报》，《文物》2000 年第 10 期。

　　③ 采自彭源：《内蒙古发现约 2000 年前疑似大型粮仓建筑基址》，新华社，2020 年 11 月 9 日，https://www.chinanews.com/tp/hd2011/2020/11-09/960306.shtml。

果的松木。在夯土浮选土样中发现有黍，夯土台下周边发现贮存粮食的窖穴，其中同样含有数量较多的黍[1]。

4. 墙与门的设置

墙体是建筑隔绝室内外的气候边界，门则是仓储建筑中贮存物资的进出通道，对汉代仓储建筑墙与门的辨析，可增进对仓储建筑常规做法的认识。京师仓 C1 仓分三室，中室大，南北二室略小，三室向东各开一门（图一）。室内与室外高程相差约有 1 米。从遗迹观察其地基较深且夯筑坚实。其他 C2～C6 各仓均设置一门。而在另外两仓的考古简报描述中，并未明确提及门的存在，究其原因，或许与底部夯土台基的做法有关，其门道当时或存在于夯土台基之上或位于经架空的仓底木板处。

5. 储粮规模推算

利用计算机辅助数字技术，将这三座仓储建筑遗址考古报告中测绘图纸放置到同等比例下观察（表一），从中可知，孙家南头仓与函谷关仓在平面布局规制上呈现出如下共性特征：两处遗址均含有北、中、南 3 个仓储单元，并且平面布局方式类似；仓内部开间与进深比约为 1∶3；两者夯土墙垛厚度均在 5.5～5.7 米；通风道宽度在 0.7～0.8 米宽。从地理位置上看，孙家南头仓与函谷关仓，分别位于陕西、河南两省，两遗址的直线距离约 440 千米，与京师仓遗址形成了较明显的差异特征。京师仓呈现出的仓城布局，周边设墙垣围合，起到拱卫功能。建筑呈现大小不一的等级性特征，以 C1 为核心的储粮单元独自成组，周边伴有规模不等的附属建筑 C2～C6，C1 门道位于山墙面正中央。三座仓从整体上看，具有规整矩形平面布局、底层架空处理、基础满布柱网、周边设置通风槽等仓储建筑典型形制特征。

对三座仓房的储粮容量推算，按照地面房式仓标准[2]，装粮高度取值 5 米计算粮仓总仓容[3]，经估算后可知上述三座仓房的仓容，将储粮规模经体积或容重换算后可知，京师仓容为 4000～5000 吨，孙家南头仓容约 2.1 万吨，函谷关仓容约 1.6 万吨，其中，孙家南头仓的储粮规模为最大。该三仓储粮量以现代储粮标准衡量，依然是规模不可小觑的储粮设施。

---

① 彭源：《内蒙古发现约 2000 年前疑似大型粮仓建筑基址》，新华社，2020 年 11 月 9 日，https://www.chinanews.com/tp/hd2011/2020/11-09/960306.shtml。

② 当代粮食平房仓的堆粮高度通常在 5～8 米，考虑古代地面房式仓侧壁强度受散体物料侧压力能力相对薄弱，取 5 米计算。参见国家粮食局主编：《粮食仓库建设标准（修订本）》，2001 年，第 11 页；国家粮食局主编：《粮食仓库建设标准（建标 172—2016）》，2016 年，第 11 页；中华人民共和国住房和城乡建设部、中华人民共和国国家质量监督检验检疫总局：《粮食平房仓设计规范》（GB50320-2014），2014 年。

③ 地上房式仓仓容：仓容量 = 仓房建筑面积 × 平面利用率 × 装粮高度 × 粮食密度。平面利用率：粮堆实际占地面积与仓房建筑面积之比，取 93%，参见中华人民共和国建设部、中华人民共和国国家发展计划委员会、国家粮食局：《粮食仓库建设标准（2001）》，2001 年，第 10 页。

表一 汉代时期三座典型地面仓廪平面布局关系比较表

	陕西省华阴市京师仓遗址	凤翔县孙家南头西汉仓储建筑遗址	新安县盐东村汉函谷关仓库建筑遗址
平面图			
仓单元数据	东西宽度: 62.5 米	东西宽度: 33 米	东西宽度: 35 米
	南北长度: 26.6 米	南北长度: 216 米	南北长度: 56 米
	基底面积: 1662.5 平方米	基底面积: 7200 平方米	基底面积: 1848 平方米
	C1 仓单元长度 62.5 米	单仓储单元长度约 72 米	单仓储单元长度约 60 米
	总仓容: 4~5 千吨	总仓容: 约 2.1 万吨	总仓容: 约 1.6 万吨

二、汉代储粮性质与技术

1. 仓廪性质

汉代将粮食仓储视为"夫积贮者，天下之大命也"[1]，显示出粮食储备与国家治理之间的密切关系。储粮方式上既体现在国家层面的官方行为，同时也包含在民间的粮食仓储设施。汉宣帝五凤四年（前54年）设立了常平仓制度，以实现"谷贱时增其价而籴，以利农，谷贵时减价而粜，民便之"的目的[2]。从储粮设施的性质划分上看，一类应归为官仓类型，另一类可以视为与居址之间具有紧密联系的民间储藏。邵正坤从粮仓功能的角度出发，将粮仓划分为漕仓、军仓、常平仓、神仓、代田仓等类型，又从仓储粮食的用途层面归纳为供给皇室宫廷、官吏俸禄、供给军粮、供给官奴及服役者、供给少数民族、用于酿酒等功用，以满足汉代各阶层对粮食食用的需求[3]。石宁也将西汉时期仓廪分为官仓与私仓，将私仓又分为统治者的私仓与民间的私仓[4]。刘兴林则将前述的三处遗址都视为由国家所有、政府管理的公有粮仓[5]。

据文献记载描述，京师仓应位于陕西华阴黄河与渭河交汇的"渭口"处，一面依山三面临崖，位置高敞且形势险要，是古代一处难攻易守的地方。从更大范围看，其位于西汉时期潼关以内关中漕渠附近，此地理条件有利于粮食中转调运而成为当时规模较大的粮食储备转运中心。游富祥等学者认为京师仓遗址西北角是建有围墙环绕的独立区域，而其他区域则并非仓储设施遗迹，并认为仓储区域较小而没有必要在外侧建造如此大范围的仓城[6]。对于函谷关仓的性质，"関"字瓦当的发现印证了该遗址与函谷关应有密切联系[7]。同时，函谷关与汉代漕运之间也关系密切，因此认定其是由西汉王朝管理并为中央政府服务，且带有军事防御性质的仓储建筑，应是与函谷关防御体系连为一体的仓库系统，成为汉函谷关的组成部分之一[8]。函谷关仓库遗址集函谷关的"防御"与"仓储"职能于一体，结合建筑基本形制特征，应是具有粮食物资仓储与军需供应双重作用的仓库。

2. 储粮技术

汉代是中国古代城市及建筑发展的第一个高峰阶段。汉代粮仓的进步展现出该时期农业生产的发展与提高，伴随粮食产量的增加，储粮设施也会进一步增加与扩容，储粮水平也随之提高[9]。仓储建筑尤其以粮食为主要贮存物的粮仓，通常在防热防晒、防湿防潮、通风换气、驱除虫害、防鼠雀害、仓禁用火等方面均有所考虑。粮仓建筑前后发展的承继关系中，对商周时期府库建筑类型，郭明曾将这类型建筑特征概况总结为平面多呈狭长方形、整齐排列、屋面为两坡式、独自成区等府库

---

① （汉）班固：《汉书》卷二十四上《食货志第四上》，中华书局，1962年，第1130页。

② （宋）马端临：《文献通考》，中华书局，2011年，第604页。

③ 邵正坤：《汉代粮仓的类型及仓储粮食用途试论》，《唐都学刊》2007年第6期。

④ 石宁：《汉阳陵出土的仓和西汉时期的仓》，《农业考古》2016年第1期。

⑤ 刘兴林：《先秦两汉农业与乡村聚落的考古学研究》，文物出版社，2017年，第255页。

⑥ 游富祥、梁云：《汉代集灵宫与华阴故城考证》，《中国国家博物馆馆刊》2014年第8期。

⑦ 洛阳市第二文物工作队：《黄河小浪底盐东村汉函谷关仓库建筑遗址发掘简报》，《文物》2000年第10期。

⑧ 洛阳市第二文物工作队：《黄河小浪底盐东村汉函谷关仓库建筑遗址发掘简报》，《文物》2000年第10期。

⑨ 王团华：《从汉画像砖和汉代陶仓看汉代粮食储藏》，《农业考古》2005年第1期。

建筑特点，并指出在该时期中府库建筑的位置多位于城西南角或西南部这一布局特征 ①。

汉代在储粮方式上以地面仓房和地下窖穴为主。储粮方式因不同地区气候、降水等因素的差异，建筑形式上也呈现出明显的地域性特征。北方地区多流行地下储粮，南方地区因湿热而流行干栏式仓困 ②。北方地区所营建的仓廪常选择在地势高且干燥的地方，周边需排水便利。将粮食进行窖藏，是曾经广泛使用且经济、便捷的储粮方式。《说文·穴部》："窌，窖也。窖，地藏也。"从两汉时期出土的一些有关粮食生产的画像石（砖）图像上看，檐下空间与墙体表面多设置交叉状方窗或长方形带形窗，仓门外设置门栓，顶部设置气楼等具有粮食仓储功能的建筑构件。粮仓建筑不同于居所，不同于以往多数建筑是为人所住，其服务对象是粮食本身。储粮方式看似简单，却需要了解种子相关特性，凝聚着劳动人民的生活智慧。无论是"地面仓廪"或"地下窖穴"，无不体现出先民对粮食作物本身的认识与掌握，并将其转化为在仓储防潮、防鼠、防虫、通风等具体技术措施上的应对能力。此外，对于仓困修葺的时间，《礼记·月令》中也有相关记述："是月也，可以筑城郭，建都邑，穿窦窖，修困仓" ③，显示出依照农时而动的建仓修窖行为，体现出在当时农事活动中的时间观念与储粮备荒的具体做法。

三、结　语

汉代是我国储粮设施进一步发展与完善的阶段，这一发展演进过程与中国传统木构建筑技术的成熟同步发生。从目前已发现的汉代大型仓储遗址中可知，在建筑形制、结构要素、空间布局等方面均有不同于其他类型建筑的明显区别，与汉代其他类型建筑相比较，具有明显的仓储功能特征，是对仓廪营造中"功能决定形式"的诠释。

上述三座汉代大型仓储设施遗迹中存在一定共性特征，主要体现在布局方正规整的平面、基础满布柱网、底层架空处理、建筑周边设置通风口（槽）、单位仓房（廒间）的出现等具体做法。从仓储建筑形制、规模、构造做法等遗迹遗存上看，在汉代仓廪营建或已形成了一套相对规范的规划与营造做法。有些遗址之间则具有高度相似性，这也成为未来进一步辨析该类建筑遗存的重要观察要素。受限于考古材料本身，未来伴随更多汉代仓廪的考古发现，将能进一步明晰在该时期仓廪营造、规模等方面更加具体的储粮措施。

Analysis of Three Storage Building Sites in the Han Dynasty

WANG Zuyuan

（College of civil engineering and architecture, Henan University of Technology, Zhengzhou, 450001）

Abstract: From the depiction of granaries, burial painting bricks (stones) and pottery barns of the Han Dynasty, ground-type granaries were one of the widely used grain storage methods in Han Dynasty.

① 郭明：《商周时期府库建筑初探》，《考古与文物》2016 年第 1 期。
② 张玮：《汉代储粮方式的考古学观察》，南京大学硕士学位论文，2012 年，第 77 页。
③ （清）孙希旦：《礼记集解》，中华书局，1989 年，第 474 页。

By combing the characteristics of the three typical storage buildings of the Han Dynasty, the typical characteristics of the storage buildings of the Han Dynasty are described from the characteristics of the pillars, the bottom shelf, the setting of ventilation channels, the setting of walls and doors, and the calculation of the grain storage scale, etc. The nature of the granaries and the grain storage technology are discussed, and it is inferred that a set of relatively standardized planning and construction practices may have been formed during the construction of granaries in the Han Dynasty.

Key words: granaries in the Han Dynasty, architectural form, storage properties, grain storage technology

征 稿 启 事

　　《文物建筑》创刊于 2007 年，由河南省文物建筑保护研究院主办，是面向文物建筑保护修缮和研究阐释领域的专业学术性刊物。刊物以资料性、知识性、学术性为其特色，在文物建筑、文化遗产等领域内具有较高知名度。本刊作为年刊，分年度连续出版，内容涵盖文物建筑调查测绘、文物建筑研究、建筑史、建筑考古、文化遗产保护、革命文物保护、古典园林、历史文化名城、传统村落与特色民居建筑、优秀工程勘察设计成果、优秀文物保护工程成果、文物建筑保护利用、文物科技保护等领域。截稿日期为每年五月。现面向国内外研究者诚征稿件。

　　稿件基本要求：

　　1. 文字精炼，层次分明，条理顺畅。每篇以 5000～10000 字为宜，优秀稿件可适当放宽。须提供中英文篇名、作者姓名及单位、摘要、关键词。中文摘要 200 字左右，关键词 3～6 个。

　　2. 内容真实，图文并茂。为确保出版质量，文中附图、照片质量要求不低于 300dpi，含 CAD 图的请附原图，并注明来源（图源格式参照本规范引文注释要求，并标注原图图号）。

　　3. 确保稿件的原创性和所用图文资料的知识产权合规，有关图表之版权，请先行取得版权持有者之同意，否则由此而引起的任何纠纷，均由作者本人承担。

　　4. 来稿请注明作者、单位、职称或职务、详细联系方式等信息，以便沟通稿件修改和稿费发放等事宜。

　　5. 稿件录用与否将在三个月内回复。稿件一经采用和刊出，将按规定一次性支付稿酬并寄送样书。

　　6. 凡向本刊投稿，稿件录用后即视为授权本刊，并包括本刊关联的出版物、网站及其他合作出版物和网站。

　　7. 出刊后将其编入《中国学术期刊网络出版总库》、CNKI 系列数据库等数据库，编入数据库的著作权使用费包含在编辑部所付稿酬之中。

通信地址：河南省郑州市文化路 86 号河南省文物建筑保护研究院《文物建筑》编辑部
电子邮箱：wenwujianzhu@126.com
联系电话：0371-63661970